一流本科专业一流本科课程建设系列教材

土 力 学

第 2 版

主　编　李顺群　张建伟　高凌霞
副主编　刘　举　周亚东
参　编　张　彦　郎瑞卿　刘中宪

机械工业出版社

本书基于工程教育专业认证及新工科建设理念、面向应用型人才培养目标和"立德树人"根本任务而编写，重点介绍了土力学的基本思想、基本理论、基本方法，同时突出理论与工程实践的联系和结合。在对理论知识进行详细介绍的基础上，本书力图在工程实践方面进行拓展和延伸。本书主要内容包括绪论、土的组成、土的物理性质及分类、土中应力、土的渗透性、土的压缩性、地基变形、土的抗剪强度、土压力、地基承载力和土坡稳定性等，附录为土工室内试验。本书内容融入了土力学相关最新研究成果和工程应用。

本书可作为高等学校土木工程专业学生的教材，也可作为其他相关专业学生及工程技术人员的参考书。

图书在版编目（CIP）数据

土力学/李顺群，张建伟，高凌霞主编. —2版. —北京：机械工业出版社，2024.1

一流本科专业一流本科课程建设系列教材

ISBN 978-7-111-74855-7

Ⅰ.①土… Ⅱ.①李… ②张… ③高… Ⅲ.①土力学-高等学校-教材 Ⅳ.①TU43

中国国家版本馆 CIP 数据核字（2024）第 041085 号

机械工业出版社（北京市百万庄大街22号　邮政编码100037）
策划编辑：林　辉　　　　　责任编辑：林　辉
责任校对：龚思文　陈　越　封面设计：严娅萍
责任印制：邓　博
北京盛通数码印刷有限公司印刷
2024年4月第2版第1次印刷
184mm×260mm · 14.5 印张 · 353 千字
标准书号：ISBN 978-7-111-74855-7
定价：48.00元

电话服务	网络服务
客服电话：010-88361066	机 工 官 网：www.cmpbook.com
010-88379833	机 工 官 博：weibo.com/cmp1952
010-68326294	金 书 网：www.golden-book.com
封底无防伪标均为盗版	机工教育服务网：www.cmpedu.com

前 言

土力学是面向土木工程、水利工程、交通工程、地质工程、采矿工程等专业开设的一门专业基础课，主要内容包括土的组成和物理性质、土中应力、土的渗透性、变形、强度和稳定性等。本书从宽口径、大土木培养目标出发，在遵循专业培养方案、借鉴国内外教学改革和科技成果的基础上编写而成。本书以党的二十大精神为引领，以现行的与岩土工程有关的技术规范和规程为依据，除重点介绍土力学的基本思想、基本理论、基本方法外，着重强调理论与工程实践的联系和结合，在对理论知识进行详细介绍的基础上，力图在工程实践方面进行拓展和延伸。本书以学生发展为中心、以工程实践为导向，通过在专业知识中融入思政元素、新工科理念和工程教育专业认证思想，达到帮助学生构建土力学整体知识体系的目的。通过本书的学习，学生不但能够逐步掌握专业知识，还能够提高工程素养、团队意识和爱国情怀。

除介绍传统土力学内容外，本书增加了土力学部分最新研究成果和工程应用。例如，为使学生对土的结构和构造有直观认识和理解，在土的组成部分增加了滨海软土的物质组成及微结构特征；针对现有海绵城市建设过程中存在的理论瓶颈和技术局限性，在土的渗透性部分增加了基于扩大渗透面积和改良渗流方向的土层海绵化技术；针对实际基坑工程中的土体非极限状态，在土压力部分增加了位移土压力概念和三维土压力测试技术。

试验是土力学的重要内容，是加深理论理解和工程认识的重要环节。为方便学生通过相关试验了解学习土力学的研究方法和手段，本书增加了土力学试验的内容。

本书重点突出、深入浅出，各章节间的衔接紧密。本书编写人员分工如下：李顺群编写绪论和第 8 章，刘举编写第 1 章，刘中宪编写第 2 章，郎瑞卿编写第 3 章和第 9 章，高凌霞编写第 4 章和第 10 章，周亚东编写第 5 章和第 6 章，张建伟编写第 7 章，张彦编写附录。

本书由李顺群、张建伟、高凌霞统稿。限于编者水平，书中难免有欠妥之处，敬请读者不吝指正。

编　者

目 录

前言
绪论 ································· 1
  0.1 土力学和土的概念 ················ 1
  0.2 学科特点 ·························· 1
  0.3 土力学发展简史 ···················· 2
  0.4 土力学发展趋势 ···················· 5
  0.5 本书主要内容 ······················ 6
  0.6 学习目标 ·························· 6
  0.7 学习方法 ·························· 7
  习题 ································· 7

第1章 土的组成 ······················· 8
  1.1 概述 ······························ 8
  1.2 土中固体颗粒 ····················· 10
  1.3 土中水和气及其与土粒的相互作用 ···· 18
  1.4 土的结构和构造 ···················· 22
  1.5 软土的物质组成及微结构特征 ········ 24
  习题 ································ 28

第2章 土的物理性质及分类 ············ 29
  2.1 土的三相比例指标 ················· 29
  2.2 黏性土的物理特征 ················· 34
  2.3 无黏性土的密实度 ················· 38
  2.4 粉土的密实度和湿度 ··············· 40
  2.5 其他类型土 ······················ 41
  2.6 土的分类 ························ 43
  2.7 击实试验 ························ 50
  习题 ································ 51

第3章 土中应力 ······················ 53
  3.1 概述 ···························· 53
  3.2 饱和土的有效应力原理 ············· 53
  3.3 土中自重应力 ···················· 54
  3.4 基底压力 ························ 56
  3.5 地基附加应力 ···················· 60
  习题 ································ 76

第4章 土的渗透性 ···················· 78
  4.1 概述 ···························· 78
  4.2 土的渗流规律 ···················· 79
  4.3 土的渗透系数 ···················· 81
  4.4 二维渗流和流网的应用 ············· 85
  4.5 渗透破坏与防治 ·················· 87
  4.6 海绵城市和土层海绵化 ············· 92
  习题 ································ 94

第5章 土的压缩性 ···················· 95
  5.1 概述 ···························· 95
  5.2 室内压缩试验及压缩性指标 ········· 95
  5.3 应力历史对压缩性的影响 ·········· 100
  5.4 土的变形模量和弹性模量 ·········· 102
  习题 ······························· 105

第6章 地基变形 ····················· 106
  6.1 概述 ··························· 106
  6.2 地基最终沉降计算 ················ 106
  6.3 地基变形与时间的关系 ············ 118
  6.4 利用沉降观测资料推算后期
      沉降量 ······················· 125
  习题 ······························· 128

第7章 土的抗剪强度 ················· 130
  7.1 概述 ··························· 130
  7.2 土的抗剪强度理论 ················ 131
  7.3 土的抗剪强度试验 ················ 138
  7.4 无黏性土的抗剪强度 ·············· 144
  7.5 饱和黏性土的抗剪强度 ············ 144
  7.6 应力路径 ······················· 150
  习题 ······························· 152

第8章　土压力 …… 154

- 8.1　概述 …… 154
- 8.2　土压力的种类 …… 155
- 8.3　静止土压力 …… 156
- 8.4　朗肯土压力理论 …… 157
- 8.5　库仑土压力理论 …… 165
- 8.6　朗肯理论与库仑理论的比较 …… 172
- 8.7　土应力测试 …… 173
- 习题 …… 175

第9章　地基承载力 …… 176

- 9.1　概述 …… 176
- 9.2　浅基础地基的破坏模式 …… 176
- 9.3　地基临界荷载 …… 178
- 9.4　地基极限承载力 …… 183
- 9.5　地基容许承载力和地基承载力特征值 …… 195
- 习题 …… 197

第10章　土坡稳定性 …… 198

- 10.1　概述 …… 198
- 10.2　无黏性土坡稳定性分析 …… 199
- 10.3　黏性土坡稳定性分析 …… 200
- 习题 …… 207

附录　土工室内试验 …… 209

- 附录A　黏性土的定名 …… 209
- 附录B　固结试验 …… 211
- 附录C　直剪试验 …… 212
- 附录D　三轴剪切试验 …… 214
- 附录E　渗透试验 …… 216
- 附录F　相对密实度试验 …… 217
- 附录G　无侧限抗压强度试验 …… 218
- 附录H　大型仪器介绍 …… 219

参考文献 …… 223

绪 论

0.1 土力学和土的概念

土力学是工程力学和土木工程的一个分支，是应用工程力学方法研究土的力学性质和工程性质的一门实用科学，被广泛应用于土木工程、交通工程、水利工程、市政工程等基础设施建设之中。土力学的研究对象包括一般土、软土、膨胀土、湿陷性土、冻土、垃圾土等自然土体和人工土体，以及各类型土所处的状态（饱和或非饱和状态、极限或非极限状态）。土力学的研究内容主要包括应力、变形、强度、渗流及长期稳定性。广义的土力学还包括土的生成、组成、物理化学性质及分类等。

在土木工程中，土体主要有以下三方面的作用：作为建筑地基，用于承受房屋、桥梁、挡土墙、堤坝等上部结构传来的荷载；作为建筑物的周围环境，用于在其中修筑地下建筑、地下管道、渠道、隧道等；作为土工建筑材料，用于修建路堤、土坝等土工结构物。因此，土是应用最广泛的建筑材料或介质之一。

自然界中，地壳表层分布有岩石圈（包括基岩和覆盖土）、水圈、大气圈和生物圈。岩石是一种或多种矿物的集合体，其工程性质在很大程度上取决于矿物组成、结构、构造和与水相关的条件。土是由岩石经物理风化、化学分化、生物风化作用以及剥蚀、搬运、沉积等过程，在复杂自然环境中生成的混合沉积物。由于物质来源、形成条件、所处环境、荷载条件等内外因素的不同，土的类型及其物理、力学性质千差万别。不过，在同一地质年代和相似沉积环境中，又有相近性和规律性可循。

0.2 学科特点

土中固体颗粒是岩石风化后的碎屑物质，简称土粒。《土的工程分类标准》（GB/T 50145）将土划分为巨粒、粗粒和细粒三大粒组。不同土粒的粒径大小差别很大，有大于60mm 的巨粒粒组，有小于 0.075mm 的细粒粒组，也有粒径为 0.075～60mm 的粗粒粒组。不同粒径的土粒集合体以各种方式连接在一起构成土骨架，在土骨架的孔隙中存在液态水和气体。因此，土是由土粒（固相）、土中水（液相）和土中气（气相）组成的三相物质。当土中孔隙被水充满时，土是由土粒和土中水组成的二相体，即饱和土；而当土中孔隙完全被空气充满时，土则是由土粒和土中气组成的二相体，即干土。由于具有与一般连续固体材料（如钢材、混凝土等材料）不同的孔隙特性，土不属于刚性或弹性多孔介质而是一种极易发生大变形的多孔物质。相对于孔隙变化，土颗粒的变形可以忽略不计。因此，孔隙变化是土剪切变形、压缩变形、胀缩变形的主要来源。土粒之间的相对位移及位移倾向，是土内摩擦力和黏聚力产生的基础，而内摩擦力和黏聚力是土抗剪强度的两个组成部分。土的密度、孔隙率、含水量、结构性是影响土的力学性能的重要因素。

土颗粒之间的孔隙具有连通性，在压力作用下孔隙水可在其中发生流动。因此，土具有渗透性。水压力不仅决定孔隙水的流动，还会影响土的强度、变形和稳定性。土中孔隙水的流动发生在颗粒之间的孔隙中，因此土中水真实的渗流路径和渗流速度不同于表观计算数值且无法通过测量得到。另外，孔隙水的多少（含水量）在很大程度上影响土的力学特征，表现为随含水量减少土变得越来越坚硬，其强度和刚度明显增大。

根据其物理力学性质，工程上可以将土分为一般土和特殊土，碎石类土、砂类土、粉性土和黏性土都属于一般土。根据《岩土工程勘察规范》（GB 50021），当土中巨粒、粗粒含量超过全重的50%时，分别属于碎石类土或砂类土。碎石土和砂土通称为无黏性土，其特征是颗粒大、透水性强和无黏性。由于兼具黏聚力小和透水性低两个特点，粉性土具有可液化性。由于黏聚力强，黏性土具有明显的可塑性。某些黏性土具有湿陷性、胀缩性和冻胀性。特殊土种类繁多，有湿陷性土、膨胀土、冻土、红黏土、软土、填土、混合土、盐渍土、污染土、风化岩和残积土等。

土的种类繁多，其工程性质十分复杂。在理论研究和工程实践中，不得不采用简化的数学模型和不协调物理条件。例如，在研究地基承载力时，目前采用的方法是基于弹性理论求解土中应力分布，再用塑性理论求解塑性区分布和承载力。再如，计算地基沉降时，往往根据三维弹性理论计算地基中的应力分布，而在分层总和法计算沉降时，只考虑了竖向应力引起的一维压缩而忽略了三维应力状态的综合效应。计算机问世以来，已可以建立更接近实际的力学模型并进行复杂计算，但仍然需要做出很多可能不符合实际的假设，比如理想化的物理方程假设和理想化的边界条件设置。

由于土的力学性质过于复杂，对本构模型的研究和计算参数的测试，均远落后于计算技术和工程发展。计算参数测试手段简单、数据不可靠引起的误差，远大于计算方法本身引起的误差。因此，对土的基本力学性质的研究和对土本构模型与计算方法的验证，是土力学发展的重要方向。随着测试理论和测试技术的提高，近期研究发现了许多过去观察不到的现象，如通过能谱分析能得到土中某种金属成分的质量分数，通过2000倍扫描电镜能看清土粒表面有机物的形态，通过CT成像技术能得到土样微裂纹特征及其发展过程。这些手段为建立更接近实际的数学模型，准确测试计算参数提供了潜在手段和方法，但相关理论和操作方法还需要进一步发展和完善。

0.3　土力学发展简史

土力学的发展历史大致可分为古代、近代和现代三个阶段。

在古代，由于生产和生活需要，人们已懂得利用土来进行工程建设。例如，我国的陕州地坑院、隋唐大运河、郑国渠、灵渠等伟大工程，古埃及和巴比伦的农田水利工程，腓尼基的海港工程等都是典型的古代土工结构工程。这些土工结构工程对当时的社会和经济发展起到了重要作用，有些至今仍在发挥作用，如陕州地坑院和隋唐大运河，如图0-1和图0-2所示。在这一阶段，人们解决工程问题一般基于感性认识和经验判断，这是土力学发展的第一阶段。

图0-1　陕州地坑院

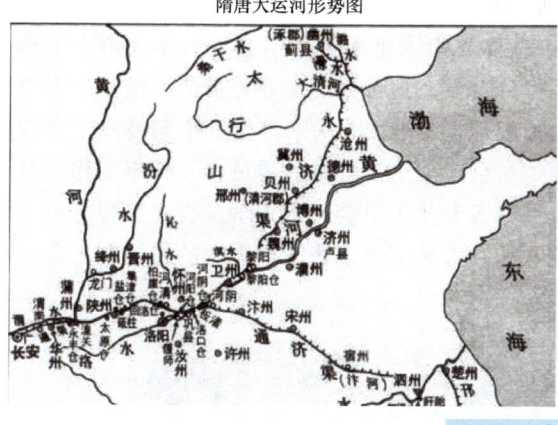

图0-2　隋唐大运河

第二阶段开始于第一次工业革命。随着大型建筑的兴建和数学物理等学科的发展，为研究土力学提供了需求和条件，人们开始从工程问题出发，基于对感性认识的理解寻求理性解释。在这一阶段，法国科学家库仑（Coulomb）先后发表了土压力滑动楔体理论（1773年）和土的抗剪强度准则（1776年）；法国科学家达西（Darcy）在研究水在砂土中渗透规律的基础上提出了多孔介质渗透定律（1856年）；英国科学家朗肯（Rankine）在分析半无限空间土体自重作用下达到极限平衡状态应力条件的基础上，提出了朗肯土压力理论；法国科学家布辛尼斯克（Boussinesq）提出了用于求解地基应力分布的半无限弹性体应力分布计算方法（1885年）；法国科学家莫尔（Mohr）基于最大最小主应力提出了至今仍广泛应用的抗剪强度理论（1900年）。19世纪中叶到20世纪初期，人们在工程实践中积累了大量与土有关的实际观测和模型试验资料，对土的强度、变形和渗透性作了理论探讨。我国的水力学著作《河防述言》和《行水金鉴》总结了当时黄河、长江等大江大河治理经验和教训，对当时社会经济发展起到了促进作用。

20世纪初以来是本学科发展的第三阶段。不良土和特殊土地区的大规模开发，大型特殊工程的兴建、室内外试验技术和测试技术的发展，促使人们系统总结试验成果并开展理论研究。从 1925 年太沙基（Terzaghi）出版第一本专著《土力学》开始，土力学作为一个完整、独立的学科已经形成。在此专著中，太沙基提出了著名的有效压力原理和一维固结理论。随着社会的发展，以古典弹性力学和塑性力学为基础的土力学理论和方法已经不能满足实践要求，有些学者便把相邻学科的新概念引入到土力学中。例如，荷兰科学家盖兹（Geuze E. C. W. A）和我国科学家陈宗基在 20 世纪 50 年代将流变学引进到土力学中。另外，现代物理化学、流变学、塑性力学等基础科学的发展和计算机的推广应用，为土力学发展开辟了新的研究途径。

我国著名桥梁专家茅以升是倡导土力学学科在工程中应用的开拓者。近代以来，我国科研人员在理论研究和工程应用方面做出了卓越贡献。例如，曾国熙提出的固结度普遍表达式及其应用和上埋式涵管土压力计算方法，黄文熙对液化的研究及提出的考虑土侧向变形的沉降计算方法，沈珠江提出的软土地基稳定分析的有效固结应力计算方法，龚晓南创建的广义复合地基理论等，已经被国内外认同和大面积应用，对土力学的发展做出了重要贡献。

1936 年，第一届国际土力学及基础工程学术会议在美国马萨诸塞州坎布里奇召开。中国土木工程学会于 1957 年设立了中国土力学及基础工程学会学术委员会，并于 1978 年成立了中国土木工程学会土力学及基础工程学会，1999 年改称为中国土木工程学会土力学及岩土工程分会。目前，中国土木工程学会土力学及岩土工程分会设有地基处理专业委员会、桩基础专业委员会、土工测试专业委员会、土的本构关系及强度理论专业委员会、非饱和土与特殊土专业委员会、环境土工专业委员会、土力学教学专业委员会、软土工程专业委员会、青年工作委员会、交通岩土工程专业委员会、施工技术专业委员会等专业委员会。土力学及岩土工程分会和各专业委员会经常组织各种会议和学术交流，这些活动大大促进了我国土力学的发展和工程应用（图 0-3~图 0-6）。

图 0-3 天津港建设

图 0-4 青藏铁路

图 0-5 南水北调

图 0-6 南海岛礁建设

0.4 土力学发展趋势

由于土的性质极其复杂，相关理论还很不完善。土力学的发展离不开数学物理方法及理论、室内外试验和测试、计算方法和计算手段的发展。作为当今科技发展的驱动器，计算机开发和利用是不可或缺的，数值方法是土力学的一个研究方向。数学和物理是自然学科的基石，其发展水平必将促进土力学的发展。作为一个工程师，扎实的数学物理功底是自己日后学术发展的巨大潜力和优势。天然土是复杂的，不可能按某种配方将其制备出来，因此数值模拟和理论分析的作用有限。室内外试验和测试对土力学的发展是必不可少的，经不起检验的理论即使再完美也没有任何实际意义。因此，必须加强试验和测试理论的研究和技术开发。土的本构模型发展到今天，已经有包括线弹性、非线性弹性、塑性、弹塑性、黏弹塑性、损伤、内时等几个大类在内的几百个模型，但每个模型都有其适用条件和适用环境且实用性难以判断，建立准确合理的强度和本构模型是土力学发展的当务之急，也是选择计算方法和计算手段的先决条件。

随着国民经济和各类土木工程的快速发展，我国岩土工程建设经历了一个空前兴旺的快速发展时期。随着对资源和生态环境认识的深入，岩土工程早已不再局限于具体工程的设计和施工，而是扩展到了环境、地质、灾害、生态和资源等相关学科，已经发展成为一个典型的交叉学科。在可以预见的将来，本学科理论与实践将在室内外试验和测试技术、非饱和土力学、特殊土处置、环境土力学、强度和本构模型、计算技术等方面取得长足进展。

0.5　本书主要内容

土力学研究内容分为基础理论研究和工程应用研究两个方面。基础理论研究主要包括土的分类、物理力学性质、静荷载和动荷载作用下的强度、变形等性质。工程应用研究主要通过现场试验和长期观测，研究土用作建筑物地基、建筑材料和建筑环境时的变形和稳定性，以及工程隐患研究和事故处置措施等。

本书主要内容包括土的组成、土的物理性质及分类、土的渗透性、土中应力、土的压缩性、地基变形、土的抗剪强度、土压力、地基承载力和土坡稳定性等内容，力争以有限的篇幅和学时，系统地介绍土力学的主要内容。

在本书编写过程中，力求结合学科特点将思政元素融入相关章节。例如，在绪论部分介绍我国在土力学方面的理论成就和典型应用，在渗流部分介绍海绵城市建设方法和进展历程，在土压力部分介绍最新的三维土压力测试技术等研究成果，从而达到开阔学生视野，激发学生积极投身现代化建设的目的。

0.6　学习目标

依据土木工程专业认证标准，土力学课程主要支撑工程知识和问题分析两大毕业要求。具体的课程学习目标可概括为以下几个方面。

1）能够运用土力学基本原理与专业术语表述工程中的地基基础问题。

2）能够阐述固结理论、渗透规律、强度理论以及土压力理论基本原理和思维方法，能运用以上理论对地基基础问题建模和推演，能够分析计算土中应力、地基沉降量、抗剪强度、土压力及地基承载力等问题。

3）能够利用相关土工试验方法、标准和规范，进行试验操作并能获得土的物理力学性能指标。

4）能够系统地开展试验工作，采集、整理试验数据，编写报告，对试验结果进行分析与解释。

0.7　学习方法

1. 加强理论学习

土力学是一门非常重要的专业基础必修课，它所包含的内容不仅是本专业必须掌握的知识，又是后续课程必备的基础。土的形成和组成、物理性质、变形、强度、渗流和稳定等内容是土力学的主线，抓住了这一主线，特别是抓住了土的变形和强度，就可以将全书内容贯穿起来。土的渗透性、压缩性和抗剪强度特性是反映土的孔隙规律的基本内容，也是研究挡土墙、基坑支护、地基承载力、土坡和地基稳定性的必备知识。土的物质组成、结构和构造非常复杂，难以定量化，这就要求在研究某一内容时必须抓主要矛盾和矛盾的主要方面，即针对不同研究内容，可以将土视为某种理想假设体，进而采用相应理论和数理方法加以研究。例如，在研究土中应力和变形时，经常将土视为线性变形体并采用弹性理论进行研究；在研究土的一维固结时，则将土骨架视为弹性体，将孔隙水视为黏滞流体并符合达西定律加以研究；在研究二维渗流时，将土骨架作为刚体而不是弹性体加以研究；在研究土压力、地基极限承载力、土坡和地基稳定性时，将土体视为刚塑性体，采用理论力学或滑移线场理论加以研究。

2. 掌握室内外试验和测试技术

加强理论知识与工程实践的联系。土力学是一门实践性很强的学科，应重视室内试验和现场测试理论和技术的发展，充分认识通过各种测试方法获得物理力学参数的重要性。通过土力学试验和测试，达到熟练掌握操作技术、具备开发设计土工试验的能力。

习　题

0-1　简述土的概念及其在土木工程中的应用。
0-2　简述土的组成及特点。
0-3　简述本课程的学习方法。

第 1 章

土的组成

1.1 概述

土是岩石在长期风化作用下产生的大小不同的颗粒组合，是经过各种地质作用形成的沉积物，是多种矿物的松散集合体。

1.1.1 土的形成

在自然界中，土的形成过程是十分复杂的。地壳表层的岩石在阳光、大气、水和生物等因素影响下发生崩解和破碎（风化作用），经流水、风、冰川等动力搬运作用后，在不同自然环境中沉积下来，从而形成土体。因此，可以说土是岩石风化的产物。风化作用一般分为物理风化、化学风化和生物风化三种类型。

1. 物理风化

物理风化是指由于温度变化、水的冻胀、波浪冲击、地震等引起的物理力使岩石原地发生机械破碎而不改变其化学成分的过程。岩石在这种作用下逐渐变成碎块和细小颗粒，其大小差别很大。但它们的矿物成分仍与母岩相同，如石英、长石和云母。由物理风化生成的土为巨粒土或粗粒土，如碎石、砾石和砂。物理风化后的土只是颗粒大小上的变化，成分没有发生变化。

2. 化学风化

化学风化是指母岩表面（或碎散的颗粒）与空气、水和各种水溶液相互作用的过程。这种作用不仅使岩石颗粒变细，更重要的是使岩石成分发生变化，形成了新的矿物，如高岭石、伊利石和蒙脱石等。化学风化生成的土为细粒土，如黏土、粉质黏土和粉土。引起岩石发生化学风化的原因是水和空气的参与，并发生水解作用（如正长石经水解作用后形成高岭石）、水化作用（如 $CaSO_4$ 水化后成为 $CaSO_4 \cdot 2H_2O$）、氧化作用、溶解作用、碳酸化作用等。化学风化生成了新的物质且形成的土颗粒十分细小，其比表面积很大并具有吸附水分子的能力。

3. 生物风化

生物风化是指动物、植物和人类活动对岩石产生的破坏作用，可分为物理生物风化和化学生物风化两种。开山、修隧道等人类活动对岩石产生的机械破坏，植物根部生长对岩石产生的机械破坏等均为物理生物风化。动植物新陈代谢的分泌排泄物、死亡遗体的腐烂产物和微生物等对岩石产生的化学侵蚀，使岩石成分发生变化为化学生物风化，形成的土为有机质土。

土的物理风化、化学风化和生物风化并不是孤立进行的，而是同时存在、相互影响的，并彼此创造条件。由于形成过程不同，自然界中的土是多种多样的。同一场地，不同深度处的土其性质也不一样。甚至同一位置的土，其性质也会因方向的不同而不同。例如，自然沉积的土层往往竖直方向的透水性小，而水平方向的透水性大。

1.1.2　基于形成条件的分类

由于形成条件、搬运方式和沉积环境的不同，自然界中的土有着不同的成因类型。母岩表层经风化作用破碎成岩屑或细小颗粒后，未经搬运残留在原地的堆积物称为残积土。此类土的颗粒表面粗糙、多棱角、粗细不均、无层理，因此土质较好。风化所形成的土颗粒，受自然力的作用搬运到远近不同的地点所沉积的堆积物称为运积土，这类土由于搬运原因不同，土质差别较大。

根据土的形成条件，土的常见类型有以下几种：

1. 残积土（Residual Soils）

残积土是指岩石经风化后未被搬运而残留于原地的碎屑堆积物。它的基本特征是颗粒表面粗糙、多棱角、无分选、无层理。

2. 坡积土（Slope Debris）

坡积土是指残积土受重力和暂时性流水（雨水、雪水）作用，搬运到山坡或坡脚处沉积起来形成的土。坡积颗粒随斜坡自上而下呈现由粗而细的分选性和局部层理。

3. 洪积土（Diluvial Soils）

洪积土是指残积土和坡积土受洪水冲刷、搬运，在山沟出口处或山前平原沉积下来形成的土，颗粒随距离变化有一定分选性和磨圆度。

4. 冲积土（Alluvial Soils）

冲积土是指在流水作用下搬运到河谷坡降平缓的地带沉积下来的土。这类土经过长距离搬运，颗粒有较好的分选性和磨圆度，常具有层理。

5. 湖积土（Marsh Deposits）

湖积土是指在湖泊及沼泽等缓慢水流或静水条件下沉积下来的土，或称为淤积土。这类土除了含大量细微颗粒外，常伴有生物化学作用所形成的有机物，成为具有特殊性质的淤泥或淤泥质土。

6. 海积土（Marine Deposits）

海积土是指由河流流水搬运到海洋环境下沉积下来的土。

7. 风积土（Aeolian Deposits）

风积土是指由风力搬运形成的土，其颗粒磨圆度好，分选性好。我国西北地区的黄土就是典型的风积土。

8. 冰积土（Glacial Deposits）

冰积土指由冰川或冰水挟带搬运形成的沉积物，其颗粒粗细变化大，土质不均匀。

9. 污染土（Contaminated Soils）

污染土指由于污染物质的侵入，使土的成分、结构和性质发生了显著变异的土，包括工业污染土、尾矿污染土和垃圾填埋场渗滤液污染土等。污染土一般可分为重金属污染土、有机污染土、复合污染土等。

1.1.3 土的特点

土的形成过程决定了土具有特殊的物理力学性质。与一般建筑材料相比，土具有以下三个重要特点：

1）散体性：颗粒之间无黏结或弱黏结，存在大量孔隙，可以透水透气。

2）多相性：土往往是由固体颗粒（固相）、水（液相）和气体（气相）组成的三相体系（图1-1），相系之间质和量的变化直接影响其工程性质。

3）自然变异性：土是在漫长的地质历史时期演化形成的多矿物组合体，性质复杂，不均匀，且还在不断发生变化。

深刻理解这些特点，有利于掌握土力学的本质。

土中固体颗粒（简称土粒）的大小和形状、矿物成分及其组成情况是决定土的物理力学性质的重要因素。

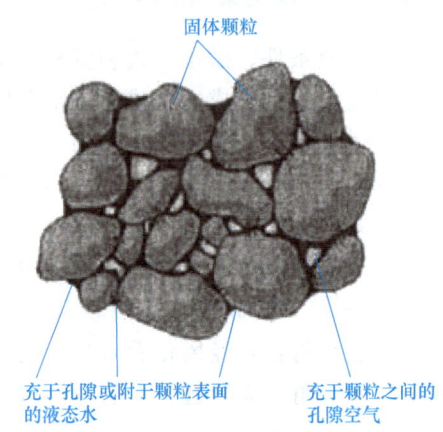

图1-1 土的组成示意图

1.2 土中固体颗粒

1.2.1 土粒的粒度成分

1. 土粒粒度与粒组

组成土的各个土粒的特征，即土粒的个体特征，主要包括大小和形状。粗大土粒的形状呈块状或粒状，随着搬运或风化程度不同而呈现不同的形状；细小土粒主要呈片状。

自然界中存在的土，都是由大小不同的土粒组成的。土粒的粒径由粗到细逐渐变化时，土的性质也相应地发生变化。土粒的大小称为粒度（Granularity），通常以粒径表示。介于一定粒度范围内的土粒，称为粒组（Fraction）。粒组的分界尺寸称为界限粒径。目前土的粒组划分方法并不完全一致，表1-1所列是一种常用的土粒粒组划分方法《土的工程分类标准》（GB/T 50145）。根据界限粒径200mm、60mm、2mm、0.075mm和0.005mm把土粒分为六大粒组，即漂石或块石颗粒、卵石或碎石颗粒、圆砾或角砾颗粒、砂粒、粉粒和黏粒。

2. 粒度成分分析试验

土粒的大小及其组成情况通常以土中各个粒组的相对含量（是指土样各粒组的质量占土粒总质量的百分数）来表示，称为土的粒度成分（Granularity Ingredient）或颗粒级配（Grain Grading）。

土的粒度成分或颗粒级配是通过土的颗粒分析试验测定的。依据《土工试验方法标准》（GB/T 50123），土的颗粒分析试验方法有筛分法（Sieve Analysis Method）、密度计法和移液

第1章 土的组成

表 1-1　土粒粒组的划分方法　[《土的工程分类标准》(GB/T 50145)]

粒组统称	颗粒名称		粒径范围/mm	一般特征
巨粒	漂石或块石		>200	透水性很大，无黏性，无毛细水
	卵石或碎石		200~60	
粗粒	圆砾或角砾	粗砾	60~20	透水性大，无黏性，毛细水上升高度不超过粒径大小
		中砾	20~5	
		细砾	5~2	
	砂粒	粗砂	2~0.5	易透水，当混入云母等杂质时透水性减小而压缩性增加；无黏性，遇水不膨胀，干燥时松散；毛细水上升高度不大，随粒径变小而增大
		中砂	0.5~0.25	
		细砂	0.25~0.075	
细粒	粉粒		0.075~0.005	透水性小，湿时稍有黏性，遇水膨胀小，干时稍有收缩；毛细水上升高度较大较快，极易出现冻胀现象
	黏粒		≤0.005	透水性很小，湿时有黏性、可塑性，遇水膨胀大，干时收缩显著；毛细水上升高度大，但速度较慢

注：1. 漂石、卵石和圆砾颗粒均呈一定的磨圆形状（圆形或亚圆形）；块石、碎石和角砾颗粒都带有棱角。
　　2. 粉粒或称粉土粒，粉粒的粒径上限为 0.075mm。
　　3. 黏粒或称黏土粒，黏粒的粒径上限也有采用 0.002mm 的，如《公路土工试验规程》(JTG 3430)。

管法，后两种试验方法又称**沉降分析法（Settlement Analysis Method）**。筛分法用于粒径为 0.075~60mm 的土粒，后两者用于粒径小于 0.075mm 的细粒土。当土内兼含大于和小于 0.075mm 的土粒时，两类分析方法可联合使用。

筛分法是将风干、分散的代表性土样通过一套自上而下孔径由大到小的标准筛（粗筛孔径为 60mm、40mm、20mm、10mm、5mm、2mm；细筛孔径为 2.0mm、1.0mm、0.5mm、0.25mm、0.1mm、0.075mm）筛选后，称出留在各个筛子上的干土质量，即可求得各个粒组的相对含量。通过计算可得到小于某一筛孔直径土粒的累积质量及累计质量百分数。

沉降分析法的理论基础是土粒在水（或均匀悬液）中的沉降原理，如图 1-2 所示。当土样被分散于水中后，土粒下沉时的速度与土粒形状、粒径、（质量）密度以及水的黏滞度（Viscosity）有关。

当土粒简化为理想球体时，土粒的沉降速度可以用**斯托克斯（Stokes，1845）定律**来计算

$$v = \frac{\rho_s - \rho_w}{18\eta} g d^2 \quad (1\text{-}1)$$

式中　v——土粒在水中的沉降速度（cm/s）；
　　　g——重力加速度（981cm/s²）；
　　　ρ_s、d——土粒的密度（g/cm³）和直径（cm）；
　　　ρ_w、η——水的密度（g/cm³）和黏滞度（10^{-3}Pa·s）。

考虑将速度 v 和土粒密度 ρ_s 分别表达为

$$v = \frac{距离}{时间} = \frac{L}{t}$$

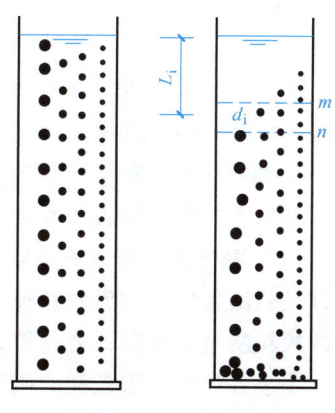

图 1-2　土粒沉降示意图

$$\rho_s = d_s \rho_{w1} \approx d_s \rho_w$$

代入式（1-1），可变换为

$$d = \sqrt{\frac{18\eta}{(d_s-1)\rho_w g}}\sqrt{\frac{L}{t}} = \sqrt{\frac{18\eta}{(d_s-1)\rho_w g}}\sqrt{v} \tag{1-2}$$

水的 η 值由温度确定。**斯托克斯定律假定**：颗粒是球形的；颗粒周围的水流是线流；颗粒大小要比分子大得多。理论公式求得的粒径并不是实际的土粒尺寸，而是与实际土粒在液体中具有相同沉降速度的理想球体的直径，称为**水力当量直径**。

在进行粒度成分分析时，取一定质量的干土 m_s 制成一定体积的悬液，搅拌均匀后，在刚停止搅拌的瞬间，各种粒径的土粒在悬液中是均匀分布的，即各种粒径的土粒在悬液中的浓度（单位体积悬液内含有的土粒质量）在不同深度处都相等。静置一段时间 t_i 后，悬液中粒径 d_i 的颗粒以相应的沉降速度 v_i 在水中下沉。较粗的颗粒在悬液中沉降较快，较细的颗粒则沉降较慢。

如图 1-2 所示，在深度 L_i 处，沉降速度为 $v_i = L_i/t_i$ 的颗粒，其直径相当于 $d_i = \sqrt{18\eta/[(d_s-1)\rho_w g]}\sqrt{v_i}$。所有大于 d_i 的土粒，其沉降速度必然大于 v_i，因此，在 L_i 深度范围内，肯定已没有粒径大于 d_i 的土粒。如图 1-2 所示，在 L_i 深度处考虑一个小区段 m-n，则 m-n 段内的悬液中只有粒径小于等于 d_i 的土粒，而且粒径小于等于 d_i 的颗粒的浓度与开始均匀悬液中粒径小于等于 d_i 的颗粒的浓度相等。

如果悬液体积为 1000cm³，其中所含粒径小于等于 d_i 的土粒质量为 m_{si}，则在 m-n 段内的悬液密度为

$$\rho_i = \frac{1}{1000}\left[m_{si} + \left(1000 - \frac{m_{si}}{\rho_s}\right)\rho_w\right] \tag{1-3}$$

式中　ρ_i、m_{si}——悬液的密度（g/cm³）和粒径小于等于 d_i 的土粒质量（g）；

　　　ρ_s、ρ_w——土粒的密度和水的密度（g/cm³）。

根据式（1-3）可以推出

$$m_{si} = 1000\frac{\rho_i - \rho_w}{\rho_s - \rho_w}\rho_s \tag{1-4}$$

式中　ρ_i——土粒沉降距离 L_i 处的悬液密度，可采用密度计法（即比重计法）或移液管法测得。

由 ρ_i 可计算出小于该粒径 d_i 的累计质量百分数。采用不同的测试时间 t_i，即可测得细颗粒各粒组的相对含量。

3. 颗粒粒度成分表示方法

常用的粒度成分表示方法有表格法、粒径级配累计曲线法和三角坐标法。

（1）表格法　表格法是以列表形式直接表达各粒组的相对含量。通常有两种表示方法，一种是列出各粒组的界限粒径和对应的累计质量百分数，即小于（或大于）各粒组界限粒径的颗粒质量百分数；另一种是列出各粒组的粒径范围和对应的各粒组的颗粒质量百分数。

小于各粒组界限粒径的质量百分数可直接由试验结果整理得到。用 100 减去小于各粒组界限粒径的质量百分数可得大于各粒组界限粒径的质量百分数。各粒组的质量百分数可由对应各粒组两个界限粒径的累计质量百分数之差求得。

（2）粒径级配累计曲线法　根据粒度成分分析试验结果，常采用粒径级配累计曲线（Grain Size Accumulation Curve）表示土的颗粒级配。该法是比较全面和通用的一种图解法，其特点是可简单获得定量指标，特别适用于几种土级配优劣比较。粒径级配累计曲线法的横坐标为粒径，由于土粒粒径的值域很宽，因此采用对数坐标表示；纵坐标为小于（或大于）某粒径的土粒质量百分数，如图 1-3 所示。由粒径级配累计曲线的坡度可以大致判断土粒均匀程度或级配是否良好。如曲线较陡，表示粒径大小相差不大，土粒较均匀，级配不良；反之，若曲线平缓则表示粒径大小相差悬殊，土粒不均匀，级配良好。

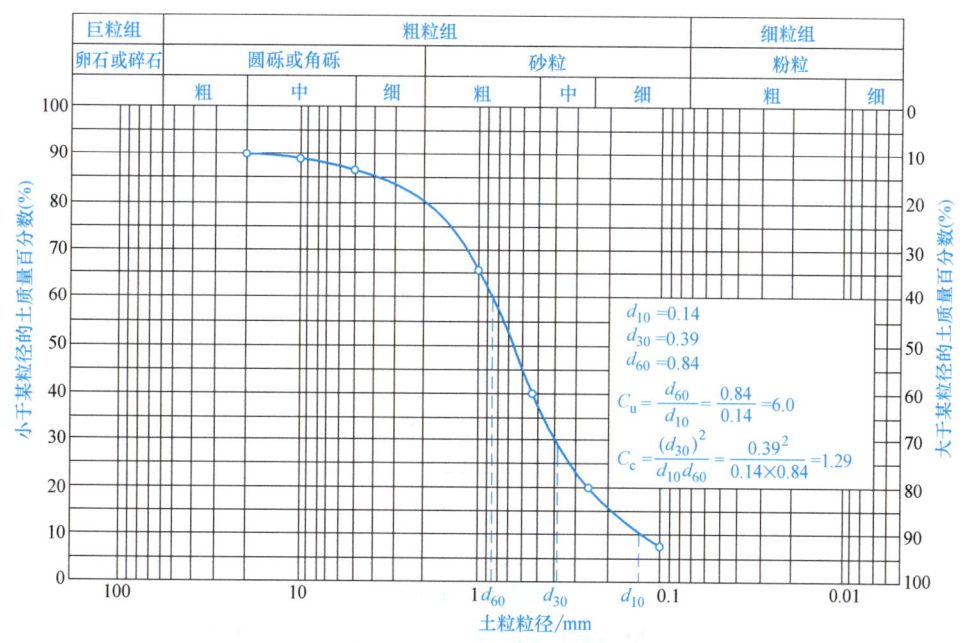

图 1-3　粒径级配累计曲线

根据粒径级配累计曲线，可以简单地确定颗粒级配的两个定量指标，即不均匀系数 C_u（Uniformity Coefficient）及曲率系数 C_c，两者的表达式如下

$$C_u = \frac{d_{60}}{d_{10}} \tag{1-5}$$

$$C_c = \frac{(d_{30})^2}{d_{10} d_{60}} \tag{1-6}$$

式中　d_{60}、d_{30}、d_{10}——相当于小于某粒径的累计质量百分数为 60%、30% 及 10% 对应的粒径，分别称为限制粒径、中值粒径和有效粒径。

对一种土，显然有 $d_{60} > d_{30} > d_{10}$。不均匀系数 C_u 反映大小不同粒组的分布情况，即土粒大小或粒度的均匀程度。C_u 越大，表示粒度的分布范围越大，土粒越不均匀，其级配越好。曲率系数 C_c 描写累计曲线的整体形态，反映了限制粒径 d_{60} 与有效粒径 d_{10} 之间各粒组含量的分布情况。

一般情况下，$C_u < 5$ 的土是均粒土，属不良级配土，如图 1-4a 所示；而 $C_u > 10$ 的土，则属良好级配土，如图 1-4b 所示。对于连续级配的土，采用单一指标 C_u，即可达到比较满意的判别结果。缺少中间粒径（d_{60} 与 d_{10} 之间的某粒组）的土即不连续级配土，其累计曲线呈台阶状，如图 1-4c 所示。此时，仅采用单一指标 C_u，难以有效判定土的级配是否良好。

曲率系数 C_c 作为第二指标与 C_u 共同判定土的级配，反映土中介于 d_{60} 与 d_{10} 之间的中间粒径的含量情况。在粒径级配曲线图上，表现为曲线的凹面朝向和弯曲程度。C_c 值在 1~3 之间的土级配较好。C_c 值小于 1 或大于 3 的土，累积曲线明显弯曲（凹面朝下或朝上）而呈阶梯状，粒度成分不连续，主要由大颗粒和小颗粒组成，缺少中间颗粒。

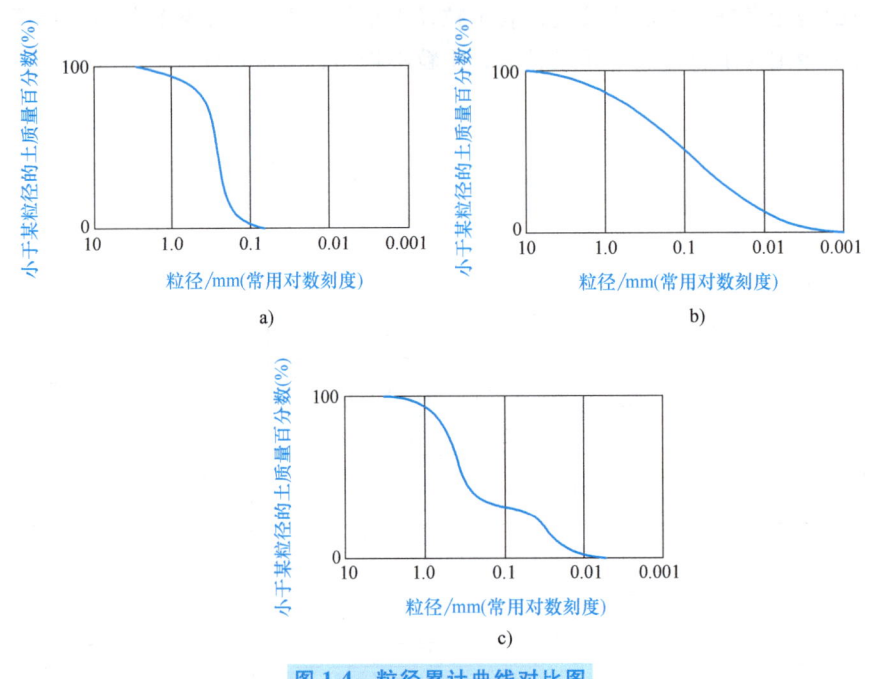

图 1-4 粒径累计曲线对比图

a) 不良级配土 　b) 良好级配土 　c) 不连续级配土（缺少中间粒径）

一般认为，砾类土或砂类土同时满足 $C_u \geqslant 5$ 和 $C_c = 1\sim3$ 两个条件时为良好级配砾或良好级配砂；如不能同时满足，则可以判定为级配不良。

粒度成分的分布曲线可以在一定程度上反映土的某些性质。对于级配良好土，较粗颗粒间的孔隙被较细的颗粒所填充，这一连锁充填效应，使得土的密实度较好。此时，地基土的强度和稳定性较好，透水性和压缩性也较小。作为填方工程的建筑材料，则比较容易获得较大的密实度，是堤坝或其他土建工程良好的填方用土。此外，对于粗粒土，不均匀系数 C_u 和曲率系数 C_c 也是评价渗透稳定性的重要指标。

(3) 三角坐标法　　三角坐标法也是一种图示法，可用来表达黏粒、粉粒和砂粒三种粒组的质量百分数。它是利用几何上等边三角形中任意一点到三边的垂直距离之和恒等于三角形高的原理，即 $h_1 + h_2 + h_3 = H$ 来表达粒度成分的，如图 1-5a 所示。取三角形的高 $H = 100\%$，h_1 为黏土颗粒的质量百分数，h_2 为砂土颗粒的质量百分数，h_3 为粉土颗粒的质量百分数，则图 1-5b 中 m 点即表示土样的粒度成分中黏粒、粉粒及砂粒的质量百分数分别为 25%、48% 和 27%。

上述三种方法各有其特点和适用条件。表格法能清楚地用数量说明土样各粒组的质量百分数，但对于大量土样之间的比较就显得过于冗长，且无直观概念，使用比较困难；粒径级配累计曲线法能用一条曲线表示一种土的粒度成分，而且可以在一张图上同时表示多种土的

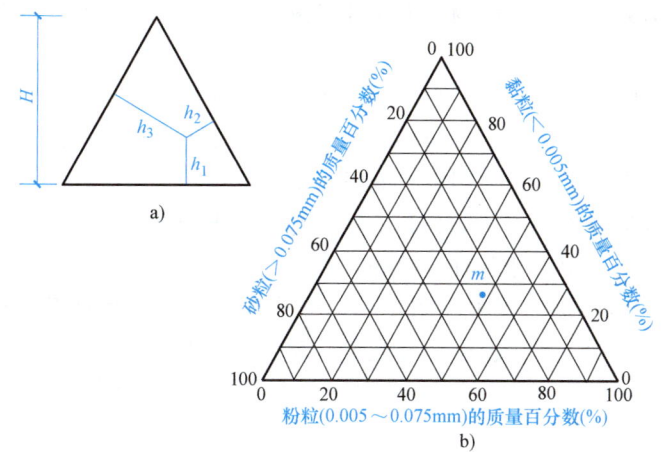

图 1-5 三角坐标法表示粒度成分

a) 三角形任意一点到三边的垂直距离　b) m 点的黏粒、粉粒、砂粒的质量百分数

粒度成分，能直观地比较其级配状况，并可确定土的级配指标，对土的级配状况进行定量评价；三角坐标法能用一点表示一种土的粒度成分，在一张图上能同时表示许多种土的粒度成分，便于进行土料的级配设计，三角坐标图中不同的区域表示土的不同组成，因而还可用来确定按粒度成分分类的土名，但三角坐标法只适用于土由三个粒组组成的情况。

1.2.2 土粒的矿物成分

1. 土粒矿物组成

土中固体颗粒的成分绝大部分是矿物质，可能还有少量有机质，如图 1-6 所示。

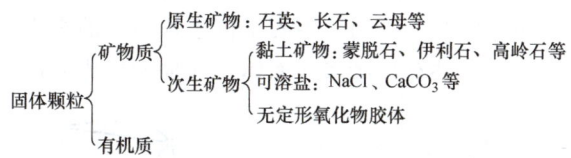

图 1-6 土中固体颗粒的成分

微生物参与风化过程，会在土中产生有机质。按其分解程度可分为未分解的动植物残体、半分解的泥炭和完全分解的腐殖质。土中有机质一般是以腐殖质为主的混合物，与组成土粒的其他成分稳固地结合在一起。腐殖质主要成分是腐殖酸，它具有多孔的海绵状结构和比黏土矿物更强的亲水性和吸附性。黏土矿物的种类、含量对其工程性质影响很大，对一些特殊土（如膨胀土）的工程性质往往起决定作用。颗粒的矿物质按其成分分为原生矿物和次生矿物两大类。

（1）原生矿物　原生矿物是岩浆在冷凝过程中形成的矿物，常见的如石英、长石、云母等。原生矿物颗粒是原岩经物理风化（机械破碎的过程）形成的，其物理化学性质较稳定，成分与母岩完全相同，具有较强的抗水性和抗风化能力，亲水性弱。由这类矿物组成的土粒一般较粗大，是砂类土和粗碎屑土（砾石类土）的主要组成矿物。

（2）次生矿物　次生矿物是由原生矿物在一定温度和压力条件下，经化学风化作用而形成的新矿物，成分与母岩成分完全不同。次生矿物的颗粒一般非常细小，甚至形成胶体颗粒，成分和性质较为复杂，对土的物理力学性质影响较大。次生矿物又可分为可溶性次生矿物和不溶性次生矿物。

1) 可溶性次生矿物又称可溶盐（$CaCO_3$、$CaSO_4$、$NaCl$等），是原生矿物在风化水解过程中可溶物质被水溶解后，再在适宜的环境下聚集而成，可呈固态或离子状态或两种状态并存。固态可溶盐对土颗粒起胶结作用因而能提高土的力学性能但抗水能力较差。离子状态的可溶盐决定了孔隙水溶液中的离子成分和浓度，对细粒土的性质起重要作用。可溶盐按其溶解度大小可分为易溶盐、中溶盐和难溶盐等。

2) 不溶性次生矿物是原生矿物中可溶物质被溶滤后，残留部分所形成的新矿物，主要为各种黏土矿物，还包括一些由次生二氧化硅、倍半氧化物（Al_2O_3、Fe_2O_3、R_2O_3可看作$RO_{1.5}$，即O为R的一倍半，因此R_2O_3矿物称为倍半氧化物）等构成的矿物。

2. 黏土矿物

黏土矿物是不溶性次生矿物中的铝硅酸盐类矿物，主要由长石、云母等原生硅酸盐矿物经化学风化作用而形成。因其为构成黏土颗粒的主要成分，故名黏土矿物。黏土矿物的颗粒极为细小，粒径一般小于0.005mm。大多数黏土矿物是结晶的，且形状多呈片状，亲水性较强，当与少量水混合时，具可塑性和黏性。土中常见的黏土矿物是高岭石、蒙脱石和伊利石，其次为绿泥石等其他矿物。

(1) 黏土矿物的结晶结构　黏土矿物结晶结构的基本结构单元是硅氧四面体和铝氢氧八面体。硅氧四面体由一个硅离子和四个氧离子组成，如图1-7a所示。硅离子位于正四面体中心，四个氧离子分别位于四面体的四个顶角。其排列特点是每个四面体的底面都在同一平面上且彼此相合，第四个顶角均指向同一方向。四面体底面上的每个氧离子均为相邻的四面体所共有，由此在平面上排列成正六边形网状结构层，称为四面体层。铝氢氧八面体由六个氢氧根离子（或氧离子）与一个铝离子（也可为镁离子或铁离子）组成，如图1-7b所示。氢氧根离子在空间以相等的距离排列，铝离子位于八面体的中心。八面体中的每个氢氧根离子均为相邻的三个八面体所共有，诸多八面体以这种方式排列成一层，称为八面体层。

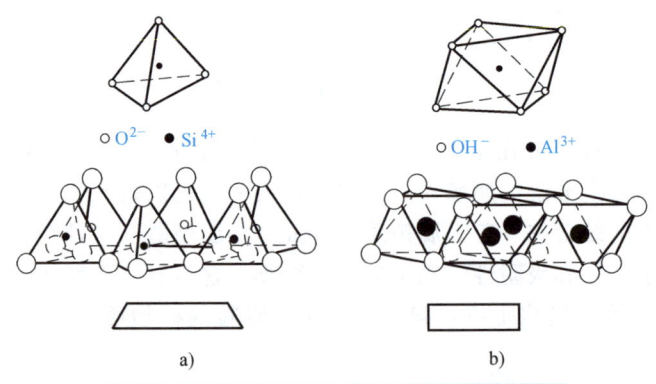

图1-7　黏土矿物晶片基本单元和结构示意图
a) 硅氧四面体晶片　b) 铝氢氧八面体晶片

四面体层与八面体层按一定比例上下重叠，构成黏土矿物的结构单位层（又称晶胞），相同类型的结构单位层的重复堆叠就形成一定种类的黏土矿物。高岭石、蒙脱石和伊利石的结构模型如图1-8所示，图中等腰梯形表示四面体层，矩形表示八面体层。

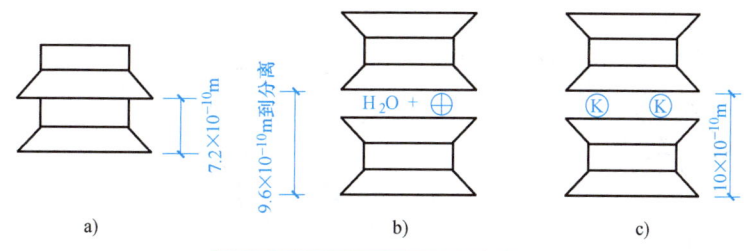

图 1-8 黏土矿物构造单元示意

a）高岭石　b）蒙脱石　c）伊利石

高岭石类黏土矿物的结构单位层由一个四面体层与一个八面体层上下重叠而成，称为 1∶1 型结构单位层，也称为二层型。大量 1∶1 型结构单位层的重复堆叠组成高岭石类黏土矿物，如图 1-8a 所示。

蒙脱石类黏土矿物的结构单位层由两个四面体层中间夹一个八面体层堆叠而成，称为 2∶1 型结构单位层，也称三层型。大量 2∶1 型结构单位层的重复堆叠组成蒙脱石类黏土矿物，其结构单位层之间常存在数层水分子，如图 1-8b 所示。

伊利石类黏土矿物的结构单位层与蒙脱石类相同，也为 2∶1 型结构单位层，但伊利石类黏土矿物的结构单位层之间嵌有钾离子（或钠离子），如图 1-8c 所示。

绿泥石类黏土矿物的结构单位层由一个三层型加一个八面体层重叠而成，称为 2∶1∶1 型结构单位层，也称四层型。

（2）各类黏土矿物的基本特性　各类结晶质黏土矿物的性质差异主要取决于黏土矿物结晶结构特征，即取决于黏土矿物结构单位层内部的层间联结力和结构单位层之间的联结力。这类联结力通常称为键力，结构单位层之间的键力是决定黏土矿物性质的最关键因素。

高岭石类黏土矿物的结构单位层之间为氧—氢氧（或氢氧—氢氧）联结，如图 1-9a 所示，结构单位层之间的键力除范德华键外，还存在氢键。较强的联结力，致使晶格活动性小，浸水后结构单位层间的距离基本不变，层间不易分散。高岭石的膨胀性和压缩性都较小，水稳性好，一般塑性较低。

蒙脱石类黏土矿物的结构单位层之间为氧—氧联结，如图 1-9b 所示，结构单位层之间的键力只有范德华键，联结力极弱，易被具有氢键的极性水分子分开。此外，蒙脱石矿物中同晶置换现象比较普遍，一般发生于八面体中，也可发生于四面体中。当高价阳离子被低价阳离子置换后，就会出现多余负电荷，这些多余的负电荷可吸附水中的水合阳离子充填于结构单位层之间。故蒙脱石的晶格活动性极大，遇水很不稳定，层间距离取决于吸附的水分子层厚度，甚至可能完全分散，呈高分散、横向延伸的薄膜片状。蒙脱石的亲水性、膨胀性及压缩性比高岭石高得多。

伊利石类黏土矿物与蒙脱石类黏土矿物同属于 2∶1 型结构单位层。虽然伊利石类黏土矿物的结构单位层之间也为氧—氧联结，但由于嵌入其间的钾离子的联结作用，使其层间联结介于高岭石与蒙脱石之间。故伊利石的晶格活动性、膨胀性及压缩性通常介于高岭石与蒙脱石之间。

（3）土粒矿物成分与粒组的关系　土中矿物成分与粒度成分存在着一定的内在联系。粗颗粒往往是岩石经物理风化作用形成的原岩碎屑，是物理化学性质比较稳定的原生矿物颗粒；细小土粒主要是化学风化作用形成的次生矿物颗粒和生成过程中的有机物质。次生矿物的成分、性质及其与水的作用均很复杂，是细粒土具有塑性特征的主要因素之一，对土的工

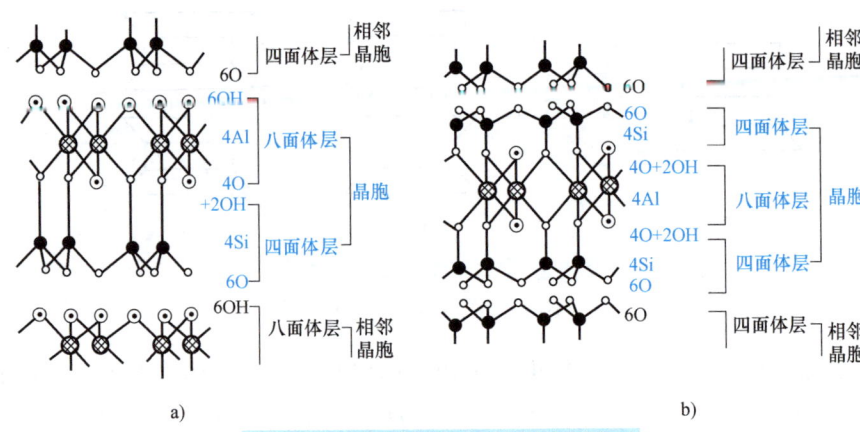

图 1-9 黏土矿物结构结晶格架示意图
a) 高岭石 b) 蒙脱石

程性质影响很大。有机质同样对土的工程性质有很大的影响。

1）粒径>2mm 的粗粒组和巨粒组包括砾石、卵石、漂石等岩石碎屑，是原有矿物的集合体，可能是多矿物的，也有可能是单矿物的。

2）粒径为 0.075~2mm 的砂粒与岩石中原生矿物的颗粒大小差不多。砂粒多是单矿物，以石英最为常见，有时为长石、云母及其他深色矿物。另外，还有白云石组成的砂粒，如白云石砂。

3）粒径为 0.002~0.075mm 的粉粒由一些细小的原生矿物和次生矿物组成，如粉粒状的石英和难溶的方解石、白云石。

4）粒径<0.002mm 的黏粒主要是一些不溶性次生矿物，由黏土矿物类、倍半氧化物、难溶盐、次生二氧化硅及有机质等构成。

(4) 土的化学成分 土的化学成分是指组成土固相、液相和气相物质的化学元素及其化合物种类和含量。土中含有大量氧、硅、铝、铁、钙、镁、钾、钠等元素及其他微量元素，这些元素通常以化合物的形式存在。目前研究较多的是土的固相和液相的化学成分。

土固相的化学成分与矿物成分有密切关系，研究土的化学成分有助于鉴别矿物成分。原生矿物的化学成分与母岩的化学成分有关，一般化学性质较为稳定。可溶性次生矿物中常见的易溶盐有石盐（$NaCl$）、钾盐（KCl）、芒硝（$Na_2SO_4 \cdot 10H_2O$）、苏打（$NaHCO_3$）及天然碱（$Na_2CO_3 \cdot NaHCO_3$）等，最常见的中溶盐有石膏（$CaSO_4 \cdot 2H_2O$），难溶盐有方解石（$CaCO_3$）、白云石（$CaMg(CO_3)_2$）等。不可溶性次生矿物中除黏土矿物外，常见的还有一些氧化物。

土液相的化学成分主要取决于孔隙水中所溶解的离子成分和含量。孔隙水中离子的电性、化合价和浓度对细粒土的工程性质有重要影响。

1.3 土中水和气及其与土粒的相互作用

1.3.1 黏土颗粒的带电性

黏土颗粒的带电现象于 1809 年为莫斯科大学列依斯（Рейс）发现。把黏土块放在一个玻璃器皿内，将两个无底的玻璃筒插入黏土块中。向筒中注入相同深度的清水，并将阴阳电极分别放入两个筒内的清水中，然后将直流电源与电极连接。经过一段时间发现，放在阳极的筒其水位下降且逐渐变浑；放在阴极的筒其水位逐渐上升，如图 1-10a 所示。这说明黏土颗粒本身带有一定量的负电荷，在电场作用下向阳极移动，这种现象称为 电泳（Electrophoresis）；而极性水分子与水中的阳离子（K^+、Na^+ 等）形成水化离子，在电场作用下这类水化离子向阴极移动，这种现象称为 电渗（Electro Osmosis）。电泳、电渗是同时发生的，统称为 电动现象（Electrokinetic Phenomenon）。

黏土矿物颗粒一般为扁平状（或纤维状），与水作用后扁平状颗粒的表面带负电荷，但颗粒的（断裂）边缘，局部带有正电荷，如图 1-10b 所示。

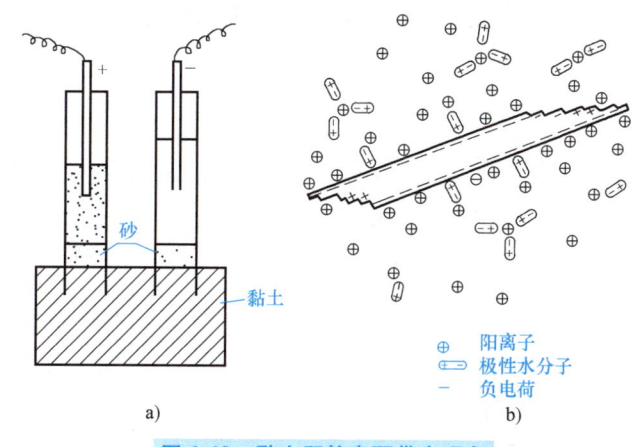

图 1-10 黏土颗粒表面带电现象

a）电渗、电泳现象 b）黏土颗粒的表面带电性

研究表明，片状黏土颗粒的表面，由于下列原因常带有负电荷。

1）离解作用（Dissoiation）：指黏土矿物颗粒与水作用后离解成更微小的颗粒，离解后阳离子扩散到水中，阴离子留在颗粒表面。

2）吸附作用（Adsorption）：指溶于水中的微小黏土矿物颗粒把水介质中一些与本身结晶格架中相同或相似的离子选择性地吸附到自己表面。

3）同晶置换（Isomorphous Substitution）：指矿物晶格中高价的阳离子被低价的离子置换，常为硅片中的 Si^{4+} 被 Al^{3+} 置换，铝片中的 Al^{3+} 被 Mg^{2+} 置换，因而产生过剩的未饱和负电荷，这种现象在蒙脱石中尤为显著，故其表面负电性最强。

4）边缘断链（Edge Broken Bonds）：理想晶体内部的电荷是平衡的，但在颗粒边缘产生断裂后，晶体连续性受到破坏，造成电荷不平衡。

由于黏土矿物的带电性，黏土颗粒四周形成一个电场，将使颗粒四周的水发生定向排列，直接影响土中水的性质，从而使黏性土具有许多无黏性土所没有的性质。

1.3.2 土中水

在自然条件下，土中总是含水的。一般黏性土特别是饱和软黏土，水的体积占比相当大（一般为 50%~60%，甚至高达 80%）。土中细颗粒越多，即土的分散度越大，水对土性质的影响越大。所以，对于黏性土，更需重视土中水的含量及其类别与性质。

水分子 H_2O 是强极性分子，氢原子端显正电荷，氧原子端显负电荷，键角略小于105°，如图1-11a所示，分子之间以氢键连接。土中水常含有各种电解离子，这些离子由于静电作用吸附极性水分子从而形成水化离子，如图1-11b所示，离子的水化程度与离子价和离子半径有关。

土中水可以处于液态、固态或气态。一般液态土中水可视为中性、无色、无味、无臭的液体，其质量密度在4℃时为$1g/cm^3$。存在于土粒矿物的晶体格架内或参与矿物构造的水称为矿物内部结合水，它只有在比较高的温度下才能化为气态水而与土粒分离。从土的工程性质上看，可以把矿物内部结合水当作矿物颗粒的一部分。存在于土中的液态水可分为结合水和非结合水两大类，如图1-12所示。实际上，土中水是成分复杂的电解质水溶液，它与土粒有着复杂的相互作用，土中水在不同作用力下处于不同状态。

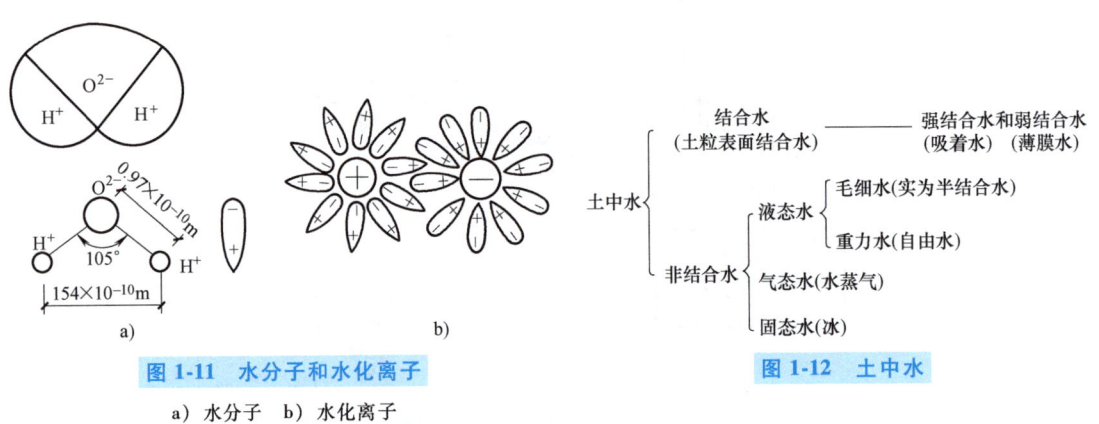

图1-11 水分子和水化离子
a）水分子　b）水化离子

图1-12 土中水

1. 结合水（Adsorbed Water）

结合水是指受分子引力、静电引力吸附于土粒表面的土中水。这种吸引力高达几千个到几万个大气压，使水分子和土粒表面牢固地黏结在一起。由于土粒表面一般带有负电荷，围绕土粒会形成电场。在土粒电场范围内的水分子和水溶液中的阳离子（如Na^+、Ca^{2+}、Al^{3+}等）一起被吸附在土粒表面。因为水分子是极性分子，因此被土粒表面电荷或水溶液中的离子电荷吸引而定向排列，如图1-13所示。

土粒周围水溶液中的阳离子和水分子，一方面受到土粒电场的静电引力作用，另一方面又受到布朗运动作用。在靠近土粒表面处，静电引力最强，这种引力把水化离子和水分子牢固地吸附在颗粒表面，形成固定层。在固定层外，静电引力比较小，因此水化离子和水分子的活动性比在固定层中大些，此即扩散层。固定层和扩散层中所含的阳离子与土粒表面负电荷一起构成双电

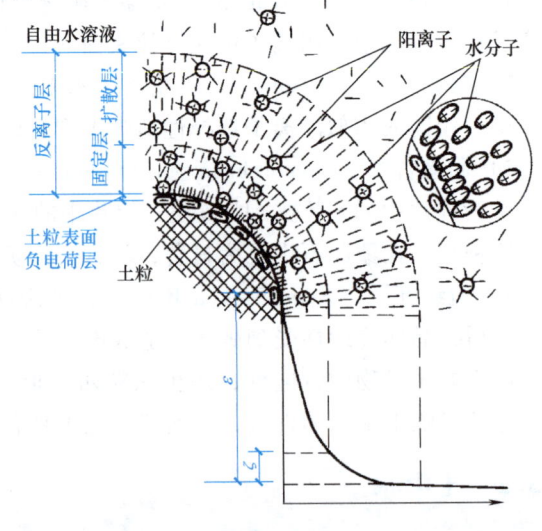

图1-13 土粒表面双电层、结合水及其所受静电引力示意

层，如图1-13所示。从双电层概念可知，阳离子层中的结合水和交换离子，越靠近土粒表面则排列得越紧密和整齐，活动性也越小。因而，结合水又可以分为强结合水和弱结合水两种。强结合水相当于阳离子层的内层即固定层中的水，而弱结合水则相当于扩散层中的水。

强结合水是指紧靠土粒表面的结合水。它厚度很小，一般只有几个水分子层。它的特征是，没有溶解能力，不能传递静水压力，只有吸热变成蒸汽后才能移动。这种水牢固地结合在土粒表面，其性质接近于固体，密度约为 1.2~2.4g/cm³，冰点为-78℃，具有极大的黏滞度、弹性和抗剪强度。如果将干燥的土移到天然湿度空气中，则土的重力将增加，直到土中吸着的强结合水达到最大吸着度为止。土粒越细，土的比表面积越大，则最大吸着度就越大。砂土的最大吸着度约占土粒质量的1%，而黏土则可达17%，黏土中只含有强结合水时，呈固体状态，磨碎后呈粉末状态。

弱结合水是紧靠强结合水外围的结合水膜，其厚度比强结合水大得多，并且厚度变化大，是整个结合水膜的主体。弱结合水不能传递静水压力，没有溶解能力，其冰点低于0℃，但水膜较厚的弱结合水能向邻近较薄的水膜缓慢转移。当土中含有较多的弱结合水时，土具有一定的可塑性。砂土比表面积较小，几乎不具可塑性；而黏性土的比表面积较大，其可塑性范围大。离土粒表面越远，静电引力越小。随距离增加，弱结合水逐渐过渡到非结合水。

2. 非结合水

非结合水是孔隙中超出土粒表面静电引力作用范围的液态水。主要受重力控制，能传递静水压力、能溶解盐分，在温度0℃左右冻结成冰。非结合水的典型代表是重力水。介于重力水和结合水之间的过渡类型的水为毛细水。土中的非结合水会随着温度的变化而呈现固态、液态、气态三种不同的状态。

重力水（或称自由水）是存在于较粗大孔隙中、具有自由活动能力、在重力作用下能够流动的水，是普通液态水。重力水流动时，会产生动水压力，能冲刷带走土中的细小土粒，这种作用称为机械潜蚀作用。重力水还能溶滤土中的水溶盐，这种作用称为化学潜蚀作用。两种潜蚀作用都将使土的孔隙和压缩性增大，抗剪强度降低。地下水以下的土体和工程结构物，因受到重力水的浮力作用，其有效重力将减小。

毛细水是在土粒引力和表面张力共同作用下，存在于地下水位以上细小孔隙中的一种过渡类型水，其形成过程可用物理学中的毛细管现象解释。毛细水主要存在于直径为 0.002~0.5mm 大小的孔隙中。孔隙更细小者，因土粒周围的结合水膜可能充满孔隙而不能形成毛细水。粗大的孔隙则毛细力极弱，难以形成毛细水。因此，毛细水在砂土、粉土和粉质黏性土中含量较大。

毛细水对土的工程性质及建筑工程的影响在于：

1）毛细水的弯液面和土粒接触处的表面引力反作用于土粒，使土粒之间由于毛细压力而挤紧（图1-14），土因而具有微弱的内聚力，称为毛细内聚力或假内聚力。

2）毛细水上升接近建筑物基础底部时，毛细压力将作为基底附加压力的增加值增大建筑物的沉降。

3）毛细水上升接近或浸没基础时，在寒冷地区将加剧冻胀作用。

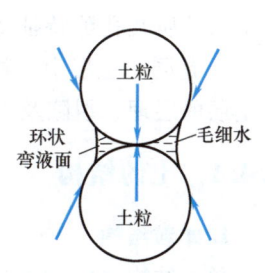

图 1-14 毛细力示意图

4）毛细水浸润基础或管道时，水中盐分对混凝土和金属材料常具腐蚀作用。

气态水以水汽状态存在，从气压高的地方向气压低的地方移动。水蒸气可在土粒表面凝聚转化为其他类型水。气态水的迁移和聚集使土中水和土中气的分布状况发生变化，从而可使土的性质改变。

当温度降低至 0℃ 以下时，土中的重力水将冻结成固态水（冰）。固态水在土中起着暂时的胶结作用，从而提高土的力学强度，降低土的透水性。但温度升高解冻后，固态水将变为液态水，土的强度急剧降低，压缩性增大，工程性质显著恶化。特别是水冻结成冰时其体积增大，解冻融化为水时土的结构变疏松，工程性质将更加劣化。

1.3.3 土中气

土中的气体主要包括空气和水蒸气。但有时也可能含有较多的二氧化碳、沼气及硫化氢等，这些气体大多因生物化学作用生成。

气体在土孔隙中有两种不同存在形式。一种是游离气体（非封闭气体），另一种是封闭气体。

游离气体通常存在于近地表的包气带中，与大气连通，随外界条件改变与大气有交换作用，处于动平衡状态，其含量取决于土孔隙体积和水的充填程度。游离气体一般对土的性质影响较小。

封闭气体呈封闭状态存在于孔隙中，对土的性质影响较大，会显著降低土的透水性和压实性等。饱水黏性土中的封闭气体在压力长期作用下被压缩后，有很大的内压力，有时可能冲破土层逸出，造成意外沉陷。

在淤泥和泥炭质土等有机土中，由于微生物的分解作用，土中会聚积某种有毒气体和可燃气体，如 CO、H_2S 和 CH_4 等。CO 的吸附作用最强，易于埋藏于较深土层。土中有害气体的存在不仅使土体长期得不到压密，而且当开挖揭露这类土层时往往会危害人的生命（使人窒息或发生瓦斯爆炸）。

1.4 土的结构和构造

试验资料表明：同一种土的原状土样和重塑土样的力学性质有很大差别。也就是说，土的组成成分不是决定土性质的全部因素，土的结构和构造对土的性质也有很大影响。土的结构包含微观结构和宏观结构。土的微观结构常简称为土的结构或土的组构（Fabric），是指土粒的原位集合体特征，是由土粒单元的大小、矿物成分、形状、相互排列及其联结关系，土中水性质及孔隙特征等因素形成的综合特征。土的宏观结构常简称为土的构造（Structure），是同一土层中的物质成分和颗粒大小等都相近的各部分之间的相互关系的特征，表征土层的层理、裂隙及大孔隙等宏观特征。

1.4.1 土的结构

1. 单粒结构

单粒结构（Single Grain Fabrics）是由粗大土粒在水或空气中下沉而形成的，土颗粒相互间有稳定的空间位置，是碎石土和砂土的结构特征。在单粒结构中，土粒的粒度和形状、土粒的相对位置决定其密实度。因此,这类土的孔隙比值域变化较宽。同时,因颗粒较大,土粒间的分子吸引力相对很小,颗粒间几乎没有联结。

单粒结构可以是疏松的,也可以是紧密的(图1-15)。呈紧密状态的单粒结构土,由于其土粒排列紧密,在动荷载、静荷载作用下都不会产生较大沉降,其强度较大、压缩性较小,一般是良好的天然地基。呈疏松状态的单粒结构土,其骨架是不稳定的。当受到震动及其他外力作用时,土粒易发生移动,土中孔隙剧烈减少,引起很大变形。因此,这种土如未经处理一般不宜作为地基或路基。

2. 蜂窝结构

蜂窝结构(Honeycomb Fabric)是由粉粒或细砂组成的结构形式。据研究,粒径为0.075~0.005mm(粉粒粒组)的土粒在水中沉积时,基本上是以单个土粒的形式下沉。当碰上已沉积土粒时,由于它们之间的相互引力大于重力,土粒将停留在接触点上不再下沉,逐渐形成土粒链。土粒链组成弓架结构,形成具有很大孔隙的蜂窝结构(图1-16)。

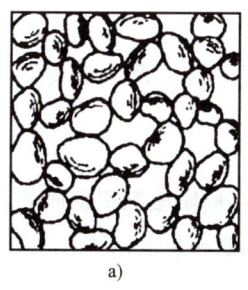

图1-15 土的单粒结构
a)疏松 b)紧密

图1-16 土的蜂窝结构

具有蜂窝结构的土有很大孔隙,但由于弓架作用和一定程度的粒间联结,可以承担一般水平的静力荷载。但当承受高应力荷载或动力荷载时,其结构将会破坏,并可导致严重的地基变形。

3. 絮状结构

絮状结构(Flocculated Fabric)是由细小的黏粒(粒径为$5 \times 10^{-3} \sim 1 \times 10^{-4}$mm)或胶粒(粒径为$1 \times 10^{-4} \sim 1 \times 10^{-5}$mm)组成的结构形式,受重力作用影响很小,土粒能在水中长期悬浮而不下沉。这时,黏土矿物颗粒与水作用产生的粒间作用力就凸显出来。粒间作用力有粒间斥力和粒间吸力。相距一定距离的两土粒,粒间斥力随着离子浓度、价数及温度的增加而减小。粒间吸力主要是范德华力,随着粒间距离增加很快衰减。粒间作用力的作用范围为$10^{-7} \sim 10^{-5}$mm。当总的吸力大于斥力时表现为净吸力,反之为净斥力。

在高含盐量水中沉积的黏性土,由于离子浓度的增加,渗透斥力降低。因此,在粒间较大的净吸力作用下,黏土颗粒容易絮凝成集合体下沉,形成盐溶液中的絮凝结构,如图1-17a所示。混浊的河水流入海中,由于海水高盐度,很容易絮凝沉积为淤泥。在无盐的溶液中,由于局部带电和布朗运动,会形成无盐溶液中的絮凝结构,如图1-17b所示。当土粒间表现为净斥力时,土粒将在分散状态下缓慢沉积,这时土粒是定向(或至少半定向)排列的,形成分散型结构(片堆结构),如图1-17c所示。

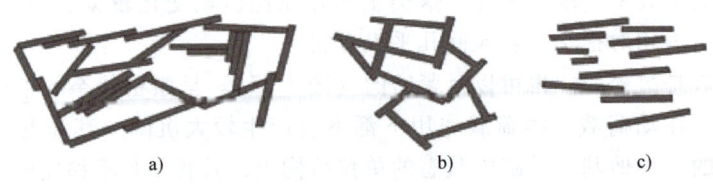

图 1-17 黏土颗粒沉积结构

a) 盐溶液中的絮凝结构 b) 无盐溶液中的絮凝结构 c) 分散型结构（片堆结构）

絮凝沉积形成的土在结构分类上也称片架结构。这类结构是不稳定的，随溶液性质的改变（添加分散剂）或受到振荡后可重新分散。在沉降法进行颗粒分析试验中，即利用了这一特性。具有絮状结构的黏性土，其土粒之间的联结强度往往由于长期的固结作用和胶结作用而得到加强。因此，（集）粒间的联结特征，是影响这一类土工程性质的主要因素之一。

1.4.2 土的构造

土的构造实际上是土层在空间的赋存状态，表征土层的层理、裂隙及大孔隙等宏观特征。

1. 层理构造

土的构造最主要特征就是成层性，它是在土的形成过程中，由于不同阶段沉积物质的成分、颗粒大小或颜色不同，而沿竖向呈现的成层特征，常见的有水平层理构造和交错层理构造。

2. 分散构造

土层中土粒分布均匀，性质相近，如砂与卵石层为分散构造。

3. 结核状构造

在细粒土中混有粗颗粒或各种结核，如含礓石的粉质黏土、黏土等，均属于结核状构造。

4. 裂隙状构造

裂隙状构造是在土的自然演化过程中，经受地质构造作用或自然淋滤、蒸发作用形成的，如黄土的柱状裂隙、膨胀土的收缩裂隙等。裂隙的存在大大降低了土体的强度和稳定性，增大了透水性，对工程不利，往往是结构或土体失稳的原因。

1.5 软土的物质组成及微结构特征

本节主要介绍软土的矿物、化学、粒度成分等基本性质。

1.5.1 矿物组成及化学成分分析

以天津滨海新区软土为例，从全岩矿物分析结果看（见表 1-2），塘沽两个样品的造岩矿物与吹填土的矿物种类相当，但两个样品矿物的质量分数差别较大。15m 的样品是由于长石风化程度低造成的，这与其石英含量较低（36.2%）是一致的；9m 的样品则与吹填土相当。大港和临港工业区的造岩矿物均为 60%~65%。在所有软土样品中均含有 3.2%~12.9% 的方解石，此外还含有少量的白云石以及微量的角闪石和石盐。

表 1-2 天津滨海新区软土矿物成分

土样成因	土样深度/m	取样位置	矿物种类和质量分数(%)							黏土矿物总量(%)
			石英	钾长石	斜长石	方解石	白云石	角闪石	石盐	
吹填土	>5	汉沽	43.7	7.0	15.9	4.8	3.4	0.4	0.7	24.1
		临港工业区	30.3	5.6	8.9	12.5	—	1.0	0.9	40.8
	>5	南港	42.6	4.1	17.1	10.0	—	1.4	—	24.8
海积软土	12	汉沽	45.4	8.9	15.3	3.2	4.2	1.7	0.6	20.7
	9	塘沽	41.0	7.5	14.2	5.8	3.9	1.2	1.0	25.4
	15		36.2	5.5	24.2	4.5	1.9	2.3	1.1	24.3
	9	大港	37.4	3.6	10.2	9.2	1.4	1.4	0.6	36.2
			35.4	3.7	15.7	5.8	2.3	0.6	1.9	34.6
	≤5	临港工业区	33.5	3.3	14.3	8.8	3.1	1.9	1.0	34.1
			29.6	2.5	10.4	12.9	2.0	1.3	0.4	40.9

对于软土而言，从黏土矿物成分看（表 1-3），天津滨海新区软土的黏土矿物以伊/蒙混层和伊利石为主。伊/蒙混层矿物和伊利石的亲水性比较强，结合水含量高，对软土的流变特性有较大影响。伊/蒙混层矿物也是活性较高的黏土矿物，混层比越高，活性越强，软土的塑性越强，稠度指标越大，内聚力也相应增长，结构稳定性增强，触变性降低。

同时，采用全量化学分析方法，测得天津滨海新区软土的各主要化学成分相对质量分数（表 1-4）。

表 1-3 天津滨海新区软土矿物成分

土样成因	土样深度/m	取样位置	黏土矿物相对质量分数(%)					黏土矿物绝对质量分数(%)			
			S	I/S	I	K	C	S	I/S	I	K	C
吹填土	>5	汉沽	—	45	39	7	9		10.8	9.4	1.7	2.2
	>5	临港	—	39	43	8	10		15.9	17.5	3.3	4.1
	>5	南港	—	47	35	8	10		11.7	8.7	2.0	2.5
海积软土	12	大神堂	—	43	42	7	8		8.9	8.7	1.4	1.7
	9	塘沽	—	31	50	8	11		7.9	12.7	2.0	2.8
	15	塘沽	—	31	47	10	12		7.5	11.4	2.4	2.9
	9	大港	—	32	46	9	13		11.6	16.7	3.3	4.7
	<5	汉沽	—	41	38	7	13		14.2	13.1	2.8	4.5
	<5	临港	—	37	44	8	11		12.6	15.0	2.7	3.8
	<5	临港	—	33	45	8	14		13.5	18.4	3.3	5.7

注：S—蒙脱石，I/S—伊/蒙混层，I—伊利石，K—高岭石，C—绿泥石。

表 1-4 天津滨海新区软土各主要化学成分相对质量分数　　（单位:%）

取样地点	土性	SiO_2	Al_2O_3	Fe_2O_3	CaO	MgO	K_2O	Na_2O	TiO_2	P_2O_5	MnO_2	烧失量
北大港	表层软土	68.00	10.30	3.27	5.38	1.68	2.14	2.16	0.56	0.13	0.064	6.12
大港		56.30	13.20	5.23	5.45	2.85	2.78	2.76	0.64	0.15	0.10	10.40
轻纺城		52.80	13.75	5.67	6.58	2.96	2.80	2.74	0.66	0.16	0.11	11.60
中心渔港		71.60	10.90	2.92	2.89	1.41	2.83	2.86	0.50	0.098	0.066	3.76
中心渔港		61.10	12.80	4.56	5.08	2.25	2.98	2.47	0.58	0.13	0.093	7.70
黄港水库		55.50	14.95	6.12	5.27	2.95	3.16	1.58	0.66	0.16	0.13	9.15
北塘水库		55.20	14.95	6.06	5.70	3.00	3.23	1.47	0.66	0.16	0.12	9.34
东丽湖		56.90	14.40	5.80	5.28	2.83	3.04	1.76	0.66	0.15	0.11	8.83
汉沽大神堂		63.15	12.50	4.28	3.21	2.52	2.85	3.52	0.65	0.13	0.12	6.82

(续)

取样地点	土性	SiO_2	Al_2O_3	Fe_2O_3	CaO	MgO	K_2O	Na_2O	TiO_2	P_2O_5	MnO_2	烧失量
南港	吹填土	58.40	13.20	5.13	5.38	2.42	2.75	2.59	0.69	0.15	0.098	9.03
中心渔港		54.00	15.20	6.50	4.46	3.16	3.30	2.41	0.69	0.16	0.12	9.73
南港	海积软土	56.10	13.50	5.35	6.32	2.66	2.82	2.16	0.64	0.16	0.10	10.00
中心渔港		63.80	11.50	3.44	3.06	2.02	2.84	4.58	0.49	0.10	0.071	7.98
临港		56.60	13.50	5.42	6.46	2.45	2.85	2.07	0.63	0.14	0.096	9.61
临港		49.80	14.30	6.04	8.34	2.86	3.02	1.99	0.65	0.16	0.12	12.60

1.5.2 颗粒组成

通过对天津滨海新区不同区域钻孔取样,利用 SediGraph 5100 自动粒度分析仪进行粒度分析,测试粒径范围为 300~0.1μm。

以大港东部塘沽盐场和临港工业区的两个钻孔为例,钻孔深度分别为 40m 和 26.5m,土样粒度分析结果见表 1-5 和表 1-6。

表 1-5 塘沽盐场孔颗粒级配

取样深度/m	土性	质量分数(%)			
		>0.075mm 砂粒	0.075~0.005mm 粉粒	<0.005mm 黏粒	<0.002mm 胶粒
6.2	淤泥质黏土	5.5	40.1	54.4	38.7
12.7	淤泥质粉质黏土	6.5	35.5	58.0	40.7
16.9	粉土	17.3	36.0	46.7	32.5
19.5	粉质黏土	10.5	45.9	43.6	31.2
24.6	粉土	20.0	45.6	34.4	23.5
26.2	粉土	22.3	58.0	19.7	14.0
28.9	粉土	12.7	54.25	33.1	24.4

表 1-6 临港工业区孔颗粒级配

取样深度/m	土性	质量分数(%)			
		>0.075mm 砂粒	0.075~0.005mm 粉粒	<0.005mm 黏粒	<0.002mm 胶粒
1.7	吹填土	13.4	40.0	46.6	32.9
8.0	淤泥质粉质黏土	20.2	57.4	22.4	15.1
8.3	淤泥质黏土	4.7	40.9	54.4	40.8
11.2	粉质黏土	10.5	42.4	47.1	33.1
17.7	粉质黏土	9.0	37.8	53.3	38.4
24.4	粉质黏土与粉土互层	8.4	29.7	61.9	41.5

天津滨海新区全新统地层⊖土颗粒主要是细颗粒土,土的塑性高,透水性差。

⊖ 全新统地层,是指全新世时期所形成的地层。

第1章 土的组成

1.5.3 微结构特征

采用扫描电子显微镜（Scanning Electron Microscope，SEM）进行研究发现，天津滨海新区淤泥、淤泥质黏土的微结构类型主要为絮凝结构，如图1-18所示；淤泥质粉质黏土、粉质黏土的微结构类型主要为片状堆叠结构（片架结构），如图1-19所示；粉土及粉细砂为粒状结构，如图1-20所示。土的微结构特征是在漫长的沉积固结历史中逐步形成的，因此微

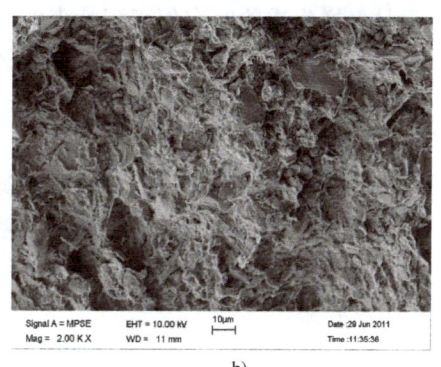

a)　　　　　　　　　　　　　　　　b)

图1-18　絮凝结构典型SEM照片

a）淤泥质黏土水平截面　b）表层土垂直截面

a)　　　　　　　　　　　　　　　　b)

图1-19　片状堆叠结构典型SEM照片

a）淤泥质粉质黏土水平截面　b）粉质黏土垂直截面

a)　　　　　　　　　　　　　　　　b)

图1-20　粒状结构典型SEM照片

a）粉土水平截面　b）表层土水平截面

27

结构特征是其地质历史的一个记录。同时微结构作为颗粒和孔隙大小、形态及组合的综合特征,又决定着土的工程性质。

习　　题

1-1　什么是土的颗粒级配?什么是土的颗粒级配曲线?
1-2　土中水按性质可以分为哪几类?
1-3　土是怎样生成的?有何工程特点?
1-4　什么是土的结构?其基本类型是什么?简述每种结构土体的特点。
1-5　什么是土的构造?其主要特征是什么?
1-6　试述强、弱结合水对土性的影响。
1-7　土颗粒的矿物质按其成分分为哪两类?
1-8　简述土中粒度成分与矿物成分的关系。
1-9　甲乙两种土样的颗粒分析结果列于表1-7,试绘制级配曲线,并确定不均匀系数以及评价级配均匀情况。

表1-7　习题1-9表

粒径/mm		2~0.5	0.5~0.25	0.25~0.1	0.1~0.05	0.05~0.02	0.02~0.01	0.01~0.005	0.005~0.002	<0.002
相对质量分数(%)	甲土	24.3	14.2	20.2	14.8	10.5	6.0	4.1	2.9	3.0
	乙土	—	—	5.0	5.0	17.1	32.9	18.6	12.4	9.0

第 2 章

土的物理性质及分类

土的三相组成影响土的密度、压实度、干湿状况、软硬程度等物理性质。土的物理性质又在一定程度上决定其力学性质。本章将介绍土的三相比例指标，黏性土、无黏性土和粉土的物理特征，并简单介绍土的胀缩性、湿陷性和冻胀性以及土的分类和击实试验等。

2.1 土的三相比例指标

2.1.1 土的三相比例关系图

相同种类的土，在松散和密实状态下，其性质有着十分明显的差别。这些差别可以通过三相比例指标来反映。

土的三相比例指标分为两类，一类是通过试验直接测定的，如土粒相对密度 d_s（Specific Gravity of Soil Particles）、土的含水量 w（Water Content or Moisture Content）和密度 ρ（Density）；另一类是根据试验得到的指标换算得到的，如孔隙比 e（Void Ratio）、孔隙率 n（Porosity）和饱和度 S_r（Degree of Saturation）等。为便于说明问题，采用图 2-1b 表示图 2-1a 中土的三相关系。

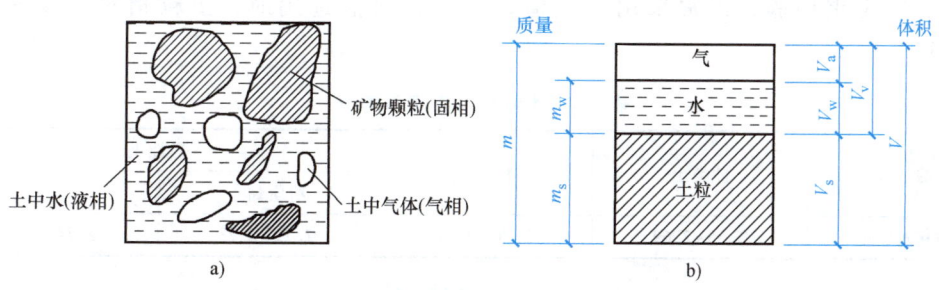

图 2-1 土的三相比例关系

图 2-1b 右侧标出了三相所占体积 V，左侧则标明了三相的质量 m。下角标 s 表示土粒（Solid），w 表示水（Water），a 表示空气（Air），v 表示孔隙（Void）。图中各参量的含义分别为：V 为总体积，V_s 为土粒体积，V_w 为水体积，V_a 为空气体积，V_v 为孔隙体积，$V_v = V_w + V_a$，m 为总质量，m_s 为土粒质量，m_w 为水质量，m_a 为空气质量（显然 $m_a = 0$）。

2.1.2 指标的定义

1. 试验直测的三个指标

三个能直测的指标是土粒相对密度 d_s、土的含水量 w 和密度 ρ。

(1) 土粒相对密度 d_s 土粒质量与同体积的 4℃纯水的质量之比称为土粒相对密度 d_s。

$$d_s = \frac{m_s}{V_s \rho_{w1}} = \frac{\rho_s}{\rho_{w1}} \tag{2-1}$$

式中　m_s——土粒质量（g）;

V_s——土粒体积（cm³）;

ρ_s——土粒密度，即土粒单位体积的质量（g/cm³）;

ρ_{w1}——纯水在 4℃时的密度（单位体积的质量），等于 1g/cm³ 或 1t/m³。

一般情况下，土粒相对密度在数值上等于土粒密度，但前者是无量纲而后者是一种物质（土粒）的质量密度。土粒相对密度决定于土的矿物成分，因此同一类土的相对密度变化幅度很小。一般无机矿物颗粒的相对密度为 2.6~2.8；有机质土的土粒相对密度为 2.4~2.5；泥炭土的土粒相对密度为 1.5~1.8。

土粒相对密度的常用测定方法有以下几种：

1）比重瓶法。首先将称好质量的干土颗粒放入已知重量的比重瓶中，加水煮沸分散，再加满水，待水温降至 20℃以后称水和土粒全部质量；然后洗干净比重瓶，再灌满水，称同体积瓶内水的质量，由排水体积得到土颗粒体积；最后，根据土颗粒质量和土颗粒体积确定土粒相对密度。

2）浮称法。该法适用于粒径不小于 5mm 的土，且粒径大于 20mm 的质量应小于总质量的 10%。

3）虹吸筒法。该法适用于粒径不小于 5mm 的土，且粒径大于 20mm 的质量应不小于总质量的 10%。

4）经验值法。各种土的比重相差不大，一般仅小数点后第二位不同，故若当地已进行了大量土粒比重试验，则常采用经验值。按经验数值选用时，土粒相对密度参考值见表 2-1。

表 2-1　土粒相对密度参考值

土的名称	砂类土	粉性土	黏性土	
			粉质黏土	黏土
土粒相对密度	2.65~2.69	2.70~2.71	2.72~2.73	2.74~2.76

(2) 土的含水量 w 土中水的质量与土粒质量之比称为土的含水量（率）w，以百分数计。

$$w = \frac{m_w}{m_s} \times 100\% \tag{2-2}$$

含水量 w 是标志土含水程度（或湿度）的一个重要物理指标，反映土的干湿及软硬程度。一般干的粗砂，其值接近零，而饱和砂土，可达 40%；坚硬黏性土的含水量可小于

30%，而饱和软黏土（如淤泥）则可达60%或更大。同一类土当其含水量增大时，土体变软、强度降低。含水量对黏性土、粉土的影响较大，对粉砂、细砂稍有影响，对碎石土等粗粒土基本没有影响。土含水量常用的测定方法有以下几种：

1）烘干法。该法适用于黏质土、粉质土、砂类土和有机质土。首先取一小块土样进行称重，记录湿土质量；然后将土样置于100~105℃的烘箱内烘至恒重，再称得干土质量；最后求得湿土、干土质量之差与干土质量的比值，即为土的含水量。

2）酒精燃烧法。该法适用于快速简易测定细粒土（含有机质的除外）的含水量。首先将称完质量的试样盒放在耐热桌面上，倒入酒精（纯度95%以上）至与试样表面齐平，点燃酒精；然后待酒精熄灭后用针仔细搅拌试样，重复倒入酒精燃烧三次；最后待冷却后称质量，即为干土质量。采用与烘干法相同的计算方法可得到土的含水量。

（3）土的密度 ρ　单位体积土的质量称为土的密度，g/cm^3。

$$\rho = \frac{m}{V} \tag{2-3}$$

天然状态下土的密度变化范围较大，一般黏性土 $\rho = 1.8 \sim 2.0 g/cm^3$，砂土 $\rho = 1.6 \sim 2.0 g/cm^3$；腐殖土 $\rho = 1.5 \sim 1.7 g/cm^3$。土密度常用的测定方法有：

1）环刀法。该法适用于细粒土。将一个刀刃向下的环刀放在削平的土样面上，慢慢削去环刀外围的土，在削的过程中持续按压，使保持天然状态的土样压满环刀。环刀内土样的质量与环刀容积之比即为土的密度。

2）灌水法。该法适用于粗粒土和巨粒土。首先于现场开挖试坑，将挖出的试样装入容器，称其质量；然后用塑料薄膜平铺于试坑内，将水缓慢注入塑料薄膜中，直至薄膜袋内水面与坑口齐平，注水体积即为试坑的体积；最后计算得到土的密度。

2. 特殊条件下土的密度

（1）干密度 ρ_d　单位体积固体颗粒的质量称为土的干密度（Dry Density），g/cm^3。

$$\rho_d = \frac{m_s}{V} \tag{2-4}$$

在工程上常把干密度 ρ_d 作为评定土体紧密程度的标准，以控制填土工程的施工质量。

（2）饱和密度 ρ_{sat}　土孔隙中充满水时单位体积的质量称为土的饱和密度（Saturated Density），g/cm^3。

$$\rho_{sat} = \frac{m_s + V_v \rho_w}{V} \tag{2-5}$$

式中　ρ_w——为水的密度，近似等于 $1g/cm^3$。

（3）浮密度 ρ'　在地下水位以下，单位体积中土粒的质量与同体积水的质量之差称为土的浮密度（Buoyant Density），g/cm^3。

$$\rho' = \frac{m_s - V_s \rho_w}{V} \tag{2-6}$$

（4）土的重力密度 γ　单位体积土的重力（即土的密度与重力加速度的乘积）称为土的重力密度（Gravity Density），简称重度 γ，kN/m^3。在计算自重应力时，须采用土的重度。有关重度的指标也有4个，即土的湿重度 γ、干重度 γ_d、饱和重度 γ_{sat} 和浮重度 γ'。可分别按下列对应公式计算：$\gamma=\rho g$、$\gamma_d=\rho_d g$、$\gamma_{sat}=\rho_{sat} g$、$\gamma'=\rho' g$，式中 g 为重力加速度。在国际单位制中，质量密度的单位是 kg/m^3；重力密度的单位是 N/m^3。但在国内工程实践中，两者分别取 g/cm^3 和 kN/m^3。各密度或重度指标，在数值上有如下关系：

$$\rho_{sat} \geqslant \rho \geqslant \rho_d > \rho' \text{ 或 } \gamma_{sat} \geqslant \gamma \geqslant \gamma_d > \gamma'$$

3. 描述孔隙体积的指标

（1）孔隙比 e　土的孔隙比是土中孔隙体积与土粒体积之比。

$$e = \frac{V_v}{V_s} \tag{2-7}$$

一般来说 e 越小，土越密实，压缩性越低；e 越大，土越疏松，压缩性越高，故可以用来评价天然土层的密实程度。一般 $e<0.6$ 的土是密实的低压缩性土，$e>1.0$ 的土是疏松的高压缩性土。

（2）孔隙率 n　土的孔隙率是孔隙所占体积与土总体积之比，以百分数计。

$$n = \frac{V_v}{V} \times 100\% \tag{2-8}$$

孔隙比和孔隙率是反映土体松密程度的重要指标，同一类土，e 和 n 越大，土越疏松，反之土越密实。孔隙比和孔隙率之间换算关系如下

$$n = \frac{e}{1+e} \tag{2-9}$$

孔隙率和孔隙比都可用来表示土中孔隙体积的相对数值。地基土在荷载作用下产生压缩变形时孔隙体积和土体总体积都将变小，显然孔隙率不能反映孔隙体积在荷载作用前后的变化情况。土粒体积可看作不变值，因此孔隙比能反映土体积变化前后孔隙体积的变化情况。所以，工程上常用孔隙比这一指标。

自然界中土的孔隙率与孔隙比取决于土的结构状态。由于土的松密程度差别极大，土的孔隙比变化范围也很大，可为 0.25~4.00，相应孔隙率可为 20%~80%。无黏性土虽孔隙较大，但因数量少，孔隙比相对较低，一般为 0.5~0.8，孔隙率相应为 33%~45%；黏性土则因孔隙数量多和大孔隙的存在，孔隙比较高，一般为 0.67~1.20，相应孔隙率为 40%~55%。少数近代沉积的未经压实的黏性土，孔隙比甚至在 4.0 以上，孔隙率可大于 80%。

（3）饱和度 S_r　土中水体积与土中孔隙体积之比称为土的饱和度，以百分数计。

$$S_r = \frac{V_w}{V_v} \times 100\% \tag{2-10}$$

土的饱和度 S_r 与含水量 w 均为描述土中含水程度的指标。通常根据饱和度 S_r 将砂土分为三种状态，即稍湿状态，$S_r \leqslant 50\%$；很湿状态，$50\% < S_r \leqslant 80\%$；饱和状态，$S_r > 80\%$。

2.1.3　指标的换算

一般情况下，可根据已知的三个指标，计算出其他所有指标。指标之间的换算，是以图 2-2 所示为基础进行的。

令 $V_s=1$，则根据孔隙比定义可得孔隙体积为 $V_v=e$，总体积 $V=1+e$；根据土粒相对密度 d_s 可得土粒质量 $m_s=V_s d_s \rho_w = d_s \rho_w$；根据含水量定义可得土中水质量为 $m_w=wm_s=wd_s\rho_w$。累加后得到土的总质量为 $m=d_s(1+w)\rho_w$。

由图 2-2 可直接得到土的密度 ρ、干密度 ρ_d、饱和密度 ρ_{sat}、孔隙率 n 和饱和度 S_r。

$$\rho = \frac{m}{V} = \frac{d_s(1+w)\rho_w}{1+e} \quad (2\text{-}11)$$

$$\rho_d = \frac{m_s}{V} = \frac{d_s \rho_w}{1+e} = \frac{\rho}{1+w} \quad (2\text{-}12)$$

$$\rho_{sat} = \frac{m_s + V_v \rho_w}{V} = \frac{(d_s + e)\rho_w}{1+e} \quad (2\text{-}13)$$

$$n = \frac{V_v}{V} = \frac{e}{1+e} \quad (2\text{-}14)$$

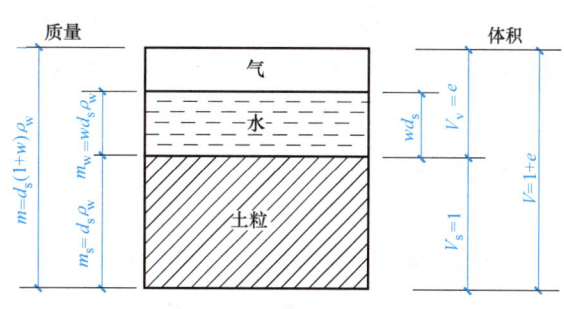

图 2-2 土的三相比例指标换算图

$$S_r = \frac{V_w}{V_v} = \frac{m_w}{V_v \rho_w} = \frac{w d_s}{e} \quad (2\text{-}15)$$

根据式（2-12）换算后可得由三个基本指标表述的孔隙比 e 表达式

$$e = \frac{d_s \rho_w}{\rho_d} - 1 = \frac{d_s(1+w)\rho_w}{\rho} - 1 \quad (2\text{-}16)$$

根据土的浮密度 ρ' 定义及式（2-13）换算后可得

$$\rho' = \frac{m_s - V_s \rho_w}{V} = \frac{m_s + V_v \rho_w - V \rho_w}{V} = \rho_{sat} - \rho_w = \frac{(d_s - 1)\rho_w}{1+e} \quad (2\text{-}17)$$

根据实际工程要求，也可以令土的总体积 $V=1$，通过土的三相关系推导其他指标的表达式。例如，可以得到土的密度公式 $\rho = m$、$\rho_d = m_s$、$\rho_{sat} = m_s + V_v \rho_w$、$\rho' = m_s - V_s \rho_w$，且仍然满足 $\rho_{sat} \geq \rho \geq \rho_d > \rho'$。常见的土的三相比例指标换算公式见表 2-2。

表 2-2 常见的土的三相比例指标换算公式

名称	符号	三相比例表达式	常用换算公式	常见的数值范围
土粒相对密度	d_s	$d_s = \dfrac{m_s}{v_s \rho_{w1}}$	$d_s = \dfrac{S_r e}{w}$	黏性土：2.72~2.75 粉土：2.70~2.71 砂土：2.65~2.69
含水量	w	$w = \dfrac{m_w}{m_s} \times 100\%$	$w = \dfrac{S_r e}{d_s} = \dfrac{\rho}{\rho_d} - 1$	20%~60%
干密度	ρ_d	$\rho_d = \dfrac{m_s}{V}$	$\rho_d = \dfrac{d_s}{1+e} \rho_w$	1.3~1.8 g/cm³
饱和密度	ρ_{sat}	$\rho_{sat} = \dfrac{m_s + V_v \rho_w}{V}$	$\rho_{sat} = \dfrac{d_s + e}{1+e} \rho_w$	1.8~2.3 g/cm³
浮密度	ρ'	$\rho' = \dfrac{m_s - V_s \rho_w}{V}$	$\rho' = \dfrac{d_s - 1}{1+e} \rho_w$	0.8~1.3 g/cm³
孔隙比	e	$e = \dfrac{V_v}{V_s} \times 100\%$	$e = \dfrac{d_s(1+w)\rho_w}{\rho} - 1$	黏性土和粉土：0.40~1.20 砂土：0.30~0.90
孔隙率	n	$n = \dfrac{V_v}{V} \times 100\%$	$n = \dfrac{e}{1+e} = 1 - \dfrac{\rho_d}{d_s \rho_w}$	黏性土和粉土：30%~60% 砂土：25%~45%

注：水的重度 $\gamma_w = \rho_w g = 1 \text{t/m}^3 \times 9.81 \text{m/s}^2 = 9.81 \times 10^3 \text{N/m}^3 \approx 10 \text{kN/m}^3$。

【例 2-1】 经勘探，某土料场中部分土料处于完全饱和状态，取出部分土样用作科研试验，测得土样含水量为 20%，土粒相对密度为 2.72，试求土样的干密度。

【解】 方法一：设土粒体积为 $V_s = 1.0\text{cm}^3$，则由三项比例关系可得：

土粒的质量 $m_s = d_s V_s \rho_w = 2.72 \times 1.0\text{cm}^3 \times 1.0\text{g/cm}^3 = 2.72\text{g}$

水的质量 $m_w = w m_s = 0.20 \times 2.72\text{g} = 0.544\text{g}$

土处于完全饱和状态，即 $V_v = V_w + V_a = V_w$ 则

孔隙的体积 $V_v = V_w = \dfrac{m_w}{\rho_w} = \dfrac{0.544\text{g}}{1.0\text{g/cm}^3} = 0.544\text{cm}^3$

干密度 $\rho_d = \dfrac{m_s}{V_s + V_v} = \dfrac{2.72\text{g}}{1.0\text{cm}^3 + 0.544\text{cm}^3} = 1.762\text{g/cm}^3$

方法二：由题意可知 $S_r = 100\%$，$w = 20\%$，$d_s = 2.72$

孔隙比 $e = \dfrac{w d_s}{S_r} = \dfrac{20\% \times 2.72}{100\%} = 0.544$

干密度 $\rho_d = \dfrac{d_s}{1+e}\rho_w = \dfrac{2.72}{1+0.544} \times 1.0\text{g/cm}^3 = 1.762\text{g/cm}^3$

2.2 黏性土的物理特征

2.2.1 黏性土的可塑性及界限含水量

黏性土根据其含水量的不同，分别处于固态、半固态、可塑状态及流动状态。黏性土在一定含水量范围内，可用外力塑成任何形状而不发生裂纹，在外力移除之后仍然可以保持原有形状，这种特性称为黏性土的可塑性（Plasticity）。黏性土由一种状态转变为另一种状态的分界含水量，称为界限含水量。对应黏性土不同物理状态划分的界限含水量，主要有缩限含水量、塑限含水量和液限含水量。界限含水量对黏性土基本性质评价具有重要意义，并常用于黏性土的分类。

土由可塑状态转到流动状态的界限含水量称为液限（Liquid Limit, LL），也称塑性上限，用符号 w_L 表示；土由可塑状态转到半固态的界限含水量称为塑限（Plastic Limit, PL），也称塑性下限，用符号 w_P 表示；土由半固态状态不断蒸发水分，体积继续逐渐缩小，直至体积不再缩小时土的界限含水量称为缩限（Shrinkage Limit, ST），用符号 w_S 表示。界限含水量一般省去%符号表示。黏性土的状态转变过程示意如图2-3所示。

我国采用锥式液限仪来测定黏性土的液限 w_L。基本方法是将土样调制成均匀的浓糊状，装满盛土

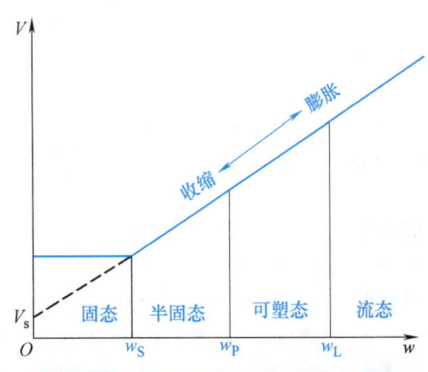

图 2-3 黏性土的状态转变过程示意

杯（盛土杯置于底座上）并刮平杯口试样表面；将质量76g的圆锥体轻放在试样表面中心，使其在自重作用下沉入试样；当圆锥体经5s时恰好沉入试样中深度为10mm（公路采用17mm为规范值），这时杯内土样的含水量就是液限值。为了避免放锥时人为晃动影响，可采用电磁放锥，以提高测试精度。美国、日本等国家使用碟式液限仪来测定黏性土的液限。该测定方法是在碟内放入调制成均匀浓糊状的试样，刮平试样表面并做成约8mm厚的土饼；用开槽器在土中成槽，槽底宽2mm，再将碟子抬高10mm，使碟下落；连续下落25次后，测量土槽合拢长度，若长度为13mm，则此时试样的含水量就是液限。

黏性土的塑限采用"搓条法"测定，即用双手将天然湿度的土样搓成直径小于10mm的小圆球，将球置于毛玻璃板上，慢慢搓滚成小土条。若土条搓到直径为3mm时恰好开始断裂，此时的含水量就是塑限值。搓条法受人为因素影响较大，结果不稳定。

液塑限联合测定法是根据圆锥仪的圆锥入土深度与其相应含水量在双对数坐标上具有线性关系的特性进行的。利用圆锥质量为76g的液塑限联合测定仪测得土在不同含水量时的圆锥入土深度，并绘制其关系直线图。在图上查得圆锥下沉深度为10mm（或17mm）所对应的含水量即液限，查得圆锥下沉深度为2mm所对应的含水量即塑限。下面简单介绍一下液塑限联合测定试验。

1. 仪器设备

1）液塑限联合测定仪包括带标尺的圆锥仪、电磁铁、显示屏、控制开关和试样杯。图2-4所示为光电式液塑限联合测定仪，圆锥质量76g，锥角30°。试样杯内径40~50mm，高30~40mm。

2）称量200g、最小分度值为0.01g的天平。

3）烘箱、干燥器。

4）铝制称量盒、调土刀、孔径为0.5mm的筛、研钵、凡士林等。

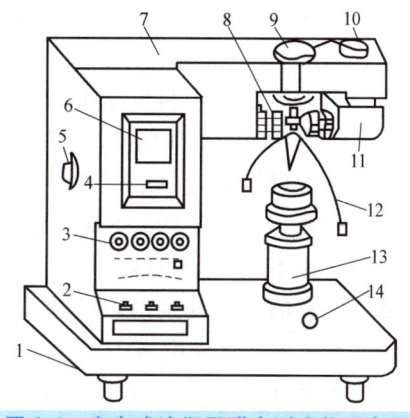

图2-4 光电式液塑限联合测定仪示意图

1—水平调节螺钉 2—控制开关 3—指示灯
4—零线调节螺钉 5—反光镜调节螺钉
6—屏幕 7—机壳 8—物镜调节螺钉
9—电磁装置 10—光源调节螺钉 11—光源
12—圆锥仪 13—升降台 14—水平泡

2. 操作步骤

1）量取土样，当试样中含有粒径大于0.5mm的土粒和杂物时应过0.5mm筛。

2）当采用天然含水量土样时，取代表性试样250g，再分别按接近液限、塑限和二者的中间状态制备不同稠度的土膏，静置湿润。静置时间可视原含水量的大小而定。当采用风干样时，取过0.5mm筛的代表性试样200g，分成3份，分别放入3个盛土皿中，加入不同数量的纯水，使其分别达到接近液限、塑限和二者的中间的含水率，调成均匀土膏，放入密封的保湿缸中，静置24h。

3）将制备好的试样用调土刀充分调拌均匀后分层装入试样杯中，并注意不能留有空隙。装满试杯后刮去余土，使土样与杯口齐平，并将试样杯放在联合测定仪的升降座上。

4）将圆锥仪擦拭干净，并在锥尖上抹一薄层凡士林，然后接通电源，使电磁铁吸住圆锥。

5）调节零点，将屏幕上的标尺调到零位，然后转动升降旋钮，试样杯则徐徐上升。当锥尖刚好接触试样表面时指示灯亮,立即停止转动旋钮。

6) 按动控制开关,圆锥则在自重下沉入试样。经 5s 后测读圆锥下沉深度。然后取出试样杯,挖去锥尖入土处的凡士林。取锥体附近的试样不少于 10g,放入称量盒内,测定含水量。

7) 将试样从试样杯中全部挖出,再加水或吹干并调匀。重复以上试验步骤,分别测定试样在不同含水量时的圆锥下沉深度。含水量应设置三个以上,圆锥入土深度宜分别在 3~4mm、7~9mm 和 15~17mm。

3. 成果整理

(1) 含水量计算

$$w = \frac{m_2 - m_1}{m_1 - m_0} \times 100\% \qquad (2\text{-}18)$$

式中　w——含水量（%）,精确到 0.1%；

　　　m_1——干土和称量盒质量（g）；

　　　m_2——湿土和称量盒质量（g）；

　　　m_0——称量盒质量（g）。

(2) 液限和塑限的确定　以含水量为横坐标、以圆锥入土深度为纵坐标在双对数坐标纸上绘制含水量与圆锥入土深度关系曲线,如图 2-5 所示。三点应在一条直线上,根据该直线可以查得液限和塑限,如图 2-5 中 A 线所示。当三点不在一条直线上时,将通过高含水量的点与其余两点连成两条直线,在圆锥下沉深度为 2mm 处查得相应的两个含水量。当所查得的两个含水量差值小于 2% 时,根据这两个含水量平均值对应的点（仍在圆锥下沉深度为 2mm 处）与高含水量点的连线,可以查得液限和塑限,如图 2-5 中 B 线所示。若两个含水量差值大于等于 2%,则应重做试验。

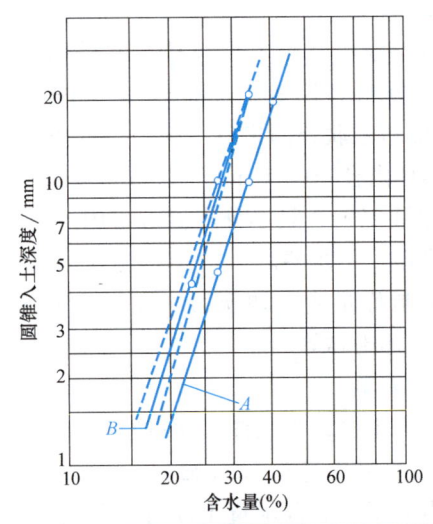

图 2-5　圆锥入土深度与含水量的关系（GB/T 50123）

2.2.2　黏性土的物理状态指标

可塑性指标除了塑限、液限和缩限外,还有塑性指数。在黏性土物理状态划分时,还需要引入液性指数等状态指标。

1. 塑性指数

塑性指数（PI-Plasticity Index）是指液限和塑限的差值（省去%符号）,即土处于可塑状态的含水量变化范围,用符号 I_P 表示,即

$$I_P = w_L - w_P \qquad (2\text{-}19)$$

第2章 土的物理性质及分类

显然，塑性指数越大，土处于可塑状态的含水量范围也越大。塑性指数的大小反映了土中结合水的可能含量，与土的颗粒组成、土粒矿物成分及土中水的离子成分和浓度等因素有关。土粒越细，细颗粒含量越高，则其比表面积越大，结合水含量越高，因而 I_P 也随之增大。从土的矿物成分方面来说，黏土矿物颗粒含量越多，水化作用越剧烈，结合水含量越高，因而土的塑性指数随之增大。在一定程度上，塑性指数综合反映了黏性土及其三相组成的基本特性。在工程上常按塑性指数对黏性土进行分类，当塑性指数 $I_P<10$ 时为粉土，塑性指数 $10<I_P\leqslant 17$ 时为粉质黏土，当塑性指数 $I_P>17$ 时为黏土。

2. 液性指数

土的液性指数（LI-Liquidity Index）是指黏性土的天然含水量和塑限的差值与塑性指数之比，用符号 I_L 表示，即

$$I_L=\frac{w-w_P}{w_L-w_P}=\frac{w-w_P}{I_P} \tag{2-20}$$

液性指数 I_L 主要用于表征天然沉积黏性土的物理状态。当含水量 w 小于等于 w_P 时，I_L 小于等于 0，土处于坚硬状态；当 w 大于 w_L 时，I_L 大于 1.0，土处于"流动状态"；当 w 在 w_P 与 w_L 之间时，I_L 在 0~1.0 之间，土处于可塑状态。因此，可以利用液性指数 I_L 表示黏性土所处的软硬状态。I_L 值越大，土质越软；反之，土质越硬。黏性土根据液性指数划分软硬状态，其划分标准见表 2-3。

表 2-3 按液性指数划分的黏性土的状态

黏性土的状态	坚硬	硬塑	可塑	软塑	流塑
液性指数	$I_L\leqslant 0$	$0<I_L\leqslant 0.25$	$0.25<I_L\leqslant 0.75$	$0.75<I_L\leqslant 1.0$	$I_L>1.0$

注：本表参考《岩土工程勘察规范》（GB 50021）、《公路桥涵地基与基础设计规范》（JTG 3363）。

需要指出的是，黏性土界限含水量指标 w_P 与 w_L 都是采用重塑土测定的，它们仅反映黏土颗粒与水的相互作用，而并不能完全反映天然沉积黏性土的沉积状态特征及其对物理状态的影响。因此，在保持原始结构的前提下，使其含水量达到液限，此时的状态称为流塑状态，沉积状态特征（扰动）破坏后，即进入流动状态。实际上可能有两种土的塑性指数很接近，但由于黏性土中所含矿物的胶体活动性不同，使得土的性质有很大差异。可用活动度 A 来衡量矿物胶体的活动性，即

$$A=\frac{I_P}{m} \tag{2-21}$$

式中 A——黏性土的活动度；

I_P——黏性土的塑性指数；

m——粒径小于 0.002mm 的颗粒质量百分数。

根据式（2-21）可得到皂土[⊖]的活动度为 1.11，而高岭土的活动度为 0.29。所以用活动度 A 可以把两者区别开来。在实际工程中，按活动度将黏性土划分如下：$A<0.75$ 为不活动黏性土，$0.75\leqslant A\leqslant 1.25$ 为正常黏性土，$A>1.25$ 为活动性黏性土。

3. 黏性土的灵敏度

土的结构形成后便获得了一定的强度，且结构强度随时间增长而增强。例如，在含水量

⊖ 皂土，是由天然膨润土精制而成的无机矿物凝胶。

不变化的条件下,将原状土样破碎,再重新按原来的密度制备成重塑土样,由于原状结构彻底破坏,重塑土样的强度较原状土样将有明显降低。土的灵敏度是以原状土样的强度与该土样经过重塑(土的结构性彻底破坏)后的强度之比来表示的,见式(2-22)。重塑土样具有与原状土样相同的尺寸、密度和含水量。

$$s_t = \frac{q_u}{q'_u} \tag{2-22}$$

式中　q_u——原状土样的无侧限抗压强度(kPa);

　　　q'_u——重塑土样的无侧限抗压强度(kPa)。

根据灵敏度可将饱和黏性土划分为低灵敏($1<s_t \leq 2$)、中灵敏($2<s_t \leq 4$)和高灵敏($s_t>4$)三类。土的灵敏度越高,其结构性越强,受扰动后强度降低就越多。某些近代沉积的黏性土其灵敏度可达到50~60,有的灵敏度可高达1000,这种土受到扰动后,强度可能会大幅降低。所以在基础施工中应注意保护基坑或基槽,尽量减少对坑底土的结构扰动,也应注意"脚板泥"、超挖等问题。

4. 黏性土的触变性

黏性土结构受到扰动后强度会降低,但当扰动停止后,强度又随时间而逐渐部分恢复。这种抗剪强度随时间恢复的胶体化学性质,称为土的触变性。饱和软黏土的微观结构为不稳定的片架结构,含有大量结合水,所以这类土易于触变。黏性土的强度包括粒间电分子力产生的"原始黏聚力"和粒间胶结物产生的"固化黏聚力",这两种黏聚力主要来自于土粒间的联结特征。当土体被扰动时,这两类黏聚力被破坏或部分破坏,土体强度降低。但是一旦产生破坏的外力停止,被破坏的原始黏聚力可慢慢部分恢复,继而强度有所恢复。然而,固化黏聚力的破坏是无法在短时间内恢复的。因此,易于触变的土体,被扰动而降低的强度仅能部分恢复。例如,在黏性土中打桩时,往往利用激振破坏桩周土体结构以降低土体强度、便利沉桩。在停止打桩后,土的结构和强度渐渐恢复,桩的承载力相应逐渐增加。

2.3　无黏性土的密实度

无黏性土一般是指碎石(类)土和砂(类)土。这两大类土的黏粒含量少,呈单粒结构,颗粒级配较差且一般不具可塑性。密实度是无黏性土最重要的物理性质,密实的无黏性土具有压缩性小、抗剪强度高、承载力大等特点,被广泛应用于堤坝、公路路基、地基、反滤层和排水设施中。无黏性土处于松散状态时稳定性差,振动荷载作用下易发生液化失稳现象,是一种不良地基。

2.3.1　砂土的相对密实度

砂土的密实度(Compactness)在一定程度上可根据孔隙比评定。但对于级配相差较大的不同类土,天然孔隙比难以有效判定密实度的相对高低。由于颗粒大小和颗粒排列方式的不同,粒径级配不同的砂土即使具有相同的孔隙比,所处的密实状态也会不同。为了同时考虑孔隙比和级配的影响,工程上引入相对密实度 D_r 来比较土的相对散密状态,其表达式如下

$$D_{\mathrm{r}} = \frac{e_{\max} - e}{e_{\max} - e_{\min}} \tag{2-23}$$

式中　$e_{\max}$——最松散状态时土的孔隙比；

　　　$e_{\min}$——最密实状态时土的孔隙比；

　　　e——天然状态时土的孔隙比。

当 $D_{\mathrm{r}} = 0$ 时，表示砂土处于最松散状态；当 $D_{\mathrm{r}} = 1$ 时，表示砂土处于最密实状态。砂土密实度按相对密度 D_{r} 的划分标准见表2-4。

表2-4　砂土的密实度

密实度	极松	稍松	中密	密实
相对密实度 D_{r}	$D_{\mathrm{r}} \leqslant 0.20$	$0.20 < D_{\mathrm{r}} \leqslant 0.33$	$0.33 < D_{\mathrm{r}} \leqslant 0.67$	$0.67 < D_{\mathrm{r}} \leqslant 1$

根据三相指标间的关系，可得 e、$e_{\max}$ 和 $e_{\min}$ 分别对应有 ρ_{d}、ρ_{dmin} 和 ρ_{dmax}，由此得

$$D_{\mathrm{r}} = \frac{\rho_{\mathrm{dmax}}}{\rho_{\mathrm{d}}(\rho_{\mathrm{dmax}} - \rho_{\mathrm{dmin}})} \tag{2-24}$$

相对密实度的理论比较完整，也是国际上通用的划分砂土密实度的方法。但测定 $e_{\max}$（或 ρ_{dmin}）和 $e_{\min}$（或 ρ_{dmax}）时存在试样采取困难问题，最大、最小孔隙比测定的人为因素影响很大，同一种土的试验结果往往离散性很大。

2.3.2　无黏性土密实度划分的其他方法

1. 按标准贯入击数 N 划分

标准贯入试验是动力触探的一种，适用于砂土、粉土和一般性黏土，在《建筑地基基础设计规范》（GB 50007）和《公路桥涵地基及基础设计规范》（JTG 3363）中，均用按原位标准贯入试验判断砂土的密实程度。标准贯入试验是利用63.5kg的重锤自96cm的高度自由落下将长度51cm、外径5.1cm、内径3.49cm的标准贯入器击入土中30cm所需的锤击数称为标准贯入击数 N，并由此划分砂土密实度的标准（表2-5）。

表2-5　天然状态砂土的密实度分类

密实度	松散	稍密	中密	密实
标准贯入击数 N	$N \leqslant 10$	$10 < N \leqslant 15$	$15 < N \leqslant 30$	$N > 30$

注：标准贯入击数 N 系实测平均值。

2. 按重型动力触探击数划分

动力触探也称圆锥动力触探（Dynamic Penetration Test，DPT），是利用一定质量的重锤，将与探杆相连接的标准规格的探头打入土中，根据探头贯入土中10cm或30cm时所需要的锤击数判断土的力学特性。根据穿心锤质量和提升高度不同，动力触探试验一般分为轻型、重型和超重型三种。重型动力触探试验是利用63.5kg的重锤自76cm的高度自由落下，锤击频率控制在15~30击/min，连续垂直贯入。《建筑地基基础设计规范》（GB 50007）规定，碎石土的密实度可按重型动力触探锤击数 $N_{63.5}$ 划分（表2-6）。

表 2-6 重型动力触探锤击数 $N_{63.5}$ 划分碎石土密实度

密实度	松散	稍密	中密	密实
标贯击数 $N_{63.5}$	$N_{63.5} \leq 5$	$5 < N_{63.5} \leq 10$	$10 < N_{63.5} \leq 20$	$N_{63.5} > 20$

注：该表适用于平均粒径 D_{pq} 为 2~50mm 的卵石、碎石、圆砾、角砾，对于漂石、块石以及粒径大于 200mm 颗粒含量较多的碎石土，可按表 2-7 确定。

表 2-7 碎石土密实度野外鉴别方法

密实度	骨架颗粒质量	可挖性	可钻性
松散	骨架颗粒质量小于总质量的 55%，排列十分混乱，绝大部分不接触	锹易挖掘，井壁极易坍塌	钻进很容易，冲击钻钻杆无跳动，孔壁极易坍塌
稍密	骨架颗粒质量等于总质量的 55%~60%，排列混乱，大部分不接触	锹可以挖掘，井壁易坍塌，从井壁取出大颗粒能保持颗粒凹面形状	钻进较容易，冲击钻探时，钻杆稍有跳动，孔壁易坍塌
中密	骨架颗粒质量等于总质量的 60%~70%，呈交错排列，大部分接触	锹、镐可挖掘，井壁有掉块现象，从井壁取出大颗粒后，能保持颗粒凹面形状	钻进较困难，冲击钻探时，钻杆、吊锤跳动不剧烈，孔壁有坍塌现象
密实	骨架颗粒质量大于总质量的 70%，呈交错排列，连续接触	锹、镐挖掘困难，用撬棍方能松动，井壁一般较稳定	钻进极困难，冲击钻探时，钻杆、吊锤跳动剧烈，孔壁较稳定

注：1. 骨架颗粒是指与表 2-15 碎石土分类名称相对应粒径的颗粒。
2. 碎石土密实度的划分，应按表列各项要求综合确定。

3. 碎石土密实度的野外鉴别

对于大颗粒含量较多的碎石土，其密实度很难通过室内试验或原位触探得到，可按表 2-7 的野外鉴别方法来划分。

2.4 粉土的密实度和湿度

2.4.1 粉土的概念

《岩土工程勘察规范》（GB 50021）对黏性土、粉土与粉砂的划分做了明确规定。塑性指数 $I_P > 10$ 的土为黏性土；粒径大于 0.075mm 的颗粒质量不超过总质量的 50%，且塑性指数 $I_P \leq 10$ 的土为粉土；粒径大于 0.075mm 的颗粒质量超过总质量 50% 的土为粉砂。

在粉土中粉粒的占比很大，粗粒、黏粒含量较少。不同地区的粉土成因不同，所表现出的工程性质差异很大。粉土按其形成原因可分为风成粉土、水成粉土、残积粉土。

2.4.2 粉土的密实度和湿度

《岩土工程勘察规范》（GB 50021）以及《公路桥涵地基与基础设计规范》（JTG 3363）中对粉土密实度和湿度分别根据孔隙比 e 和含水量 $w(\%)$ 进行划分，其密实度依据孔隙比划分为密实、中密、稍密三类；其湿度根据含水量划分为稍湿、湿、很湿三类。密实度和湿度的划分详见表 2-8 和表 2-9。

表 2-8　粉土密实度分类

密实度	密实	中密	稍密
孔隙比 e	$e<0.75$	$0.75 \leq e \leq 0.90$	$e>0.90$

表 2-9　粉土湿度分类

湿度	稍湿	湿	很湿
含水量 w	$w<20$	$20 \leq w \leq 30$	$w>30$

2.5　其他类型土

2.5.1　软土

软土是孔隙比 $e \geq 1.0$，含水量大于液限的细粒土，其压缩性高，承载力和抗剪强度低，呈软塑至流塑状态。软土是一类土的总称并非某一特定土。工程上将软土分为软黏性土、淤泥质土、淤泥、泥炭质土和泥炭等。

软黏性土多分布于沿海三角洲、河流中下游、湖泊附近。同大多数软土一样，软黏土的天然孔隙比和天然含水量都较大，孔隙比为 1.0~2.0。其中，孔隙比为 1.0~1.5 的软黏土称为淤泥质土。根据土中有机质含量的多少，可将土划分为淤泥类土（有机土）和泥炭类土。淤泥类土包括淤泥、淤泥质土，其有机质含量为 $5\% < w_u \leq 10\%$；泥炭类土包括泥炭、泥炭质土，其有机质含量为 $10\% < w_u \leq 60\%$，如图 2-6 所示。

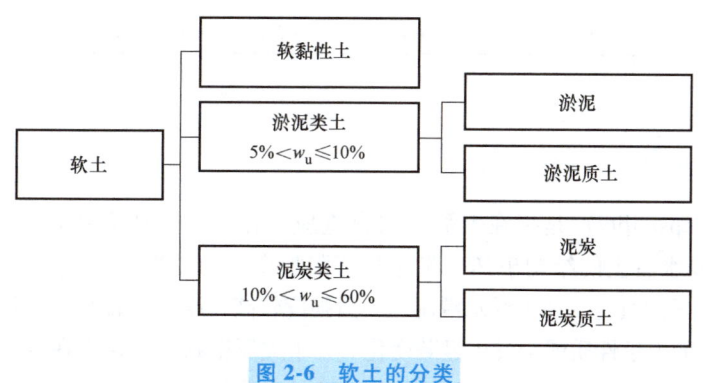

图 2-6　软土的分类

2.5.2　盐渍土

盐渍土是盐土和碱土以及各种盐化、碱化土壤的统称，易溶盐的质量分数大于 0.3%，并具有溶陷、盐胀、腐蚀等工程特性。盐土是指土壤中可溶盐含量达到对作物生长有显著危害的土类，盐分含量指标因不同盐分组成而异。碱土则含有危害植物生长和改变土壤性质的交换性钠，又称钠质土。盐渍土广泛分布于我国的干旱、半干旱地区和滨海地区，总面积约 90 万 km^2，主要包括内陆盐渍土区和滨海盐渍土区。

盐渍土不仅对植物和农作物有危害，对建筑的影响也不容小觑。盐渍土在工程中的病害主要有溶陷、盐胀和腐蚀三种。

溶陷是指盐渍土地基浸水后，土中盐分被溶解，地基承载力下降并产生较大沉降的现象。盐胀是指含硫酸盐的盐渍土在温度降低时硫酸盐吸水结晶而导致体积增大，环境温度升高时又失水而导致体积变小产生疏松的现象。腐蚀主要有氯离子的侵入导致混凝土结构在使用过程中碱性降低，钢筋失去保护而锈蚀的现象。

2.5.3 冻土

液态水遇冷结冰过程中，土中水将朝着冻结锋面迁移，从而造成体积膨胀9%。根据其冻结持续时间冻土可分为暂时性冻土、季节性冻土、多年冻土等。

确定基础埋深时，必须考虑地基土的冻胀性。《冻土地区建筑地基基础设计规范》（JGJ 118）和《建筑地基基础设计规范》（GB 50007）将冻土分为Ⅰ级不冻胀、Ⅱ级弱冻胀、Ⅲ级冻胀、Ⅳ级强冻胀、Ⅴ级特强冻胀五类。地基土的冻胀分类见表2-10，冻土层的平均冻胀率 η 按下式计算

$$\begin{cases} \eta = \dfrac{\Delta z}{z_d} \times 100\% \\ z_d = h' - \Delta z \end{cases} \tag{2-25}$$

式中　Δz——地表冻胀量（mm）；
　　　z_d——设计冻深（mm）；
　　　h'——冻层厚度（mm）。

表 2-10　地基土的冻胀分类

冻胀类别	不冻胀	弱冻胀	冻胀	强冻胀	特强冻胀
冻胀等级	Ⅰ	Ⅱ	Ⅲ	Ⅳ	Ⅴ
平均冻胀率 η（%）	$\eta \leqslant 1.0$	$1.0 < \eta \leqslant 3.5$	$3.5 < \eta \leqslant 6.0$	$6.0 < \eta \leqslant 12.0$	$\eta > 12.0$

2.5.4 湿陷性黄土

湿陷性（Collapsibility）是指在上覆土层自重应力作用下，或者在自重应力和附加应力共同作用下，因浸水后土的结构破坏而发生显著附加变形的特性。

具有天然含水量的黄土，如未受水浸湿，一般强度较高，压缩性较小。一旦遭到破坏，如浸水、扰动等，黄土的力学性质就会发生显著变化。处于欠压密状态的黄土在浸水后将产生显著的附加变形，即湿陷变形。黄土的多孔隙结构特征及胶结成分是产生湿陷性的主要内在原因。

根据《湿陷性黄土地区建筑标准》（GB 50025），在一定压力作用下土体浸水前后高度差与原土样高度的比值定义为湿陷系数 δ_s。

$$\delta_s = \frac{h_p - h_p'}{h_0} \tag{2-26}$$

根据湿陷系数，可以对黄土的湿陷性进行评价，见表2-11。

表 2-11　黄土的湿陷性评价

湿陷程度划分	轻微	中等	强烈
湿陷系数 δ_s	$0.015 \leqslant \delta_s \leqslant 0.030$	$0.030 < \delta_s \leqslant 0.070$	$\delta_s > 0.070$

2.5.5 填土

《建筑地基基础设计规范》(GB 50007)根据组成物质和堆填方式,将填土划分为素填土、杂填土和冲填土三类。

素填土为由碎石、砂土、粉土或黏性土等一种或几种材料组成的填土,不含杂质或杂质很少。按其组成物质分为碎石素填土、砂性素填土、粉性素填土和黏性素填土。素填土经分层压实后,称为压实填土。杂填土为含有大量杂物的填土,分为建筑垃圾土、工业废料土、生活垃圾土等。冲填土(也称吹填土)是由水力冲填泥沙形成的沉积土,即在整理和疏浚江河航道时,有计划地用挖泥船,通过泥浆泵将泥沙夹大量水分,吹送至江河两岸而形成的一种填土。

2.6 土的分类

2.6.1 土的分类原则和标准

对于细粒土,其分类采用反映水与土粒相互作用的可塑性指标;对于粗粒土,由于其工程性质主要取决于土粒的个体特征,所以常用粒度成分、颗粒级配、粒组含量进行分类。土的总分类体系如图2-7所示。

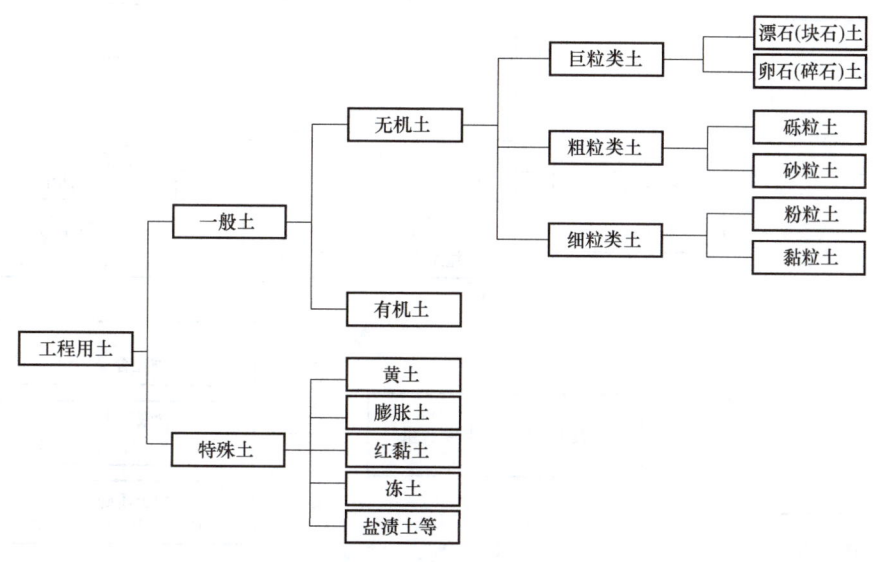

图2-7 土的总分类体系(GB/T 50145)

根据《土的工程分类标准》(GB/T 50145),依据粒径范围土粒划分为巨粒(Large Grain)、粗粒(Coarse Grain)和细粒(Fine Grain)三大粒组,在此基础上再划分为漂石或块石(Boulder or Rubble Grain)、卵石或碎石(Cobble or Breakstone Grain)、砾粒(Gravel Grain)、砂粒(Sand)、粉粒(Silt or Mo)和黏粒(Clay)六大粒组。一般土的工程分类体系框图如图2-8所示。

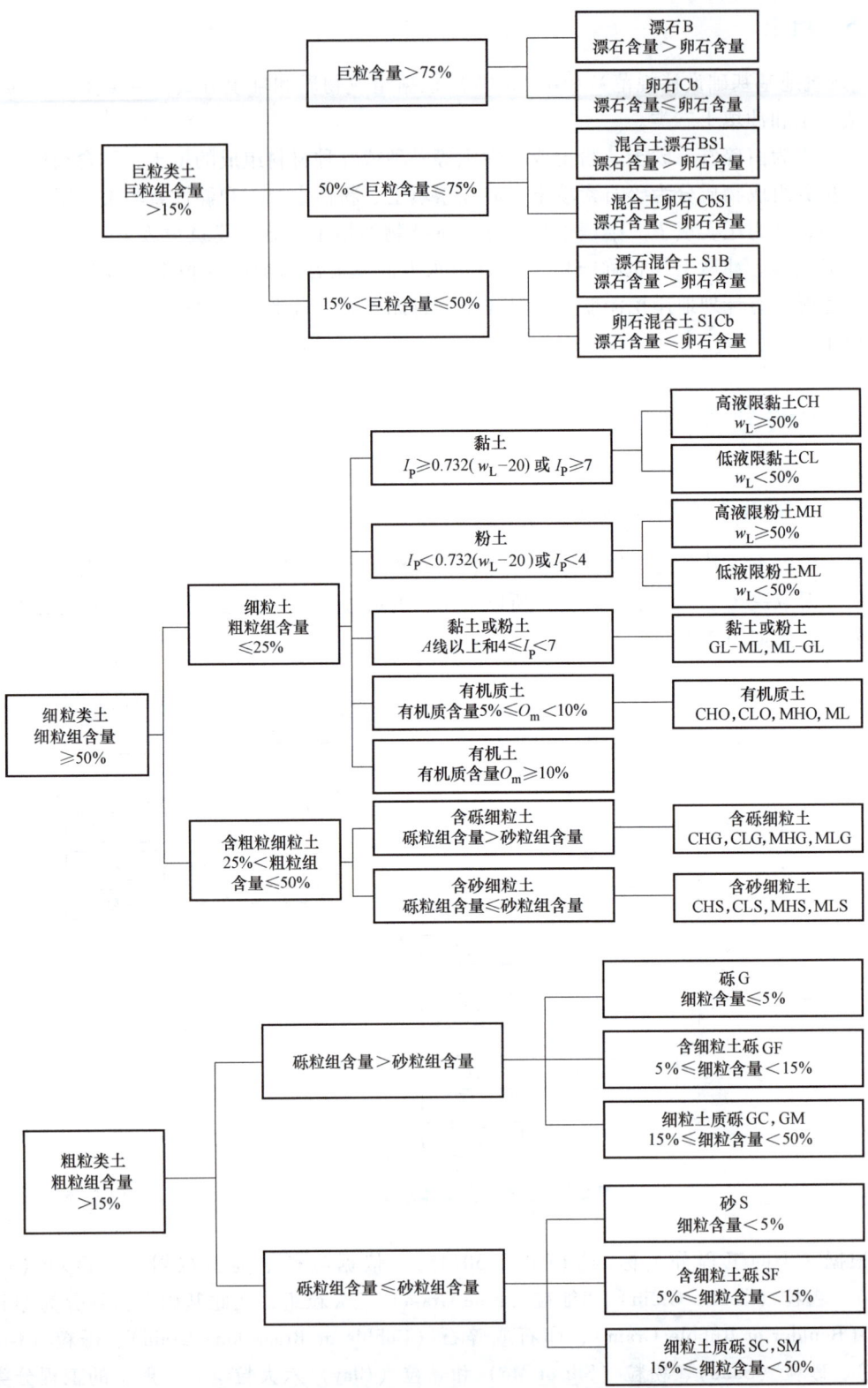

图 2-8 一般土的工程分类体系框图（GB/T 50145）

1. 巨粒土和粗粒土的分类标准

巨粒土（Large Grain Soils）、含巨粒的土（Soils with Large Grain）和粗粒土（Coarse Grained），按粒组含量（质量分数）、所含细粒的塑性高低和级配指标（不均匀系数 C_u 和曲率系数 C_c）划分为 16 种，见表 2-12～表 2-14。

表 2-12　巨粒土和含巨粒的土的分类（GB/T 50145）

土类	粒组含量		土代号	土名称
巨粒土	巨粒(d>60mm)含量>75%	漂石含量大于卵石含量	B	漂石（块石）
		漂石含量不大于卵石含量	Cb	卵石（碎石）
混合巨粒土	50%<巨粒含量≤75%	漂石含量大于卵石含量	BSl	混合土漂石（块石）
		漂石含量不大于卵石含量	CbSl	混合土卵石（块石）
巨粒混合土	15%<巨粒含量≤50%	漂石含量大于卵石含量	SlB	漂石（块石）混合土
		漂石含量不大于卵石含量	SlCb	卵石（碎石）混合土

注：巨粒混合土可根据所含粗粒或细粒的含量进行细分。

表 2-13　土的分类（2mm<d≤60mm 砾粒组含量>50%）（GB/T 50145）

土类	粒组含量		土代号	土名称
砾	细粒含量<5%	级配：$C_u \geq 5, C_c = 1 \sim 3$	GW	级配良好砾
		级配：不同时满足上述要求	GP	级配不良砾
含细粒土砾	细粒含量 5%～15%		GF	含细粒土砾
细粒土质砾	15%≤细粒含量<50%	细粒组中粉粒含量不大于 50%	GC	黏土质砾
		细粒组中粉粒含量大于 50%	GM	粉土质砾

表 2-14　砂类土的分类（砾粒组含量≤50%）（GB/T 50145）

土类	粒组含量		土代号	土名称
砂	细粒含量<5%	级配：$C_u \geq 5, C_c = 1 \sim 3$	SW	级配良好砂
		级配：不同时满足上述要求	SP	级配不良砂
含细粒土砂	5%≤细粒含量<15%		SF	含细粒土砂
细粒土质砂	15%≤细粒含量<50%	细粒组中粉粒含量不大于 50%	SC	黏土质砂
		细粒组中粉粒含量大于 50%	SM	粉土质砂

2. 细粒土的分类标准

<u>细粒类土</u>是粒径小于等于 0.075mm 的颗粒（细粒组）质量大于或等于总质量 50% 的土。<u>细粒土</u>是粒径大于等于 0.075mm 但小于 60mm 的颗粒（粗粒组）含量不大于 25% 的土。<u>塑性图</u>是以液限 w_L 为横坐标、塑性指数 I_P 为纵坐标的分类图。综合我国情况，当采用 76g、锥角 30°液限仪，以锥尖入土 17mm 对应的含水量为液限（即相当于碟式液限仪测定值）时，可用图 2-9 所示的塑性图分类。

若细粒土内粗粒含量为 25%～50%，则该土仍属于含粗粒的细粒土。这类土的分类仍可按照上述塑性图进行划分，并依据所含粗粒类型进行分类：

1）当粗粒中砾粒占优势，称为含砾细粒土，在细粒土代号后缀以代号 G 表示。

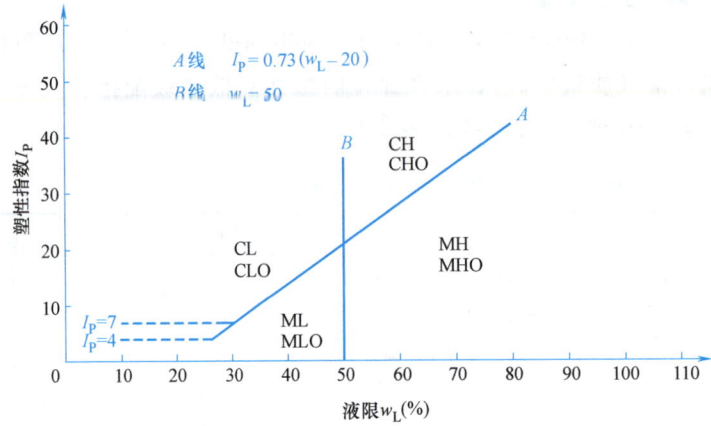

图 2-9 塑性图（GB/T 50145）

注：1. 图中横坐标为土的液限 w_L，纵坐标为塑性指数 I_P。
　　2. 图中的液限 w_L 为用碟式仪测定的液限含水率或用质量 76g、锥角为 30° 的液限仪锥尖入土深度 17mm 对应的含水率。
　　3. 图中虚线之间区域为黏土-粉土过渡区。

2）当粗粒中砂粒占优势，称为含砂细粒土，在细粒土代号后缀以代号 S 表示。

若细粒土内含部分有机质，则土名前加"有机质"，在有机质细粒土的代号后缀以代号 O 表示。

2.6.2 建筑地基中土的分类

《建筑地基基础设计规范》（GB 50007）和《岩土工程勘察规范》（GB 50021）分类体系的主要特点是注重土的强度及土的天然结构特性。

1. 按沉积年代和地质成因划分

1）老沉积土：第四纪晚更新世 Q_3 及其以前沉积的土，一般呈超固结状态，具有较高的结构强度。

2）新近沉积土：第四纪全新世近期沉积的土，一般呈欠固结状态，结构强度较低。

2. 按颗粒级配（粒度成分）和塑性指数划分

按颗粒级配和塑性指数分为碎石土、砂土、粉土和黏性土四类。

（1）碎石土　粒径大于 2mm 的颗粒质量超过全部质量 50% 的土称为碎石土。根据颗粒大小和颗粒形状，由大到小可分为漂石、块石、卵石、碎石、圆砾和角砾，具体如表 2-15 所示。

（2）砂土　粒径大于 2mm 的颗粒质量不超过全部质量的 50%，且粒径大于 0.075mm 的颗粒质量超过全部质量 50% 的土称为砂土。根据颗粒级配可分为砾砂、粗砂、中砂、细砂和粉砂，见表 2-16。

（3）粉土　粉土介于砂土与黏性土之间，是指塑性指数 $I_P \leq 10$，粒径大于 0.075mm 的颗粒质量不超过全部质量 50% 的土。由黏粒质量多少按表 2-17 划分为砂质粉土和黏质粉土。

表 2-15　碎石土分类（GB 50007）

土的名称	颗粒形状	颗粒级配
漂石	圆形及亚圆形为主	粒径大于 200mm 的颗粒质量超过全部质量 50%
块石	棱角形为主	
卵石	圆形及亚圆形为主	粒径大于 20mm 的颗粒质量超过全部质量 50%
碎石	棱角形为主	
圆砾	圆形及亚圆形为主	粒径大于 2mm 的颗粒质量超过全部质量 50%
角砾	棱角形为主	

注：定名时需要根据颗粒级配由大到小以最先符合者确定。

表 2-16　砂土分类（GB 50007）

土的名称	颗粒级配
砾砂	粒径大于 2mm 的颗粒质量占全部质量 25%～50%
粗砂	粒径大于 0.5mm 的颗粒质量超过全部质量 50%
中砂	粒径大于 0.25mm 的颗粒质量超过全部质量 50%
细砂	粒径大于 0.075mm 的颗粒质量超过全部质量 85%
粉砂	粒径大于 0.075mm 的颗粒质量超过全部质量 50%

注：定名时应根据颗粒级配由大到小以最先符合者确定。

表 2-17　粉土分类

土的名称	颗粒级配
砂质粉土	粒径小于 0.005mm 的颗粒质量不超过全部质量 10%
黏质粉土	粒径小于 0.005mm 的颗粒质量超过全部质量 10%

（4）黏性土　黏性土为塑性指数大于 10 的土。根据黏性土的塑性指数 I_P 按表 2-18 分为粉质黏土和黏土。

表 2-18　黏性土分类（GB 50007）

土的名称	塑性指数
粉质黏土	$10 < I_P \leqslant 17$
黏土	$I_P > 17$

注：塑性指数由相应 76g 圆锥体沉入土样中深度为 10mm 时测定的液限计算而得。

3. 其他

特殊土是具有一定分布区域或工程意义，具有特殊成分、状态和结构特征的土。特殊土在人为因素或者特定的物理环境下形成，具有独特的工程特性。我国特殊土包括湿陷性土、红黏土（Adamic Earth，Red Soil）、软土（包括淤泥、淤泥质土、泥炭质土、泥炭等）、混合土（Mingle Soil）、填土（Fill，Filled Soil）、多年冻土（Perennially Frozen Soil）、膨胀岩土（Expansive Rock-Soil）、盐渍岩土（Salty Rock-Soil）、风化岩与残积土（Weathered Rock & Residual Soil）、污染土等，详见《岩土工程勘察规范》（GB 50021）。根据有机质含量可分为无机土、有机质土、泥炭质土和泥炭。

2.6.3 路基中土的分类

《公路土工试验规程》（JTG 3430）将土分为巨粒土、粗粒土、细粒土和特殊土四种，如图 2-10 所示。

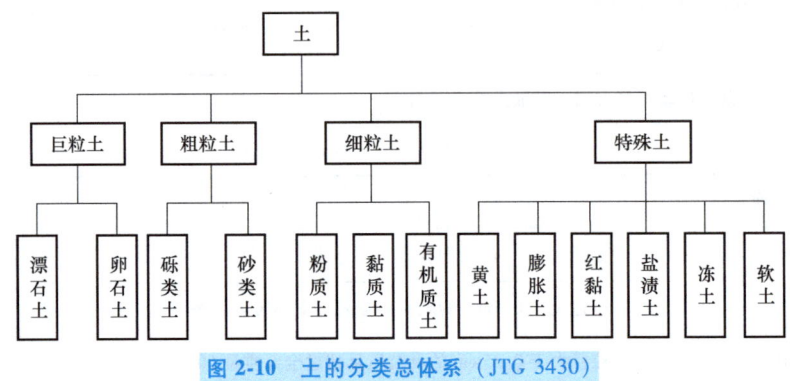

图 2-10 土的分类总体系（JTG 3430）

1. 巨粒土

巨粒组质量大于总质量 15% 的土称为巨粒土。巨粒土的分类体系如图 2-11 所示。

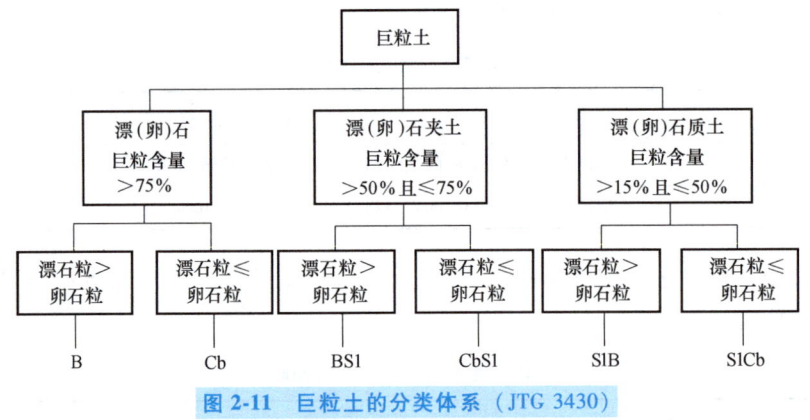

图 2-11 巨粒土的分类体系（JTG 3430）

2. 粗粒土

巨粒组质量小于或等于总质量 15%，且巨粒组土粒与粗粒组土粒质量之和大于总质量 50% 的土称为粗粒土。粗粒土分为砾类土与砂类土两种。

1）砾类土：粗粒土中砾粒组质量多于砂粒组质量的土。砾类土的分类体系如图 2-12 所示。

2）砂类土：粗粒土中砾粒组质量少于或等于砂粒组质量的土。砂类土的分类体系如图 2-13 所示。

3. 细粒土

细粒组质量大于或等于总质量 50% 的土称细粒土。细粒土的分类体系如图 2-14 所示。

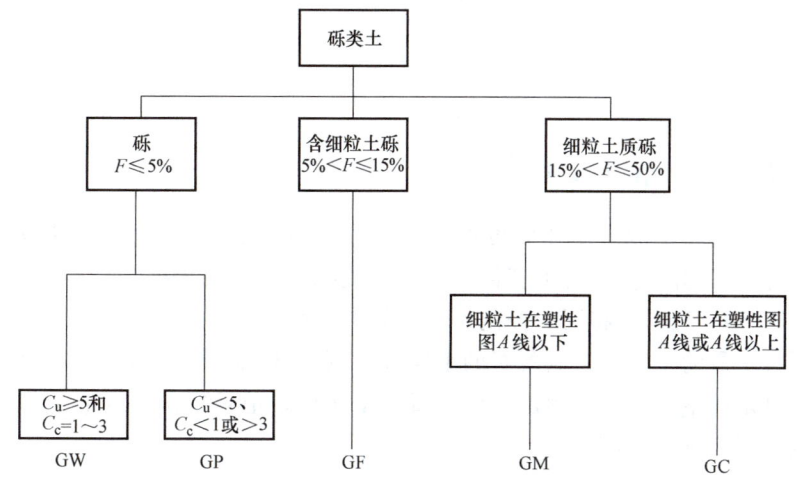

图 2-12 砾类土的分类体系（JTG 3430）

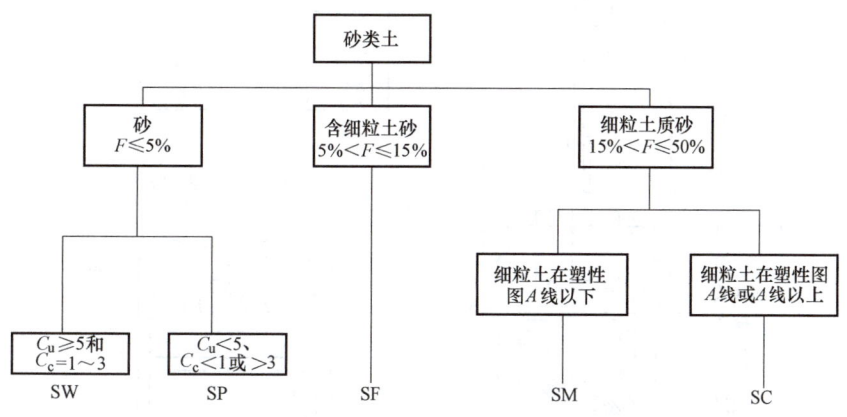

图 2-13 砂类土的分类体系（JTG 3430）

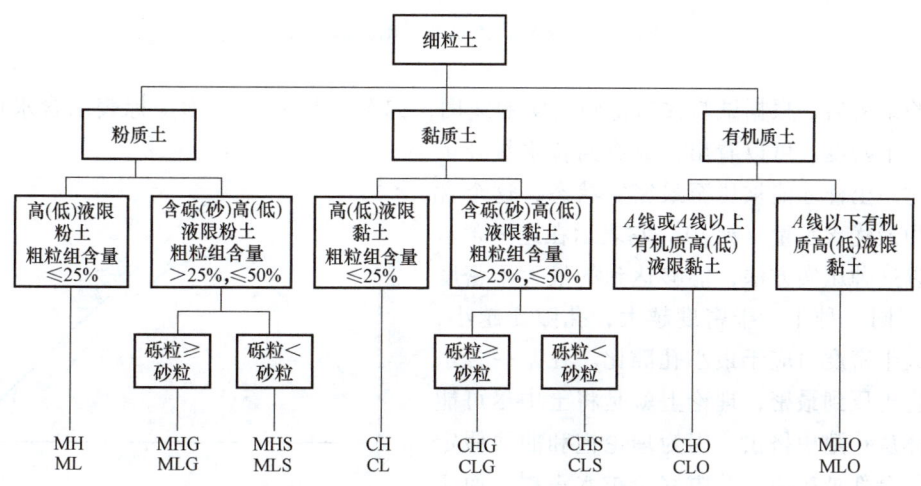

图 2-14 细粒土的分类体系（JTG 3430）

2.7 击实试验

2.7.1 击实试验原理和击实曲线

击实试验是在实验室测定土压实度的试验,分轻型和重型两种。击实试验由击实仪完成。如图 2-15 所示,击实仪主要由套筒、底板、提把、击实锤等构成。根据《土工试验方法标准》(GB/T 50123),先将同一控制条件下的土样均分成 6~7 份,然后注入不同量的水并制备成不同含水量的土样。将制备好的土样分层(共 3~5 层)装入击实筒中,每铺一层用击实锤按照规定的落距和击数锤击土样。每次击实后,记录每份土样的干密度和含水量,最后被压实的土样充满击实筒。

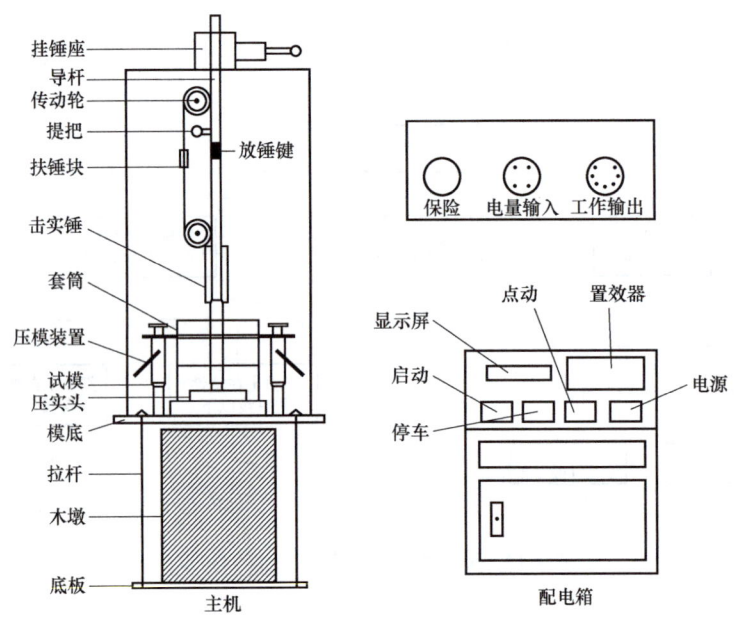

图 2-15 击实仪主机和配电箱示意图

试验结束后,根据试验数据得到击实曲线图,如图 2-16 所示。横坐标表示含水量,纵坐标表示干密度。可以看出,只有当含水量处于某一值时,土样才能被压至最密实状态,这个含水量称为最优含水量(w_{OP})。它表示在这一含水量下,以这种压实方法,能够达到的最大干密度(ρ_{dmax})。同一种土,干密度越大,孔隙比越小,所以最大干密度对应于最小孔隙比。在某一含水量下,将土压到最密,理论上就是将土中尽可能多的气体从孔隙中挤出。因为理论饱和曲线假定土中空气全部被排除,孔隙完全被水占据。而实际上无法将土中气体完全排出,因此击实曲线必

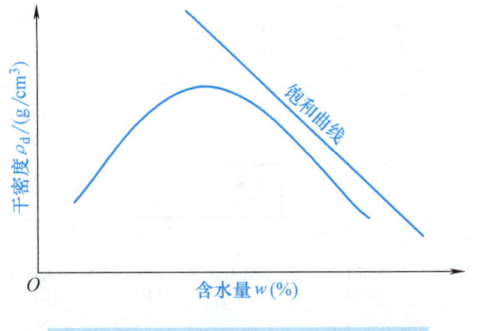

图 2-16 击实曲线图(GB/T 50123)

然位于饱和曲线的左侧而不可能与饱和曲线相切或相交。

2.7.2 压实度及影响因素

在工程建设中，压实度是检查压实效果是否达到要求的指标。土的压实度（Degree of Compaction）定义为现场土质压实后的干密度 ρ_d 与室内试验标准最大干密度 ρ_{dmax} 的比值，即

$$\lambda_c = \frac{\rho_d}{\rho_{dmax}} \tag{2-27}$$

式中 λ_c——土的压实度，以百分比计。

在施工过程中，填土的质量标准以压实度来控制。压实度越接近1，说明对压实质量要求越严格。《公路路基设计规范》（JTG D30）要求，应分层铺筑，均匀压实。路床和路堤压实度应符合表2-19和表2-20的规定。

土的压实过程实际上是细小颗粒嵌入较粗土粒之间孔隙的过程。在这一过程中，土粒重新组合，彼此挤紧，孔隙减少，孔隙中的水和气体被排出，土体干密度提高，从而形成密实的整体。同时，内摩擦力和黏聚力增加，土的整体强度和稳定性增加。

影响土压实度的因素包括含水量、土的类别及颗粒级配、击实功、矿物含量、毛细水压以及孔隙水压等，其中前三个因素是主要影响因素。

表2-19　路床压实度要求（JTG D30）

路基部位		路面底面以下深度/m	路床压实度(%)		
			高速公路、一级公路	二级公路	三级公路、四级公路
上路床		0~0.3	≥96	≥95	≥94
下路床	轻、中等及重交通	0.3~0.8	≥96	≥95	≥94
	特重、极重交通	0.3~1.2	≥96	≥95	—

注：1. 表列压实度按《公路土工试验规程》（JTG 3430）重型锤击试验所得最大干密度的压实度。
2. 当三、四级公路铺筑沥青混凝土的水泥混凝土时，其压实度应采用二级公路压实度标准。

表2-20　路堤压实度要求（JTG D30）

填挖类型		路面底面以下深度/m	路堤压实度(%)		
			高速公路、一级公路	二级公路	三级公路、四级公路
上路堤	轻、中等及重交通	0.8~1.5	≥94	≥94	≥93
	特重、极重交通	1.2~1.9	≥94	≥94	—
下路堤	轻、中等级中交通	1.5以下	≥93	≥92	≥90
	特重、极重交通	1.9以下			

注：1. 表列压实度按《公路土工试验规程》（JTG 3430）重型锤击试验所得最大干密度的压实度。
2. 当三、四级公路铺筑沥青混凝土的水泥混凝土时，其压实度应采用二级公路压实度标准。
3. 路堤采用粉煤灰、工业废渣等特殊填料，或处于特殊干旱或特殊潮湿地区时，在保证路基强度和回弹模量要求的前提下，通过试验论证，压实度标准可降低1~2个百分点。

习　题

2-1　说明三相比例指标中 $1/(1+e)$ 和 $e/(1+e)$ 的物理意义。

2-2　如何评判无黏性土的密实度？

2-3　是否能完全根据含水量评价黏性土的软硬程度？

2-4　有一饱和未扰动土样，切满于容积为 21.7cm³ 的环刀内，称得总质量为 73.15g，经 105℃ 烘干至恒重后质量为 61.86g。已知环刀质量 32.54g，土粒相对密度 2.82。试求该土样的密度、含水量、干密度和孔隙比（按三相指标定义求解，参考答案：孔隙比 1.085）

2-5　现有一湿土样 1956g，测知其含水量为 15%，若在该土样中再加入 84g 水，试问此时该土样的含水量为多少？（参考答案：含水量 20%）

第3章 土中应力

3.1 概述

地基变形和土体稳定性是土力学的基本问题。要解决这一基本问题,必须掌握土中应力状态及其变化。因此,土中应力分布规律和计算方法是土力学的基本内容之一。

土中应力按土骨架和土中孔隙的分担作用可分为有效应力和孔隙应力(孔隙压力)两种。土中某点的有效应力与孔隙压力之和,称为总应力。土中有效应力是指土粒所传递的粒间应力,是控制变形和强度的应力部分。土中孔隙应力是指土中水和土中气传递的应力。土中水传递的孔隙水应力,又称孔隙水压力;土中气传递的孔隙气应力,又称孔隙气压力。

土中应力按其起因可分为自重应力和附加应力两种。土中某点的自重应力与附加应力之和为土体受外荷载作用后的总应力。

土中自重应力是指土体受到自身重力作用而存在的应力,又可分为两种情况。一种是成土年代长久,土体在自重作用下已经完成压缩变形,这种自重应力不再引起土体或地基的变形;另一种是成土年代不久,如新近沉积土(第四纪全新世近期沉积的土)、近期人工填土(包括路堤、土坝、人工地基换土垫层等),土体在自身重力作用下尚未完成压缩变形,即变形过程仍将持续。此外,地下水位升降,会引起土中自重应力变化而产生压缩、膨胀或湿陷。

土中附加应力是指土体受外荷载(包括建筑物荷载、交通荷载、堤坝荷载等)以及地下水渗流、地震等作用附加产生的应力增量,是产生地基变形的主要原因,也是导致地基土破坏和失稳的重要原因。

自重应力和附加应力的产生原因不同,因而两者计算方法不同,分布规律及对工程的影响也不同。土中竖向自重应力和竖向附加应力也可称为土中自重压力和附加压力。在计算由建筑物产生的附加应力时,基底压力的大小与分布是不可缺少的条件。

本章先介绍土中有效应力,在此基础上介绍自重应力和基底压力,最后介绍附加应力的计算方法。

3.2 饱和土的有效应力原理

土中任意截面上包含土粒截面面积和土中孔隙截面面积,如图 3-1a 所示的 $a—a$ 截面。

饱和土中只有孔隙水压力而没有孔隙气压力，但非饱和土中既有孔隙水压力又有孔隙气压力且两者可能不等。在饱和土中，由水位高度确定的水压力被称为静水压力；由外荷载增加引起的来不及消散的水压力称为超（静）孔隙水压力。

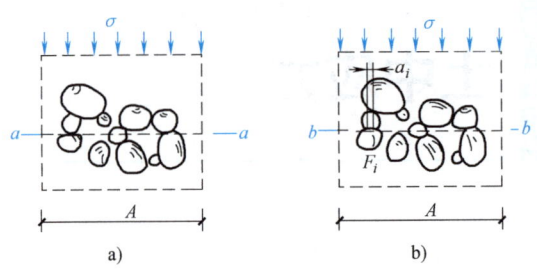

图 3-1 土中单位面积上的总应力和有效应力示意图

a) a—a 截面有效应力示意图　b) b—b 截面总应力示意图

在图 3-1b 所示的 b—b 截面上，作用于孔隙面积 A 上的孔隙水压力为 u。作用于土粒接触面上的各力为 F_1、F_2、F_3、⋯，相应的接触面积为 a_1、a_2、a_3、⋯。各力的竖向分量之和等于横截面上有效应力的合力 $\sigma'A$，即

$$\sigma'A = F_{1v} + F_{2v} + F_{3v} + \cdots = \sum F_{iv} \tag{3-1}$$

由于总的压力等于颗粒承担的竖向压力和水压力之和，因此得出

$$\sum F_{iv} + u(A - \sum a_i) = \sigma A \tag{3-2}$$

式中　$\sum a_i$——土横截面面积上土粒接触面积总量。由于土粒接触为点接触，所以其值不会大于总横截面面积 A 的 3%。因此，式（3-2）可写为

$$\sigma' + u = \sigma \tag{3-3}$$

或

$$\sigma' = \sigma - u \tag{3-4}$$

可见，饱和土中任意点的总应力总是等于有效应力加上孔隙水压力，或有效应力总是等于总应力减去孔隙水压力，此即饱和土中的有效应力原理。

由于有效应力 σ' 作用在土骨架的颗粒之间，很难直接测定，通常都是在已知总应力 σ 和测定孔隙水压力 u 之后，利用式（3-4）求得。

非饱和土的孔隙中既有水又有气。由于水、气界面上表面张力的存在，孔隙气压力 u_a 往往大于孔隙水压力 u_w。当土的饱和度较大时，可不考虑表面张力的影响，且 u_a 大致等于 u_w。为简化起见，孔隙压力均以 u 表示。

3.3　土中自重应力

在计算土中自重应力时，假设天然地基是水平均质各向同性的半无限体，因而在任意竖直面和水平面上均无剪应力存在。如图 3-2 所示，若天然地面下土质均匀，土的天然重度为 $\gamma(kN/m^3)$，则在天然地面下任意深度 $z(m)$ 处水平面上的竖向自重应力 $\sigma_{cz}(kPa)$ 为作用于该平面任一单位面积上的土柱，即

$$\sigma_{cz} = \gamma z \tag{3-5}$$

由式（3-5）和图 3-2 可见，σ_{cz} 沿水平面均匀分布，且与深度 z 成正比。

地基土中除了竖向自重应力 σ_{cz} 外，还有作用于竖直面的侧向（水平向）自重应力 σ_{cx} 和 σ_{cy}。土中任意点的侧向自重应力与竖向自重应力成正比关系，而剪应力均为零，即

$$\sigma_{cx} = \sigma_{cy} = K_0 \sigma_{cz} \quad (3\text{-}6)$$

$$\tau_{xy} = \tau_{yx} = \tau_{yz} = \tau_{zy} = \tau_{zx} = \tau_{xz} = 0 \quad (3\text{-}7)$$

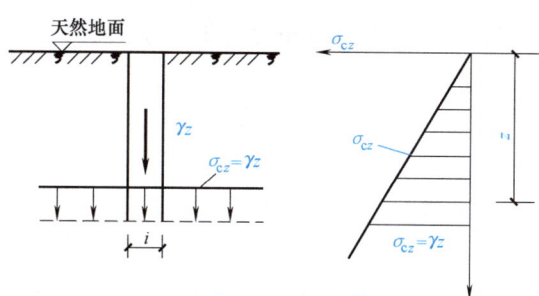

图 3-2　均质土中的竖向自重应力

式中　K_0——土的静止侧压力系数。

若计算点在地下水位以下，由于水对土体有浮力作用，水下部分土柱自重必须扣去浮力，应采用土的浮重度 γ' 替代（湿）重度 γ 计算。

对于成土年代长久的土体，在自重应力作用下已经完成了压缩变形，所以土中竖向和侧向自重应力一般均指有效应力。为了方便，将常用的竖向有效自重应力 σ_{cz} 简称为自重应力或自重压力，并改用符号 σ_c 表示。

地基土往往是成层的，且各层土具有不同的重度。因而，在计算自重应力时，应分层计算。另外，地下水位也应作为分层界面。如图 3-3 所示，深度 z 范围内各层土的厚度自上而下分别为 h_1、h_2、h_3、$\cdots$、h_n，则成层土自重应力的计算公式为

$$\sigma_c = \sum_{i=1}^{n} \gamma_i h_i \quad (3\text{-}8)$$

式中　σ_c——天然地面下任意深度 z 处的竖向有效自重应力（kPa）；

　　　n——深度 z 范围内的土层总数；

　　　h_i——第 i 层土的厚度（m）；

　　　γ_i——第 i 层土的天然重度，对地下水位以下的土层取浮重度 γ'_i（kN/m³）。

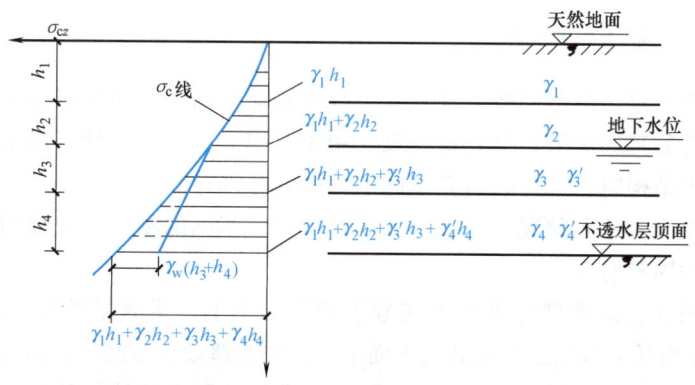

图 3-3　成层土中竖向自重应力沿深度的分布

在地下水位以下，如埋藏有不透水层，由于不透水层中不存在浮力，所以不透水层顶面的自重应力及层面以下的自重应力应按上覆土层的水土总重计算，如图 3-3 中下端所示。

【例 3-1】 某地基由多层土组成，地质剖面如图 3-4 所示，试计算并绘制自重应力沿深度的分布图。

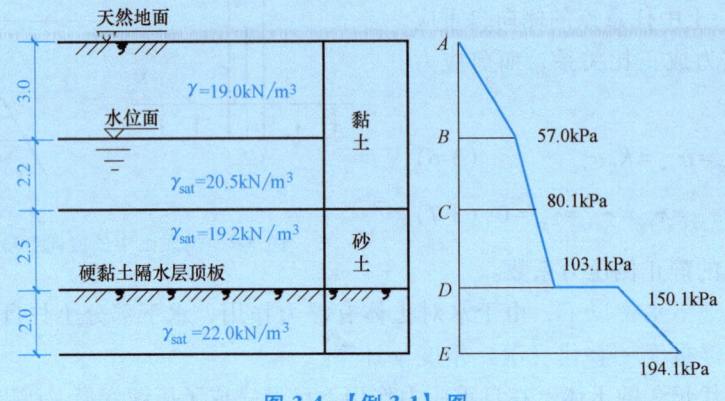

图 3-4 【例 3-1】图

【解】 各层土分界面及水位处自重应力分别为：

$\sigma_{c,B} = 19.0\text{kN/m}^3 \times 3.0\text{m} = 57.0\text{kPa}$

$\sigma_{c,C} = 19.0\text{kN/m}^3 \times 3.0\text{m} + (20.5-10)\text{kN/m}^3 \times 2.2\text{m} = 80.1\text{kPa}$

$\sigma_{c,D\text{上}} = 19.0\text{kN/m}^3 \times 3.0\text{m} + (20.5-10)\text{kN/m}^3 \times 2.2\text{m} + (19.2-10)\text{kN/m}^3 \times 2.5\text{m} = 103.1\text{kPa}$

$\sigma_{c,D\text{下}} = 19.0\text{kN/m}^3 \times 3.0\text{m} + 20.5\text{kN/m}^3 \times 2.2\text{m} + 19.2\text{kN/m}^3 \times 2.5\text{m} = 150.1\text{kPa}$

$\sigma_{c,E} = 19.0\text{kN/m}^3 \times 3.0\text{m} + 20.5\text{kN/m}^3 \times 2.2\text{m} + 19.2\text{kN/m}^3 \times 2.5\text{m} + 22.0\text{kN/m}^3 \times 2.0\text{m} = 194.1\text{kPa}$

3.4 基底压力

3.4.1 基底压力的分布规律

建筑物的荷载通过自身基础传给地基，在基础底面与地基之间便产生了接触应力，它既是基础作用于地基的基底压力，又是地基反作用于基础的反力。在计算地基中的附加应力和变形以及设计基础结构时，都必须研究基底压力的分布规律。

基底压力的大小和分布状况与荷载的大小和分布、基础的刚度、基础的埋置深度以及地基土的性质等多种因素有关。

将一个圆形刚性基础模型分别放置在砂土和硬黏土上，所测得的基底压力分布图如图 3-5 所示。图 3-5a 所示为基础放置在砂土表面上，四周无超载，基底压力呈抛物线分布。这是由于基础边缘的砂粒很容易朝侧向挤出，而将其应承担的压力转嫁给基底中间部位。图 3-5b 所示基础也放置在砂土表面，但在四周作用着较大的超载（相当于基础有一定埋深），基础边缘的砂粒较难被挤出，所以基底中心部位和边缘部位的反力差别比前者小得多。如果把圆形刚性基础模型放置在硬黏土上，则测得的基底反力分布与放在砂土上时相反，呈现中间小边缘大的马鞍形。由于硬黏土有较大内聚力，土粒不容易发生侧向挤出，因此在基础四周无超载（图 3-5c）和有超载（图 3-5d）两种情况下的基底反力分布差别不如砂土那样显著。

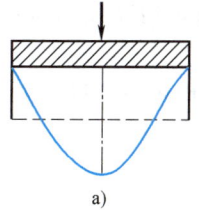
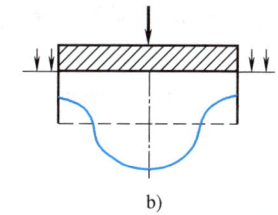
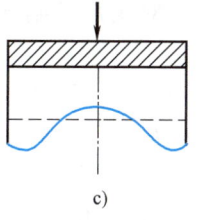
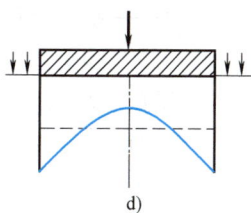

图 3-5　圆形刚性基底压力分布图

a）在砂土上（无超载）　b）在砂土上（有超载）
c）在硬黏土上（无超载）　d）在硬黏土上（有超载）

桥梁墩台基础以及工业与民用建筑中的柱下单独基础、墙下条形基础等扩展基础，均可视为刚性基础。因受地基承载力限制，加上基础有一定埋置深度，这些基础的基底压力一般呈马鞍形分布，且基底中心部位反力向边缘部位转移不显著，故可视反力为均匀分布。根据圣维南原理可得，在基础底面下一定深度处所引起的地基附加应力与基底荷载的分布形态无关，而只与其合力的大小及其作用点位置有关。因此，对于具有一定刚度且尺寸较小的扩展基础，基底压力可按直线分布考虑，并可按材料力学进行简化计算。

3.4.2　基底压力的简化计算

1. 中心荷载作用下的基底压力

中心荷载作用下的基础，所受荷载的合力通过基底形心。基底压力假定为均匀分布（图 3-6），此时基底平均压力 p 可按式（3-9）计算，荷载效应组合按《建筑地基基础设计规范》（GB 50007），《公路桥涵设计通用规范》（JTG D60）规定计算。

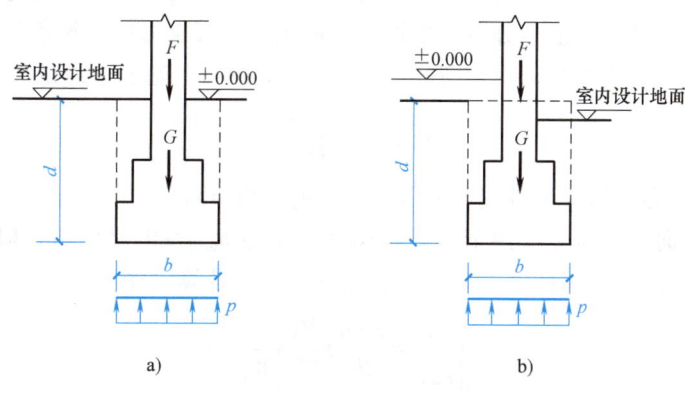

图 3-6　中心荷载作用下的基底压力

a）内墙或内柱基础　b）外墙或外柱基础

$$p = \frac{F+G}{A} \tag{3-9}$$

式中　F——作用在基础上的竖向力（kN）；

　　　G——基础及基础上的土重（kN），$G = \gamma_G A d$，其中 γ_G 为基础及基础上土的重度，一般取 $20 kN/m^3$，但地下水位以下部分应扣去浮力 $10 kN/m^3$，d 为基础埋深（m），从设计地面或室内外平均设计地面算起（图 3-6b）；

A——基底面积（m^2），对矩形基础 $A=lb$，l 和 b 分别为矩形基底的长边宽度（m）和短边宽度（m）。

对于荷载均匀分布的条形基础，则沿长度方向截取单位长度进行基底平均压力计算。此时式（3-9）中的 A 改为 b，而 F 及 G 则为基础单位长度内的相应值（kN/m）。

2. 偏心荷载作用下的基底压力

单向偏心荷载作用下矩形基础的基底压力如图 3-7 所示。

为获得较好的力学效果，通常基底长边方向与偏心方向一致。基底两边缘的最大、最小压力 p_{max}、p_{min}（荷载效应组合值同上）按材料力学偏心受压公式计算

$$\begin{cases} p_{max} \\ p_{min} \end{cases} = \frac{F+G}{lb} \pm \frac{M}{W} \qquad (3-10)$$

式中　M——作用于矩形基础底面的力矩（kN·m）；

　　　W——矩形基础底面的抵抗矩，$W=bl^2/6$（m^3）；

其他符号意义同前。

将偏心荷载的偏心距 $e=M/(F+G)$ 引入到式（3-10）得

$$\begin{cases} p_{max} \\ p_{min} \end{cases} = \frac{F+G}{lb}\left(1 \pm \frac{6e}{l}\right) \qquad (3-11)$$

通过分析式（3-11）可知：

1）当 $e<l/6$ 时，基底压力分布图呈梯形（图 3-7a）。

2）当 $e=l/6$ 时，基底压力分布图呈三角形（图 3-7b）。

3）当 $e>l/6$ 时，如按式（3-11）计算，则距偏心荷载较远的基底边缘反力为负值，即 $p_{min}<0$，如图 3-7c 中虚线所示。由于基底与地基之间不能承受拉力，因此它们之间局部是脱开的，从而基底压力必然会重新分布。根据偏心荷载与基底反力的平衡条件，基底反力的合力应等于 $F+G$，且该合力对中心的矩等于 $(F+G)e$ 由此可得，基底边缘最大压力 p_{max} 为

$$p_{max} = \frac{2(F+G)}{3bk} \qquad (3-12)$$

式中　k——单向偏心作用点至基底最大压力边缘的距离（m）。

矩形基础在双向偏心荷载作用下，如基底最小压力 $p_{min} \geq 0$，则矩形基底边缘四个角点的压力 p_{max}、p_{min}、p_1、p_2 可按式（3-13）和式（3-14）计算（图 3-8）

$$\begin{cases} p_{max} \\ p_{min} \end{cases} = \frac{F+G}{lb} \pm \frac{M_x}{W_x} \pm \frac{M_y}{W_y} \qquad (3-13)$$

$$\begin{cases} p_1 \\ p_2 \end{cases} = \frac{F+G}{lb} \mp \frac{M_x}{W_x} \pm \frac{M_y}{W_y} \qquad (3-14)$$

式中　M_x、M_y——荷载合力分别对矩形基底 x、y 轴的力矩（kN·m）；

　　　W_x、W_y——基础底面分别对 x、y 轴的抵抗矩（m^3）。

3.4.3　基底附加压力

建筑物建造前，天然土层在自重应力作用下已经完成变形，故只有基底压力与基底建造前的土中自重应力之差才能使地基产生附加变形。**基底压力与基底处建造前土中自重应力之**

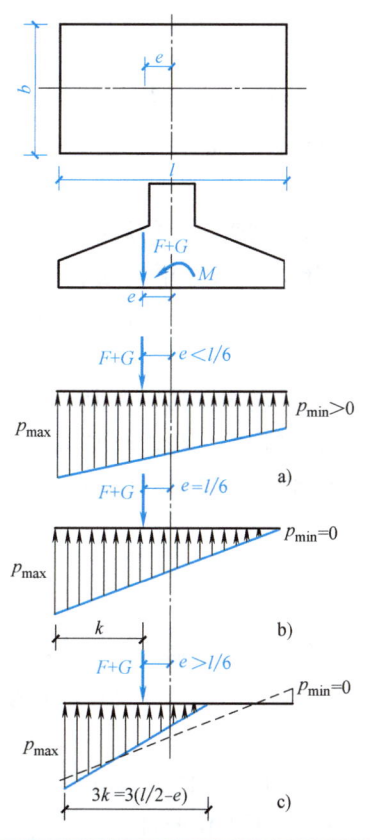

图 3-7 单向偏心荷载作用下的矩形基础基底压力

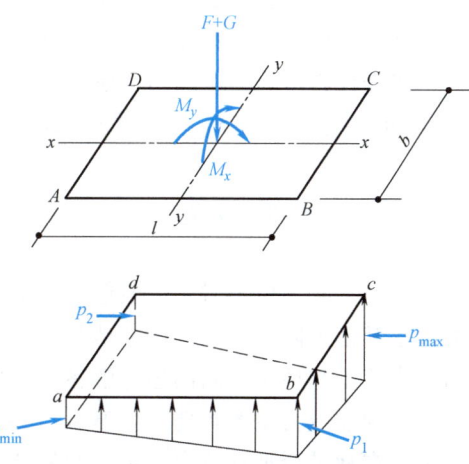

图 3-8 双向偏心荷载作用下矩形基础的基底压力

差称为基底附加压力 p_0，是引起地基附加应力和变形的主要原因。

一般浅基础总是埋置在天然地面下一定深度处，该处原有自重应力如图 3-9a 所示。开挖基坑后，卸除了原有的部分自重应力（图 3-9b）。建筑物建造后的基底压力扣除建前基底处的自重应力，即附加压力（图 3-9c）。

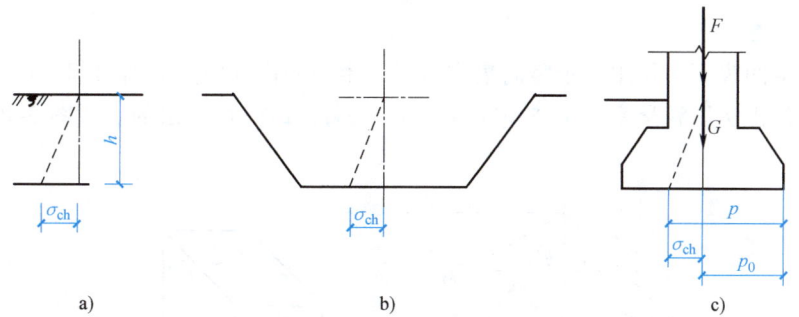

图 3-9 基底附加压力的计算

a）天然条件下的自重应力分布　b）基坑开挖卸荷　c）建筑物建造后

基底平均附加压力 p_0 应按式（3-15）计算

$$p_0 = p - \sigma_{ch} = p - \gamma_m h \qquad (3-15)$$

式中　p——基底平均应力（kPa）；

　　　σ_{ch}——基底处自重应力（kPa）；

　　　γ_m——基底标高以上天然土层的加权平均重度，$\gamma_m = (\gamma_1 h_1 + \gamma_2 h_2 + \cdots + \gamma_i h_i)/(h_1 + h_2 + \cdots + h_i)$，其中地下水位下的重度应取浮重度（kN/m³）；

　　　h——从天然地面算起的基础埋深（m），$h = h_1 + h_2 + \cdots + h_i$。

计算出基底附加压力后，可将其视为作用在弹性半无限空间表面上的局部荷载，根据弹性力学计算地基中的附加应力分布。实际上，基底附加压力一般作用在地表下一定深度（指浅基础的埋深），因而运用弹性力学解答所得的附加应力是近似的。不过，对于一般浅基础来说，这种假设所造成的误差可以忽略不计。

当基坑平面尺寸和深度较大时，坑底回弹是明显的，且基坑中点的回弹大于边缘点的回弹。在沉降计算中，为了适当考虑这种坑底回弹和再压缩而增加的沉降，改取 $p_0 = p - (0 \sim 1)\sigma_{ch}$。此外，按式（3-15）计算尚应保证坑底土体不发生泡水膨胀或湿陷等情况。

3.5　地基附加应力

计算地基附加应力时，一般假定地基土是各向同性的均质线性变形体，而且在深度和水平方向上都是无限延伸的，即把地基看成是均质的线性变形半空间，这样就可以直接采用弹性力学中关于弹性半空间的理论解答。

地基附加应力主要指建筑物基础（或堤坝）底面的附加压力，桥台前后填土引起的附加压力。在地基变形计算中，考虑相邻基础影响和成土年代较短土体的自重应力，也应归入附加应力范畴。计算地基附加应力时，通常将基底压力看成是地基表面作用的柔性荷载，即不考虑基础刚度的影响。按照弹性力学理论，地基附加应力计算分为空间问题和平面问题两类。本节首先介绍属于空间问题的竖向集中力、矩形荷载和圆形荷载作用下的解答，然后介绍属于平面应变问题的线荷载和条形荷载作用下的解答。

3.5.1　竖向集中力作用时的地基附加应力

1. 布辛奈斯克解

在弹性半空间表面上作用一个竖向集中力时，半空间内任意点处所引起的应力和位移的弹性力学解答是由法国科学家<u>布辛奈斯克（Boussinesq，1885）</u>提出的。如图 3-10 所示，在

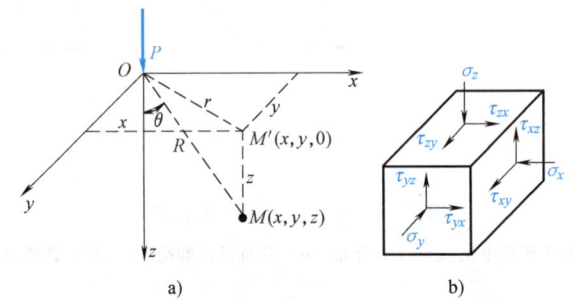

图 3-10　一个竖向集中力作用引起的应力

a）集中力与 $M(x, y, z)$ 的关系　b）M 点处的单元体

半空间（相当于地基）中任意点 $M(x、y、z)$ 处的六个应力分量和三个位移分量的解答如下：

$$\sigma_y = \frac{3P}{2\pi}\left[\frac{x^2 z}{R^5} + \frac{1-2\mu}{3}\left(\frac{R^2-Rz-z^2}{R^3(R+z)} - \frac{x^2(2R+z)}{R^3(R+z)^2}\right)\right] \tag{3-16}$$

$$\sigma_y = \frac{3P}{2\pi}\left[\frac{y^2 z}{R^5} + \frac{1-2\mu}{3}\left(\frac{R^2-Rz-z^2}{R^3(R+z)} - \frac{y^2(2R+z)}{R^3(R+z)^2}\right)\right] \tag{3-17}$$

$$\sigma_z = \frac{3P}{2\pi} \cdot \frac{z^3}{R^5} = \frac{3P}{2\pi R^2}\cos^3\theta \tag{3-18}$$

$$\tau_{xy} = \tau_{yx} = \frac{3P}{2\pi}\left[\frac{xyz}{R^5} + \frac{1-2\mu}{3} \cdot \frac{xy(2R+z)}{R^3(R+z)^2}\right] \tag{3-19}$$

$$\tau_{yz} = \tau_{zy} = \frac{3P}{2\pi} \cdot \frac{yz^2}{R^5} = \frac{3Py}{2\pi R^3}\cos^2\theta \tag{3-20}$$

$$\tau_{zx} = \tau_{xz} = \frac{3P}{2\pi} \cdot \frac{xz^2}{R^5} = \frac{3Px}{2\pi R^3}\cos^2\theta \tag{3-21}$$

$$u = \frac{P(1+\mu)}{2\pi E}\left[\frac{xz}{R^3} - (1-2\mu)\frac{x}{R(R+z)}\right] \tag{3-22}$$

$$v = \frac{P(1+\mu)}{2\pi E}\left[\frac{yz}{R^3} - (1-2\mu)\frac{y}{R(R+z)}\right] \tag{3-23}$$

$$w = \frac{P(1+\mu)}{2\pi E}\left[\frac{z^2}{R^3} + 2(1-\mu)\frac{1}{R}\right] \tag{3-24}$$

式中　　σ_x、σ_y、σ_z、τ_{xy}、τ_{yz}、τ_{zx}——正应力和剪应力（kPa）；

u、v、w——M 点沿 x、y、z 方向的位移（m）；

P——作用于坐标原点 O 的竖向集中力；

R——M 点至点 O 的距离，$R=\sqrt{x^2+y^2+z^2}=\sqrt{r^2+z^2}=z/\cos\theta$；

θ——R 线与 z 轴的夹角；

r——M 点与集中力作用点的水平距离（m）；

E——弹性模量（或土的变形模量）（kPa）；

μ——泊松比。

若将 $R=0$ 代入式（3-16）~式（3-24），所得出的结果均为无限大。因此，所选择的计算点不应过于接近集中力作用点。

建筑物作用于地基的荷载，总是分布在一定面积上，因此理论上的集中力实际是没有的。但是，根据弹性力学叠加原理利用布辛奈斯克解答，可以通过等代荷载法求得任意分布荷载在地基中产生的附加应力，也可以根据集中荷载作用下的解答进行积分直接求解，以得到各种局部荷载作用下的附加应力。

在以上六个应力分量和三个位移分量公式中，竖向正应力 σ_z 和竖向位移 w 最为常用，本书有关地基附加应力的计算主要是针对 σ_z 而言的。

2. 等代荷载法

如果地基中某点 M 与局部荷载的距离比荷载面尺寸大很多时，就可以用一个集中力 P 代替局部荷载，然后直接应用式（3-18）计算该点的 σ_z，为了计算方便，以 $R=\sqrt{r^2+z^2}$ 代入

式 (3-18)，则

$$\sigma_z = \frac{3P}{2\pi} \frac{z^3}{(r^2+z^2)^{5/2}} = \frac{3}{2\pi} \frac{1}{[(r/z)^2+1]^{5/2}} \cdot \frac{P}{z^2} \tag{3-25}$$

令 $\alpha = \frac{3}{2\pi} \cdot \frac{1}{[(r/z)^2+1]^{5/2}}$，则式 (3-25) 改写为

$$\sigma_z = \alpha \frac{P}{z^2} \tag{3-26}$$

式中 α——集中力 P 作用下的地基竖向附加应力系数，简称集中应力系数。

若干个竖向集中力 P_i ($i=1、2、\cdots、n$) 作用在地表时，可联合使用等代荷载法和叠加原理计算，即地面下 z 深度处某点 M 的附加应力 σ_z 等于各集中力单独作用时在 M 点引起的附加应力之和，则有

$$\sigma_z = \sum_{i=1}^{n} \alpha_i \frac{P_i}{z^2} = \frac{1}{z^2} \sum_{i=1}^{n} \alpha_i P_i \tag{3-27}$$

式中 α_i——第 i 个集中应力系数，在计算中 r_i 是第 i 个集中荷载作用点到 M 点的水平距离。

当局部荷载的平面形状或分布不规则时，可将基础底面分成若干个形状规则的单元进行计算（图 3-11），每个单元面积上的分布荷载近似以作用在单元形心的集中力代替，这样就可以利用式 (3-27) 计算某点的附加应力了。由于集中力作用点附近的 σ_z 无限大，所以这种方法不适用于过于靠近荷载边缘的计算点。该方法的计算精度取决于单元面积大小，当矩形单元面积的长边小于面积形心到计算点距离的 1/2、1/3 或 1/4 时，计算得到附加应力误差分别不大于 6%、3% 或 2%。

由式 (3-27) 可以得到集中荷载作用下附加应力的分布规律：

1）在 P_i 作用线上，即 $r=0$ 时，附加应力随着深度的增加而迅速减小。

2）不在 P_i 作用线上，即 $r>0$ 时，随着 z 增大，σ_z 先增加后减小。

3）在某一深度水平面上，即 $z>0$ 时，$r=0$ 时，附加应力最大，随着 r 的增大，附加应力逐渐减小。

3.5.2 矩形荷载和圆形荷载作用时的地基附加应力

1. 均布矩形荷载

设长边宽度和短边宽度分别为 l 和 b 的矩形均布荷载 p 作用于弹性半空间表面（或基底平均附加压力 p_0）。下面先给出以积分法求得的矩形荷载角点下任意深度 z 处的附加应力，然后运用叠加法求得矩形荷载作用下任意点的附加应力。

以矩形荷载角点为坐标原点 O（图 3-12），在荷载范围内取一微元 $dxdy$，并将其上的均布荷载以集中力 $pdxdy$ 代替，则由式 (3-18) 得到角点 O 下任意深度 z 处即 M 点，由该集中力引起的竖向附加应力 $d\sigma_z$ 为

$$d\sigma_z = \frac{3}{2\pi} \cdot \frac{pz^3}{(x^2+y^2+z^2)^{5/2}} dxdy \tag{3-28}$$

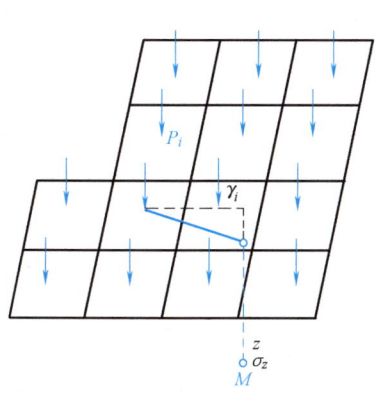 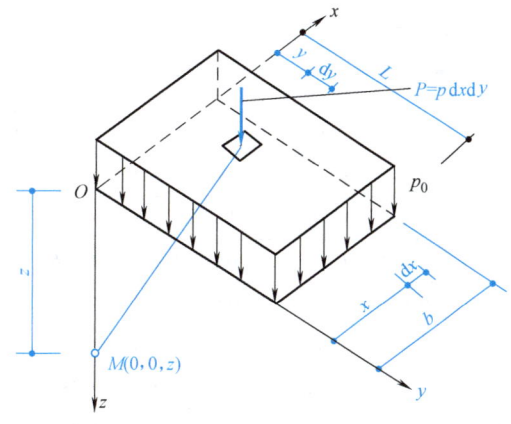

图 3-11　以等代荷载法计算 σ_z　　　　图 3-12　均布矩形荷载角点下的附加应力 σ_z

将它对整个矩形荷载范围 A 进行积分

$$\sigma_z = \iint_A \mathrm{d}\sigma_z = \frac{3pz^3}{2\pi}\int_0^l\int_0^b \frac{1}{(x^2+y^2+z^2)^{5/2}}\mathrm{d}x\mathrm{d}y$$

$$= \frac{p}{2\pi}\left[\frac{lbz(l^2+b^2+2z^2)}{(l^2+z^2)(b^2+z^2)\sqrt{l^2+b^2+z^2}} + \arcsin\frac{lb}{\sqrt{(l^2+z^2)(b^2+z^2)}}\right]$$

(3-29)

令 $\alpha_c = \dfrac{1}{2\pi}\left[\dfrac{lbz(l^2+b^2+2z^2)}{(l^2+z^2)(b^2+z^2)\sqrt{l^2+b^2+z^2}} + \arcsin\dfrac{lb}{\sqrt{(l^2+z^2)(b^2+z^2)}}\right]$ 得

$$\sigma_z = \alpha_c p$$

(3-30)

又令 $m=l/b$，$n=z/b$（注意其中 b 为荷载分布范围的短边宽度），则

$$\alpha_c = \frac{1}{2\pi}\left[\frac{mn(m^2+2n^2+1)}{(m^2+n^2)(1+n^2)\sqrt{m^2+n^2+1}} + \arcsin\frac{m}{\sqrt{(m^2+n^2)(1+n^2)}}\right]$$

α_c 为均布矩形荷载角点下的竖向附加应力系数，简称角点应力系数。α_c 可按 m 及 n 值由表 3-1 查得。

表 3-1　均布矩形荷载角点下的竖向附加应力系数 α_c

z/b	l/b											
	1.0	1.2	1.4	1.6	1.8	2.0	3.0	4.0	5.0	6.0	10.0	条形
0.0	0.250	0.250	0.250	0.250	0.250	0.250	0.250	0.250	0.250	0.250	0.250	0.250
0.2	0.249	0.249	0.249	0.249	0.249	0.249	0.249	0.249	0.249	0.249	0.249	0.249
0.4	0.240	0.242	0.243	0.243	0.244	0.244	0.244	0.244	0.244	0.244	0.244	0.244
0.6	0.223	0.228	0.230	0.232	0.232	0.233	0.234	0.234	0.234	0.234	0.234	0.234
0.8	0.200	0.207	0.212	0.215	0.216	0.218	0.220	0.220	0.220	0.220	0.220	0.220
1.0	0.175	0.185	0.191	0.195	0.198	0.200	0.203	0.204	0.204	0.204	0.205	0.205
1.2	0.152	0.163	0.171	0.176	0.179	0.182	0.187	0.188	0.189	0.189	0.189	0.189

(续)

z/b	l/b											
	1.0	1.2	1.4	1.6	1.8	2.0	3.0	4.0	5.0	6.0	10.0	条形
1.4	0.131	0.142	0.151	0.157	0.161	0.164	0.171	0.173	0.174	0.174	0.174	0.174
1.6	0.112	0.124	0.133	0.140	0.145	0.148	0.157	0.159	0.160	0.160	0.160	0.160
1.8	0.097	0.108	0.117	0.124	0.129	0.133	0.143	0.146	0.147	0.148	0.148	0.148
2.0	0.084	0.095	0.103	0.110	0.116	0.120	0.131	0.135	0.136	0.137	0.137	0.137
2.2	0.073	0.083	0.092	0.098	0.104	0.108	0.121	0.125	0.126	0.127	0.128	0.128
2.4	0.064	0.073	0.081	0.088	0.093	0.098	0.111	0.116	0.118	0.118	0.119	0.119
2.6	0.057	0.065	0.072	0.079	0.084	0.089	0.102	0.107	0.110	0.111	0.112	0.112
2.8	0.050	0.058	0.065	0.071	0.076	0.080	0.094	0.100	0.102	0.104	0.105	0.105
3.0	0.045	0.052	0.058	0.064	0.069	0.073	0.087	0.093	0.096	0.097	0.099	0.099
3.2	0.040	0.047	0.053	0.058	0.063	0.067	0.081	0.087	0.090	0.092	0.093	0.094
3.4	0.036	0.042	0.048	0.053	0.057	0.061	0.075	0.081	0.085	0.086	0.088	0.089
3.6	0.033	0.038	0.043	0.048	0.052	0.056	0.069	0.076	0.080	0.082	0.084	0.084
3.8	0.030	0.035	0.040	0.044	0.048	0.052	0.065	0.072	0.075	0.077	0.080	0.080
4.0	0.027	0.032	0.036	0.040	0.044	0.048	0.060	0.067	0.071	0.073	0.076	0.076
4.2	0.025	0.029	0.033	0.037	0.041	0.044	0.056	0.063	0.067	0.070	0.072	0.073
4.4	0.023	0.027	0.031	0.034	0.038	0.041	0.053	0.060	0.064	0.066	0.069	0.070
4.6	0.021	0.025	0.028	0.032	0.035	0.038	0.049	0.056	0.061	0.063	0.066	0.067
4.8	0.019	0.023	0.026	0.029	0.032	0.035	0.046	0.053	0.058	0.060	0.064	0.064
5.0	0.018	0.021	0.024	0.027	0.030	0.033	0.043	0.050	0.055	0.057	0.061	0.062
6.0	0.013	0.015	0.017	0.020	0.022	0.024	0.033	0.039	0.043	0.046	0.051	0.052
7.0	0.009	0.011	0.013	0.015	0.016	0.018	0.025	0.031	0.035	0.038	0.043	0.045
8.0	0.007	0.009	0.010	0.011	0.013	0.014	0.020	0.025	0.028	0.031	0.037	0.039
9.0	0.006	0.007	0.008	0.009	0.010	0.011	0.016	0.020	0.024	0.026	0.032	0.035
10.0	0.005	0.006	0.007	0.007	0.008	0.009	0.013	0.017	0.020	0.022	0.028	0.032
12.0	0.003	0.004	0.005	0.005	0.006	0.006	0.009	0.012	0.014	0.017	0.022	0.026
14.0	0.002	0.003	0.004	0.004	0.004	0.005	0.007	0.009	0.011	0.013	0.018	0.023
16.0	0.002	0.002	0.003	0.003	0.003	0.004	0.005	0.007	0.009	0.010	0.014	0.020
18.0	0.001	0.002	0.002	0.002	0.003	0.003	0.004	0.006	0.007	0.008	0.012	0.018
20.0	0.001	0.001	0.002	0.002	0.002	0.002	0.004	0.005	0.006	0.007	0.010	0.016
25.0	0.001	0.001	0.001	0.001	0.001	0.002	0.002	0.003	0.004	0.004	0.007	0.013
30.0	0.001	0.001	0.001	0.001	0.001	0.001	0.002	0.002	0.003	0.003	0.005	0.011
35.0	0.000	0.000	0.001	0.001	0.001	0.001	0.001	0.002	0.002	0.002	0.004	0.009
40.0	0.000	0.000	0.000	0.000	0.001	0.001	0.001	0.001	0.001	0.002	0.003	0.008

对于均布矩形荷载附加应力计算点不在角点下的情况，可利用式（3-30）以叠加法求得。图 3-13 所示列出了计算点不在矩形荷载分布范围角点下的四种情况（计算点在图中 O

点以下任意深度 z 处）。计算时，通过 O 点把荷载面分成若干个矩形面积，O 点就是划分各个矩形的公共角点，然后再按式（3-30）计算每个矩形荷载角点下同一深度 z 处的附加应力 σ_z，并求其代数和。四种情况的算式分别如下：

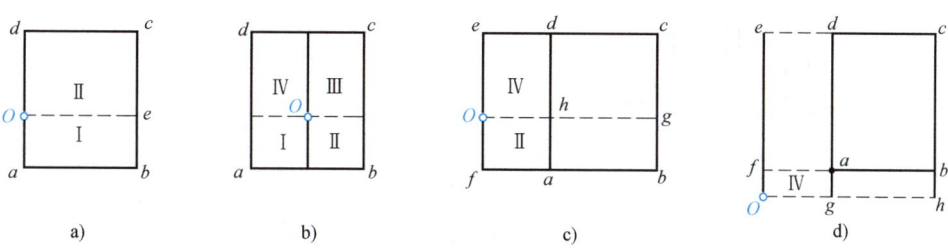

图 3-13 以角点法计算均布矩形荷载作用下的地基附加应力
a）O 点在荷载边缘 b）O 点在荷载范围内
c）O 点在荷载面边缘外侧 d）O 点在荷载角点外侧

（1）O 点在荷载边缘（图 3-13a）

$$\sigma_z = (\alpha_{cI} + \alpha_{cII})p$$

式中 α_{cI}、α_{cII}——相应于面积 I 和 II 的角点应力系数。必须指出，查表 3-1 时所取用的 l 为矩形的长边宽度，b 为短边宽度。

（2）O 点在荷载范围内（图 3-13b）

$$\sigma_z = (\alpha_{cI} + \alpha_{cII} + \alpha_{cIII} + \alpha_{cIV})p$$

如果 O 点位于荷载范围中心，则 $\alpha_{cI} = \alpha_{cII} = \alpha_{cIII} = \alpha_{cIV}$，因此 $\sigma_z = 4\alpha_{cI}p$。此即利用角点法求均布矩形荷载中心点下 σ_z 的解。

（3）O 点在荷载边缘外侧（图 3-13c） 此时荷载作用范围 abcd 可看成是由 I（Ofbg）与 II（Ofah）之差和 III（Oecg）与 IV（Oedh）之差合成的，所以

$$\sigma_z = (\alpha_{cI} - \alpha_{cII} + \alpha_{cIII} - \alpha_{cIV})p$$

（4）O 点在荷载角点外侧（图 3-13d）

此时荷载范围 abcd 可看成是由 I（Ohce）、IV（Ogaf）两个面积扣除 II（Ohbf）与 III（Ogde）而成的，所以

$$\sigma_z = (\alpha_{cI} - \alpha_{cII} - \alpha_{cIII} + \alpha_{cIV})p$$

利用式（3-30）也可求均布条形荷载作用下地基中任意点的竖向附加应力 σ_z。此时，式中角点应力系数 α_c 以 $l/b = 10$ 取值，误差不大于 0.005（见表 3-1）。根据 O 点位置的不同，有三种情况（图 3-13）：

1）O 点在荷载范围边缘，可得 $\sigma_z = 2\alpha_{cI}p$。
2）O 点在荷载范围内，$\sigma_z = 2(\alpha_{cI} + \alpha_{cII})p$。
3）O 点在荷载范围外侧，$\sigma_z = 2(\alpha_{cI} - \alpha_{cII})p$。

【例 3-2】 某建筑物基础埋深 2m，基础长宽分别为 4m 和 5m，作用在基础上的竖向力为 2000kN，不考虑地下水位影响，土体重度均为 18kN/m³。试以角点法计算图 3-14 所示基础中心点垂线下不同深度处的地基附加应力 σ_z。

【解】 （1）计算基础下的基底平均附加应力

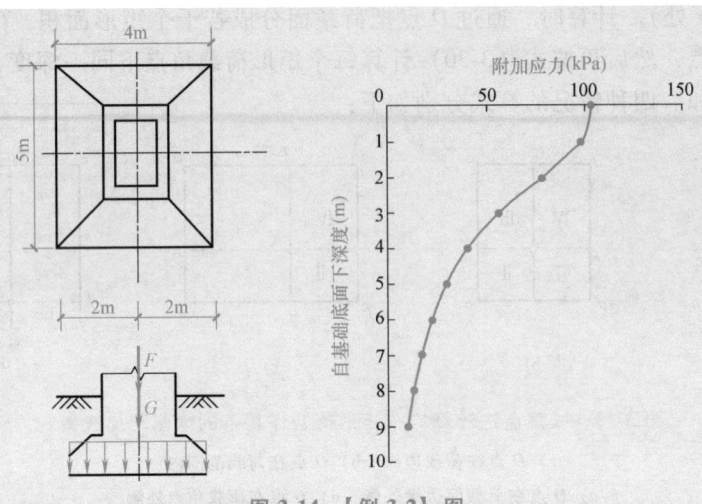

图 3-14 【例 3-2】图

基础及其上回填土的总重　$G = \gamma_G A d = 20\text{kN/m}^3 \times 5\text{m} \times 4\text{m} \times 2\text{m} = 800\text{kN}$

基底平均应力　$p = \dfrac{F+G}{A} = \dfrac{2000\text{kN}+800\text{kN}}{5\text{m} \times 4\text{m}} = 140\text{kPa}$

基底处的土中自重应力　$\sigma_c = \gamma_m h = \gamma_m d = 18\text{kN/m}^3 \times 2\text{m} = 36\text{kPa}$

基底平均附加应力　$p_0 = p - \sigma_c = 140\text{kPa} - 36\text{kPa} = 104\text{kPa}$

表 3-2 【例 3-2】表

点	l/b	z/m	z/b	α_{cI}	σ_z/kPa $\sigma_z = 4\alpha_{cI} p_0$
0	1.25	0	0	0.250	$4 \times 0.250 \times 104 = 104$
1	1.25	1	0.5	0.235	$4 \times 0.235 \times 104 = 97.76$
2	1.25	2	1	0.187	$4 \times 0.187 \times 104 = 75$
3	1.25	3	1.5	0.135	77.79
4	1.25	4	2	0.097	56.16
5	1.25	5	2.5	0.071	40.35
6	1.25	6	3	0.054	29.54
7	1.25	7	3.5	0.042	22.46
8	1.25	8	4	0.032	17.47
9	1.25	9	5	0.022	13.31

（2）计算基底中心点 O 下的 σ_z

基底中心点 O 可看成是四个相等小矩形荷载面的公共角点（图 3-13b），其长宽比 $l/b = 2.5 \div 2 = 1.25$。取深度 $z = 0\text{m}$、1m、2m、3m、4m、5m、6m、7m、8m、10m 为计算点，相应的 $z/b = 0$、0.5、1、1.5、2、2.5、3、3.5、4、5。利用表 3-2 即可查得地基附加应力系数 α_{cI}，σ_z 的计算过程见表 3-2。另外，根据计算资料可绘出 σ_z 分布图，如图 3-14 所示。

2. 三角形矩形荷载

设弹性半空间表面作用的竖向荷载沿矩形区域一边 b 方向上呈三角形分布（沿另一边 l 的分布均匀），荷载的最大值为 p，取荷载零值边的角点 1 为坐标原点（图 3-15），则可将荷载区域内某点（x、y）微元面积 $\mathrm{d}x\mathrm{d}y$ 上的分布荷载以集中力 $\dfrac{x}{b}p\mathrm{d}x\mathrm{d}y$ 代替。

角点 1 下深度 z 处的 M 点由该集中力引起的附加应力 $\mathrm{d}\sigma_z$，按式（3-18）为

$$\mathrm{d}\sigma_z = \frac{3P}{2\pi} \cdot \frac{xz^3}{(x^2+y^2+z^2)^{5/2}}\mathrm{d}x\mathrm{d}y \tag{3-31}$$

在整个矩形荷载面积进行积分后得角点 1 下任意深度 z 处竖向附加应力 σ_z

$$\begin{cases} \sigma_z = \alpha_{t1}p \\ \alpha_{t1} = \dfrac{mn}{2\pi}\left[\dfrac{1}{\sqrt{(m^2+n^2)}} - \dfrac{n^2}{(1+n^2)\sqrt{m^2+n^2+1}}\right] \end{cases} \tag{3-32}$$

同理，还可求得荷载最大值边的角点 2 下任意深度 z 处的竖向附加应力 σ_z 为

$$\sigma_z = \alpha_{t2}p = (\alpha_c - \alpha_{t1})p \tag{3-33}$$

α_{t1} 和 α_{t2} 均为 $m=l/b$ 和 $n=z/b$ 的函数，可由表 3-3 查得。运用上述均布和三角形矩形荷载角点下的附加应力系数 α_c、α_{t1}、α_{t2}，即可用角点法求算梯形分布时地基中任意点的竖向附加应力 σ_z，也可求算均布、三角形或梯形分布的条形荷载作用时（取 $l/b=10$）地基附加应力 σ_z。

3. 均布圆形荷载

设作用于弹性半空间表面的圆形荷载 p 的半径为 r_0。以圆形荷载中心点为坐标原点 O（图 3-16），并在荷载面积上取微面积 $\mathrm{d}A = r\mathrm{d}\theta\mathrm{d}r$，以集中力 $p\mathrm{d}A$ 代替微面积上的分布荷载。则可运用式（3-18）求得均布圆形荷载作用时 O 点下任意深度 z 处 M 点的 σ_z。

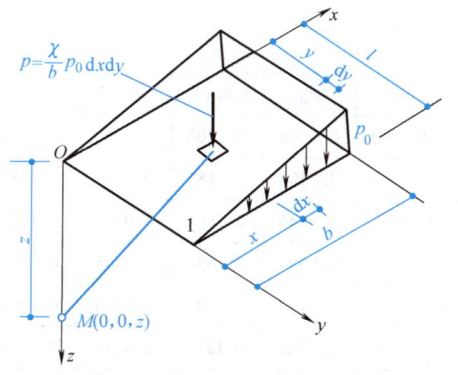

图 3-15 三角形矩形荷载角点下的 σ_z

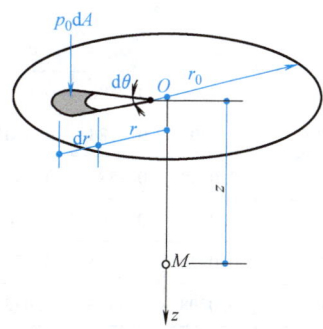

图 3-16 均布圆形荷载区域中点下的 σ_z

$$\sigma_z = \iint_A \mathrm{d}\sigma_z = \frac{3pz^3}{2\pi}\int_0^{2\pi}\int_0^{r_0}\frac{r\mathrm{d}\theta\mathrm{d}r}{(r^2+z^2)^{5/2}} = p\left[1 - \frac{z^3}{(r_0^2+z^2)^{3/2}}\right] = p\left[1 - \frac{1}{\left(\dfrac{1}{z^2}r_0^2+1\right)^{3/2}}\right] = \alpha_r p$$

$$\tag{3-34}$$

式中 α_r ——均布圆形荷载区域中心点下的附加应力系数，它是（z/r_0）的函数，可由表3-4查得。

三角形圆形荷载面边点下的附加应力系数参见《建筑地基基础设计规范》（GB 50007）。

表3-3 三角形矩形荷载角点下的竖向附加应力系数 α_{t1} 和 α_{t2}

z/b	l/b									
	0.2		0.4		0.6		0.8		1.0	
	α_{t1}	α_{t2}	α_{t1}	α_{t2}	α_{t1}	α_{t2}	α_{t1}	α_{t2}	α_{t1}	α_{t2}
0.0	0.0000	0.2500	0.0000	0.2500	0.0000	0.2500	0.0000	0.2500	0.0000	0.2500
0.2	0.0223	0.1821	0.0280	0.2115	0.0296	0.2165	0.0301	0.2178	0.0304	0.2182
0.4	0.0269	0.1094	0.0420	0.1604	0.0487	0.1781	0.0517	0.1844	0.0531	0.1870
0.6	0.0259	0.0700	0.0448	0.1165	0.0560	0.1405	0.0621	0.1520	0.0654	0.1575
0.8	0.0232	0.0480	0.0421	0.0853	0.0553	0.1093	0.0637	0.1232	0.0688	0.1311
1.0	0.0201	0.0346	0.0375	0.0638	0.0508	0.0852	0.0602	0.0996	0.0666	0.1086
1.2	0.0171	0.0260	0.0324	0.0491	0.0450	0.0673	0.0546	0.0807	0.0615	0.0901
1.4	0.0145	0.0202	0.0278	0.0386	0.0392	0.0540	0.0483	0.0661	0.0554	0.0751
1.6	0.0123	0.0160	0.0238	0.0310	0.0339	0.0440	0.0424	0.0547	0.0492	0.0628
1.8	0.0105	0.0130	0.0204	0.0254	0.0294	0.0363	0.0371	0.0457	0.0435	0.0534
2.0	0.0090	0.0108	0.0176	0.0211	0.0255	0.0304	0.0324	0.0387	0.0384	0.0456
2.5	0.0063	0.0072	0.0125	0.0140	0.0183	0.0205	0.0236	0.0265	0.0284	0.0318
3.0	0.0046	0.0051	0.0092	0.0100	0.0135	0.0148	0.0176	0.0192	0.0214	0.0233
5.0	0.0018	0.0019	0.0036	0.0038	0.0054	0.0056	0.0071	0.0074	0.0088	0.0091
7.0	0.0009	0.0010	0.0019	0.0019	0.0028	0.0029	0.0038	0.0038	0.0047	0.0047
10.0	0.0005	0.0004	0.0009	0.0010	0.0014	0.0014	0.0019	0.0019	0.0023	0.0024

z/b	l/b									
	1.2		1.4		1.6		1.8		2.0	
	α_{t1}	α_{t2}	α_{t1}	α_{t2}	α_{t1}	α_{t2}	α_{t1}	α_{t2}	α_{t1}	α_{t2}
0.0	0.0000	0.2500	0.0000	0.2500	0.0000	0.2500	0.0000	0.2500	0.0000	0.2500
0.2	0.0305	0.2184	0.0305	0.2185	0.0306	0.2185	0.0306	0.2185	0.0306	0.2185
0.4	0.0539	0.1881	0.0543	0.1886	0.0545	0.1889	0.0546	0.1891	0.0547	0.1892
0.6	0.0673	0.1602	0.0684	0.1616	0.0690	0.1625	0.0694	0.1630	0.0696	0.1633
0.8	0.0720	0.1355	0.0739	0.1381	0.0751	0.1396	0.0759	0.1405	0.0764	0.1412
1.0	0.0708	0.1143	0.0735	0.1176	0.0753	0.1202	0.0766	0.1215	0.0774	0.1225
1.2	0.0664	0.0962	0.0698	0.1007	0.0721	0.1037	0.0738	0.1055	0.0749	0.1069
1.4	0.0606	0.0817	0.0644	0.0864	0.0672	0.0897	0.0692	0.0921	0.0707	0.0937
1.6	0.0545	0.0696	0.0586	0.0743	0.0616	0.0780	0.0639	0.0806	0.0656	0.0826
1.8	0.0487	0.0596	0.0528	0.0644	0.0560	0.0681	0.0585	0.0709	0.0604	0.0730
2.0	0.0434	0.0513	0.0474	0.0560	0.0507	0.0596	0.0533	0.0625	0.0553	0.0649
2.5	0.0326	0.0365	0.0362	0.0405	0.0393	0.0440	0.0419	0.0469	0.0440	0.0491

（续）

z/b	l/b									
	1.2		1.4		1.6		1.8		2.0	
	α_{t1}	α_{t2}	α_{t1}	α_{t2}	α_{t1}	α_{t2}	α_{t1}	α_{t2}	α_{t1}	α_{t2}
3.0	0.0249	0.0270	0.0280	0.0303	0.0307	0.0333	0.0331	0.0359	0.0352	0.0380
5.0	0.0104	0.0108	0.0120	0.0123	0.0135	0.0139	0.0148	0.0154	0.0161	0.0167
7.0	0.0056	0.0056	0.0064	0.0066	0.0073	0.0074	0.0081	0.0083	0.0089	0.0091
10.0	0.0028	0.0028	0.0033	0.0032	0.0037	0.0037	0.0041	0.0042	0.0046	0.0046

z/b	l/b									
	3.0		4.0		6.0		8.0		10.0	
	α_{t1}	α_{t2}	α_{t1}	α_{t2}	α_{t1}	α_{t2}	α_{t1}	α_{t2}	α_{t1}	α_{t2}
0.0	0.000	0.2500	0.0000	0.2500	0.0000	0.2500	0.0000	0.2500	0.0000	0.2500
0.2	0.0306	0.2186	0.0306	0.2186	0.0306	0.2186	0.0306	0.0186	0.0306	0.2186
0.4	0.0548	0.1894	0.0549	0.1894	0.0549	0.1894	0.0549	0.1894	0.0549	0.1894
0.6	0.0701	0.1638	0.0702	0.1639	0.0702	0.1640	0.0702	0.1640	0.0702	0.1640
0.8	0.0773	0.1423	0.0776	0.1424	0.0776	0.1426	0.0776	0.1426	0.0776	0.1426
1.0	0.0790	0.1244	0.0794	0.1248	0.0795	0.1250	0.0796	0.1250	0.0796	0.1250
1.2	0.0774	0.1096	0.0779	0.1103	0.0782	0.1105	0.0783	0.1105	0.0783	0.1105
1.4	0.0739	0.0973	0.0748	0.0982	0.0752	0.0986	0.0752	0.0987	0.0753	0.0987
1.6	0.0697	0.0870	0.0708	0.0882	0.0714	0.0887	0.0715	0.0888	0.0715	0.0889
1.8	0.0652	0.0782	0.0666	0.0797	0.0673	0.0805	0.0675	0.0806	0.0675	0.0808
2.0	0.0607	0.0707	0.0624	0.0726	0.0634	0.0734	0.0636	0.0736	0.0636	0.0738
2.5	0.0504	0.0559	0.0529	0.0585	0.0543	0.0601	0.0547	0.0604	0.0548	0.0605
3.0	0.0419	0.0451	0.0449	0.0482	0.0469	0.0504	0.0474	0.0509	0.0476	0.0511
5.0	0.0214	0.0221	0.0248	0.0256	0.0283	0.0290	0.0296	0.0303	0.0301	0.0309
7.0	0.0124	0.0126	0.0152	0.0154	0.0186	0.0190	0.0204	0.0207	0.0212	0.0216
10.0	0.0066	0.0066	0.0084	0.0083	0.0111	0.0111	0.0128	0.0130	0.0139	0.0141

表 3-4 均布的圆形荷载面中心点下的附加应力系数 α_r

z/r_0	α_r	z/r_0	α_r	z/r_0	α_r	z/r_0	α_r	z/r_0	α_r	z/r_0	α_r
0.0	1.000	0.8	0.756	1.6	0.390	2.4	0.213	3.2	0.130	4.0	0.087
0.1	0.999	0.9	0.701	1.7	0.360	2.5	0.200	3.3	0.124	4.2	0.079
0.2	0.992	1.0	0.647	1.8	0.332	2.6	0.187	3.4	0.117	4.4	0.073
0.3	0.976	1.1	0.595	1.9	0.307	2.7	0.175	3.5	0.111	4.6	0.067
0.4	0.949	1.2	0.547	2.0	0.285	2.8	0.165	3.6	0.106	4.8	0.062
0.5	0.911	1.3	0.502	2.1	0.264	2.9	0.155	3.7	0.101	5.0	0.057
0.6	0.864	1.4	0.461	2.2	0.245	3.0	0.146	3.8	0.096	6.0	0.040
0.7	0.811	1.5	0.424	2.3	0.229	3.1	0.138	3.9	0.091	10.0	0.015

3.5.3 线荷载和条形荷载作用时的地基附加应力

设在弹性半空间表面上作用有无限长的条形荷载,且荷载沿宽度可按任何形式分布,但沿长度方向不变。此时,地基的状态属于平面应变问题。因此,对于条形基础,如墙基、挡土墙基础、路基、坝基等,为了求解条形荷载作用下的附加应力,需要先搞清楚线荷载作用下的解答。

1. 线荷载

线荷载是在弹性半空间表面上一条无限长直线上的均布荷载。如图 3-17a 所示,设一个竖向线荷载 $\bar{p}(\text{kN/m})$ 作用在 y 轴上,则沿 y 轴某微分段 dy 的分布荷载为 $dp=\bar{p}dy$。从而可利用式 (3-18) 求任意点 M 由 dp 引起的附加应力 $d\sigma_z$。此时,设 M 点位于与 y 轴垂直的 xOz 平面内,直线 $OM=R_1=\sqrt{x^2+z^2}$ 与 z 轴的夹角为 β,则 $\sin\beta=x/R_1$ 和 $\cos\beta=z/R_1$。于是可以用下列积分求 M 点的 σ_z

$$\sigma_z = \int_{-\infty}^{+\infty} d\sigma_z = \int_{-\infty}^{+\infty} \frac{3z^3 \bar{p}}{2\pi R^5} dy = \frac{2\bar{p}}{\pi R_1^4} z^3 = \frac{2\bar{p}}{\pi R_1} \cos^3\beta \tag{3-35}$$

同理得

$$\sigma_x = \frac{2\bar{p}}{\pi R_1^4} x^2 z = \frac{2\bar{p}}{\pi R_1} \cos\beta \sin^2\beta \tag{3-36}$$

$$\tau_{xz} = \tau_{zx} = \frac{2\bar{p}}{\pi R_1^4} xz^2 = \frac{2\bar{p}}{\pi R_1} \cos^2\beta \sin\beta \tag{3-37}$$

由于线荷载沿 y 轴均匀分布且无限延伸,因此与 y 轴垂直的任何平面上的应力都是相同的。因此,这种情况属于弹性力学中的平面应变问题,此时

$$\tau_{xy} = \tau_{yx} = \tau_{yz} = \tau_{zy} = 0 \tag{3-38}$$

$$\sigma_y = \mu(\sigma_x + \sigma_z) \tag{3-39}$$

因此,在平面问题中需要计算的应力分量只有 σ_z、σ_x 和 τ_{xz} 三个。

2. 均布条形荷载

设一个竖向条形荷载 p 沿宽度方向(图 3-17b 中 x 轴方向)均匀分布,则沿 x 轴上某微段 dx 上的荷载可用线荷载 $\bar{p}$ 代替,因此

$$\bar{p} = pdx = \frac{pR_1}{\cos\beta} d\beta$$

其中 β 为 OM 与 z 轴的夹角。因此可以利用式 (3-35)~式 (3-37) 求得地基中任意点 M 处附加应力极坐标表示形式,即

$$\sigma_z = \int_{\beta_1}^{\beta_2} d\sigma_z = \int_{\beta_1}^{\beta_2} \frac{2p}{\pi} \cos^2\beta d\beta = \frac{p}{\pi}[\sin\beta_2\cos\beta_2 - \sin\beta_1\cos\beta_1 + (\beta_2-\beta_1)] \tag{3-40}$$

同理得

$$\sigma_x = \frac{p}{\pi}[-\sin(\beta_2-\beta_1)\cos(\beta_2+\beta_1)+(\beta_2-\beta_1)] \tag{3-41}$$

$$\tau_{xz} = \tau_{zx} = \frac{p}{\pi}[\sin^2\beta_2 - \sin^2\beta_1] \tag{3-42}$$

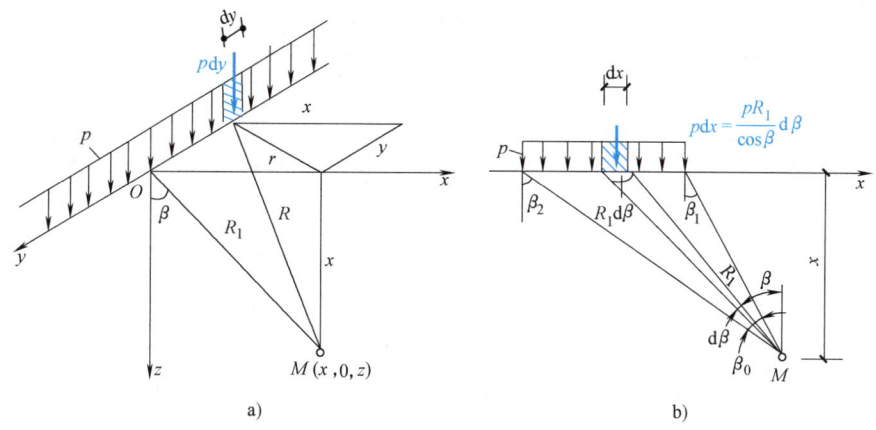

图 3-17 地基附加应力的平面问题
a) 线荷载作用下 b) 均布条形荷载作用下

各式中当 M 点位于荷载分布宽度两端点竖直线之间时，β_1 取负值。将式（3-40）~式（3-42）代入式（3-43），可以求得 M 点大主应力 σ_1 与小主应力 σ_3。

$$\begin{cases}\sigma_1\\\sigma_3\end{cases}=\frac{\sigma_z+\sigma_x}{2}\pm\sqrt{\left(\frac{\sigma_z-\sigma_x}{2}\right)^2+\tau_{xz}^2}=\frac{p}{\pi}[(\beta_2-\beta_1)\pm\sin(\beta_2-\beta_1)] \quad (3\text{-}43)$$

设 β_0 为 M 点与条形荷载两端连线的夹角，则 $\beta_0=\beta_2-\beta_1$（M 点在荷载宽度范围内时为 $\beta_2+\beta_1$），于是式（3-43）变为

$$\begin{cases}\sigma_1\\\sigma_3\end{cases}=\frac{p}{\pi}(\beta_0\pm\sin\beta_0) \quad (3\text{-}44)$$

大主应力 σ_1 的作用方向与 β_0 角的平分线一致。式（3-44）可为研究地基承载力提供附加应力公式。

为了计算方便，将上述 σ_z、σ_x 和 τ_{xz} 三个公式改用直角坐标表示。此时，取条形荷载的中点为坐标原点，则 $M(x、z)$ 点的三个附加应力分量为

$$\sigma_z=\frac{p}{\pi}\left[\arctan\frac{1-2n}{2m}+\arctan\frac{1+2n}{2m}-\frac{4m(4n^2-4m^2-1)}{(4n^2+4m^2-1)^2+16m^2}\right]=\alpha_{sz}p \quad (3\text{-}45)$$

$$\sigma_x=\frac{p}{\pi}\left[\arctan\frac{1-2n}{2m}+\arctan\frac{1+2n}{2m}+\frac{4m(4n^2-4m^2-1)}{(4n^2+4m^2-1)^2+16m^2}\right]=\alpha_{sx}p \quad (3\text{-}46)$$

$$\tau_{xz}=\tau_{zx}=\frac{p}{\pi}\frac{32m^2n}{(4n^2+4m^2-1)^2+16m^2}=\alpha_{sxz}p \quad (3\text{-}47)$$

式中　α_{sz}、α_{sx}、α_{sxz}——均布条形荷载下相应的三个附加应力系数，都是 $m=z/b$ 和 $n=x/b$ 的函数，可由表 3-5 查得。

实际工程中不存在无限的受荷面积，但当矩形荷载的长宽比 $l/b\geqslant10$ 时，计算的附加应力值与按 $l/b=\infty$ 时的解相比误差甚少。

表 3-5 均布条形荷载作用下的附加应力系数

$m=z/b$	$n=x/b$								
	0.00			0.25			0.50		
	α_{sz}	α_{sx}	α_{sxz}	α_{sz}	α_{sx}	α_{sxz}	α_{sz}	α_{sx}	α_{sxz}
0.00	1.000	1.000	0	1.000	1.000	0	0.500	0.500	0.320
0.25	0.959	0.450	0	0.902	0.393	0.127	0.497	0.347	0.300
0.50	0.818	0.182	0	0.735	0.186	0.157	0.480	0.225	0.255
0.75	0.668	0.081	0	0.607	0.098	0.127	0.448	0.142	0.204
1.00	0.550	0.041	0	0.510	0.055	0.096	0.409	0.091	0.159
1.25	0.462	0.023	0	0.436	0.033	0.072	0.370	0.060	0.124
1.50	0.396	0.014	0	0.379	0.021	0.055	0.334	0.040	0.098
1.75	0.345	0.009	0	0.334	0.014	0.043	0.302	0.028	0.078
2.00	0.306	0.006	0	0.298	0.010	0.034	0.275	0.020	0.064
3.00	0.208	0.002	0	0.206	0.003	0.017	0.198	0.007	0.032
4.00	0.158	0.001	0	0.156	0.001	0.010	0.153	0.003	0.019
5.00	0.126	0.000	0	0.126	0.001	0.006	0.124	0.002	0.012
6.00	0.106	0.000	0	0.105	0.000	0.004	0.104	0.001	0.009

$m=z/b$	$n=x/b$								
	1.00			1.50			2.00		
	α_{sz}	α_{sx}	α_{sxz}	α_{sz}	α_{sx}	α_{sxz}	α_{sz}	α_{sx}	α_{sxz}
0.00	0	0	0	0	0	0	0	0	0
0.25	0.019	0.171	0.055	0.003	0.074	0.014	0.001	0.041	0.005
0.50	0.084	0.211	0.127	0.017	0.122	0.045	0.005	0.074	0.020
0.75	0.146	0.185	0.157	0.042	0.139	0.075	0.015	0.095	0.037
1.00	0.185	0.146	0.157	0.071	0.134	0.095	0.029	0.103	0.054
1.25	0.205	0.111	0.144	0.095	0.120	0.105	0.044	0.103	0.067
1.50	0.211	0.084	0.127	0.114	0.102	0.106	0.059	0.097	0.075
1.75	0.210	0.064	0.111	0.127	0.085	0.102	0.072	0.088	0.079
2.00	0.205	0.049	0.096	0.134	0.071	0.095	0.083	0.078	0.079
3.00	0.171	0.019	0.055	0.136	0.033	0.066	0.103	0.044	0.067
4.00	0.140	0.009	0.034	0.122	0.017	0.045	0.102	0.025	0.050
5.00	0.117	0.005	0.023	0.107	0.010	0.032	0.095	0.015	0.037
6.00	0.100	0.003	0.017	0.094	0.006	0.023	0.086	0.010	0.028

3. 三角形分布条形荷载

三角形分布条形荷载的最大值为 p，坐标原点在三角形荷载的零点，如图 3-18 所示。当

计算土中 M 点 (x, z) 的竖向应力 σ_z 时，可由式 (3-25) 在宽度范围 b 内积分得到

$$dp = \frac{\xi}{b} p d\xi \qquad (3-48)$$

$$\sigma_z = \frac{2z^2 p}{\pi b} \int_0^b \frac{\xi d\xi}{[(x-\xi)^2 + z^2]^2}$$

$$= \frac{p}{\pi} \left[n \left(\arctan \frac{n}{m} - \arctan \frac{n-1}{m} \right) - \frac{m(n-1)}{(n-1)^2 + m^2} \right]$$

$$= \alpha_s p \qquad (3-49)$$

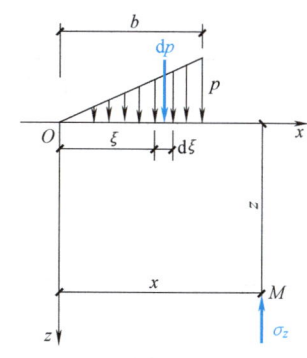

图 3-18 三角形分布条形荷载作用下地基附加应力计算

式中 α_s——应力系数，它是 $n = x/b$ 及 $m = z/b$ 的函数，可由表 3-6 查得。

表 3-6 三角形分布条形荷载下竖向附加应力系数 α_s

$m = z/b$	$n = x/b$									
	-1.5	-1.0	-0.5	0.0	0.25	0.50	0.75	1.0	1.5	2.0	2.5
0.00	0.000	0.000	0.000	0.000	0.250	0.500	0.750	0.500	0.000	0.000	0.000
0.25	0.000	0.000	0.001	0.075	0.256	0.480	0.643	0.424	0.017	0.003	0.000
0.50	0.002	0.003	0.023	0.127	0.263	0.410	0.477	0.353	0.056	0.017	0.003
0.75	0.006	0.016	0.042	0.153	0.248	0.335	0.361	0.293	0.108	0.024	0.009
1.00	0.014	0.025	0.061	0.159	0.223	0.275	0.279	0.241	0.129	0.045	0.013
1.50	0.020	0.048	0.096	0.145	0.178	0.200	0.202	0.185	0.124	0.062	0.041
2.00	0.033	0.061	0.092	0.127	0.146	0.155	0.163	0.153	0.108	0.069	0.050
3.00	0.050	0.064	0.080	0.096	0.103	0.104	0.108	0.104	0.090	0.071	0.050
4.00	0.051	0.060	0.067	0.075	0.078	0.085	0.082	0.075	0.073	0.060	0.049
5.00	0.047	0.052	0.067	0.059	0.062	0.063	0.063	0.065	0.061	0.051	0.047
6.00	0.041	0.041	0.050	0.051	0.052	0.053	0.053	0.053	0.050	0.050	0.045

【例 3-3】 某条形基础底面宽度 $b = 3.0 \mathrm{m}$，作用于基底的平均附加压力 $p_0 = 150 \mathrm{kPa}$，试求：

(1) 均布条形荷载中点 O 下的地基附加应力 σ_z 分布。

(2) 深度 $z = 1.5\mathrm{m}$ 和 $3.0\mathrm{m}$ 处水平面上 σ_z 的分布。

(3) 在均布条形荷载边缘以外 $1.5\mathrm{m}$ 处 O_1 点下的 σ_z 分布。

【解】 选用表 3-5，列出 $z/b = 0$、0.25、0.50、1.00、1.50、2.00、3.00、4.00、5.00、6.00 各项 α_{sz} 值，计算深度 $z = 0\mathrm{m}$、0.75m、1.50m、3.00m、4.50m、6.00m、9.00m、12.00m、15.00m、18.00m 处的 σ_z 值，列于表 3-7 中，绘出图 3-19 所示分布图。

问题 (2) 和问题 (3) 的计算结果分别列于表 3-8 和表 3-9，应力分布图绘于图 3-19 中。

表 3-7　均布条形荷载中点 O 下的地基附加应力 σ_z 值

x/b	z/b	z/m	α_{sz}	σ_z/kPa $\sigma_z=\alpha_{sz}p_0$
0	0	0	1	150
0	0.25	0.75	0.959	143.85
0	0.50	1.50	0.818	122.7
0	1.00	3.00	0.550	82.5
0	1.50	4.50	0.396	59.4
0	2.00	6.00	0.306	45.9
0	3.00	9.00	0.208	31.2
0	4.00	12.00	0.158	23.7
0	5.00	15.00	0.126	18.9
0	6.00	18.00	0.106	15.9

表 3-8　深度 1.5m 和 3.0m 处水平面上 σ_z 值

z/m	z/b	x/b	x	α_{sz}	σ_z/kPa $\sigma_z=\alpha_{sz}p_0$
1.5	0.5	0	0	0.818	122.7
1.5	0.5	0.25	0.75	0.735	110.25
1.5	0.5	0.50	1.50	0.480	72
1.5	0.5	1.00	3.00	0.084	12.6
1.5	0.5	1.50	4.50	0.017	2.55
1.5	0.5	2.00	6.00	0.005	0.75
3.0	1.0	0	0	0.550	82.5
3.0	1.0	0.25	0.75	0.510	76.5
3.0	1.0	0.50	1.50	0.409	61.35
3.0	1.0	1.00	3.00	0.185	27.75
3.0	1.0	1.50	4.50	0.071	10.65
3.0	1.0	2.00	6.00	0.029	4.35

表 3-9　在均布条形荷载边缘以外 1.5m 处 O_1 点下的 σ_z 值

z/m	z/b	x/b	α_{sz}	σ_z/kPa
0	0	1	0	0
0.75	0.25	1	0.019	2.85
1.50	0.50	1	0.084	12.60
3.00	1.00	1	0.185	27.75
4.50	1.50	1	0.211	31.65
6.00	2.00	1	0.205	30.75
9.00	3.00	1	0.171	25.65
12.00	4.00	1	0.14	21.00
15.00	5.00	1	0.117	17.55
18.00	6.00	1	0.100	15.00

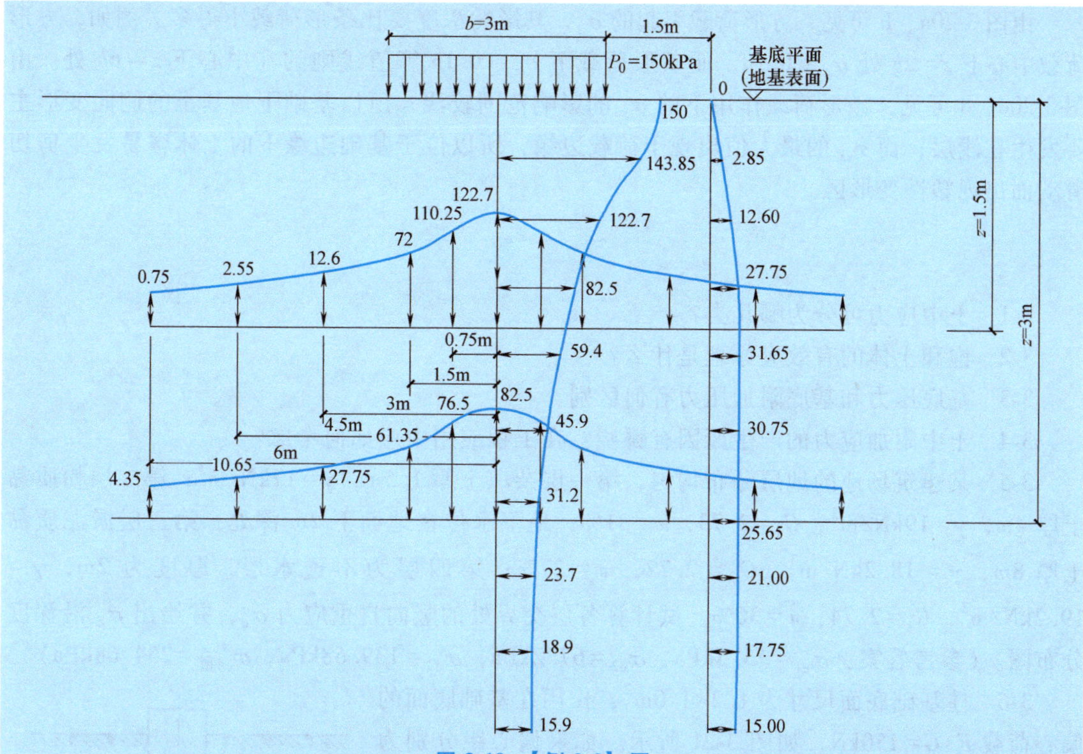

第3章 土中应力

图 3-19 【例 3-3】图

地基附加应力的分布规律还可以用上面已经使用过的"等值线"完整地表示出来。如图 3-20 所示,附加应力等值线的绘制方法是在地基剖面中划分许多方形网格,使网格结点的坐标恰好是均布条形荷载半宽 $0.5b$ 的整倍数,查表 3-5 可得各结点的附加应力 σ_z、σ_x 和 τ_{xz},然后以插入法绘制附加应力等值线图(图 3-20a、c、d)。此外,图 3-20b 还附有均布方形荷载下的 σ_z 等值线,以资比较。

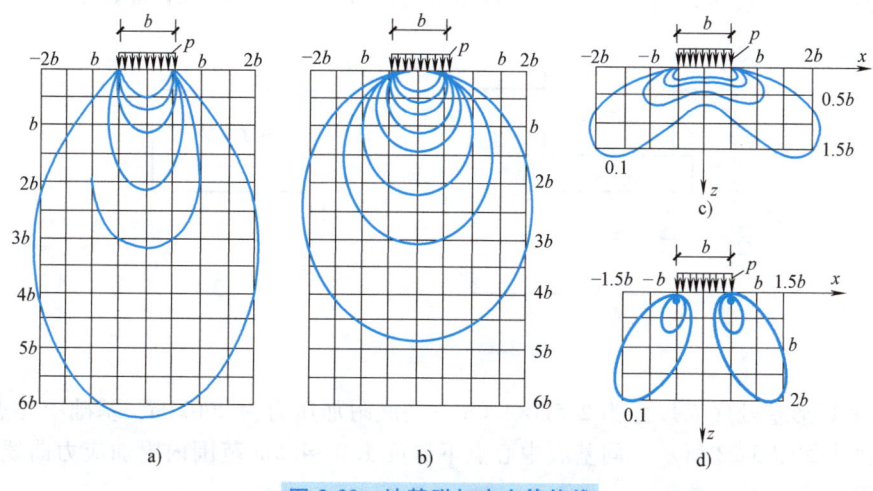

图 3-20 地基附加应力等值线

a)等 σ_z 线(条形荷载) b)等 σ_z 线(方形荷载)
c)等 σ_x 线(条形荷载) d)等 τ_{xz} 线(条形荷载)

由图 3-20a、b 可见，方形荷载引起的 σ_z，其影响深度要比条形荷载小得多。例如，方形荷载中心下 $z = 2b$ 处 $\sigma_z \approx 0.1p$，而条形荷载下 $\sigma_z \approx 0.1p$ 等值线则约在中心下 $z \approx 6b$ 处。由图 3-20c、d 可见，条形荷载作用下的 σ_x 的影响范围较浅，所以基础下地基土的侧向变形主要发生在浅层；而 τ_{xz} 的最大值出现于荷载边缘，所以位于基础边缘下的土体容易发生剪切滑动而出现塑性变形区。

习　题

3-1　土中应力可分为哪几类？

3-2　饱和土体的有效应原理是什么？

3-3　基底压力和基底附加压力有何区别？

3-4　土中附加应力的产生原因有哪些？在工程应用中应如何考虑？

3-5　某建筑场地的地层分布均匀，第一层杂填土厚 1.5m，$\gamma = 17\text{kN/m}^3$；第二层粉质黏土厚 4m，$\gamma = 19\text{kN/m}^3$，$G_s = 2.73$，$w = 31\%$，地下水位在地面下 2m 深处；第三层淤泥质黏土厚 8m，$\gamma = 18.2\text{kN/m}^3$，$G_s = 2.72$，$w = 27\%$；第四层为不透水层，厚度为 2m，$\gamma = 19.2\text{kN/m}^3$，$G_s = 2.74$，$w = 30\%$。试计算各层交界处的竖向自重应力 σ_c，并绘出 σ_c 沿深度分布图。（参考答案：$\sigma_{c1} = 15.5\text{kPa}$，$\sigma_{c2} = 67.2\text{kPa}$，$\sigma_{c3} = 139.68\text{kPa}$，$\sigma_{c4顶} = 254.68\text{kPa}$）

3-6　柱基础底面尺寸为 $1.2 \times 1.0\text{m}^2$，作用在基础底面的偏心荷载 $F+G = 150\text{kN}$，如图 3-21 所示。如果偏心距分别为 0.1m、0.2m、0.3m。试确定基础底面应力数值，并绘出应力分布图。（参考答案：0.1m 时，$P_{\max} = 187.5\text{kN/m}^2$；0.2m 时，$P_{\max} = 250\text{kN/m}^2$；0.3m 时，$P_{\max} = 333.3\text{kN/m}^2$）

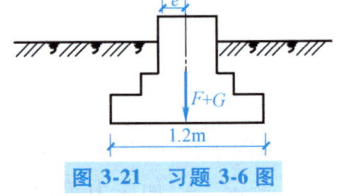

图 3-21　习题 3-6 图

3-7　某筏形基础，平面尺寸为 12m×20m，其地质资料如图 3-22 所示，地下水位在地面处，上部结构传递至基础底面的竖向力 $F = 18000\text{kN}$，力矩为 8200kN·m，基底压力按线性分布，试计算基底压力分布，并求基岩层处的附加应力分布。（参考答案：基底平均附加应力 $P_0 = 93\text{kPa}$；基岩层中心处 $\sigma_z = 41.66\text{kPa}$）

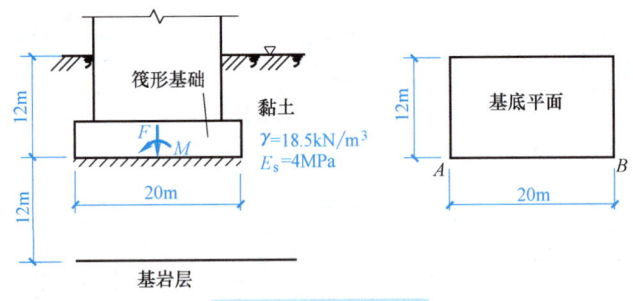

图 3-22　习题 3-7 图

3-8　某矩形基础底面尺寸为 2.5m×4.0m，基底附加压力为 200kPa，基础中心点下地基附加应力曲线如图 3-23 所示。问基底中心点下深度 1.0~4.5m 范围内附加应力曲线与 Oz 轴围成的面积 A 为多少？

3-9　某条形基础宽度 2m，梯形分布条形荷载（基底附加压力）作用下，边缘 $p_{0\max} = 200\text{kPa}$、$p_{0\min} = 100\text{kPa}$。试求基底宽度中点下和边缘两点下各 3m 及 6m 深度处值的 σ_z 值。

3-10 某矩形基础底面尺寸为 3.0m×3.6m，基础埋深 2.0m，无地下水作用，上部结构传递至基础的荷载为 $F=1080\text{kN}$，地基土层分布如图 3-24 所示。求基础底面以下黏土层中附加应力的分布。（参考答案：基底平均附加压力 $P_0=103\text{kPa}$；3m 处，$\sigma_z=39.14\text{kPa}$；6m 处，$\sigma_z=13.18\text{kPa}$）

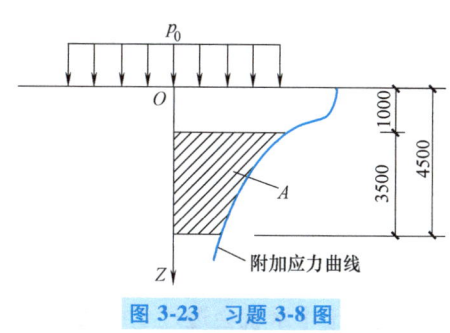

图 3-23　习题 3-8 图

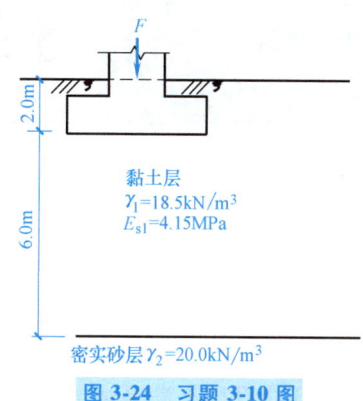

图 3-24　习题 3-10 图

第 4 章

土的渗透性

4.1 概述

当土中孔隙充满水时,如果在土中不同位置存在水头差,土中水就会透过土中孔隙从水头高的位置流向水头低的位置。水从土孔隙中透过的现象称为渗流,土具有被水透过的性质称为土的渗透性,或透水性。渗透性是土的基本特性之一。

地下水在土中渗流,将引起土的变形,影响土的强度,改变构筑物或地基稳定性,直接影响工程安全。因此,研究土的渗透性对工程实践具有重要意义,也是土力学研究的重要课题之一。本书只介绍饱和土的渗透性问题。

土木工程领域内与土的渗透性密切相关的工程问题,归纳起来主要包括以下 4 个方面。

1. 渗流量问题

例如,渠道的渗水漏水量估算(图 4-1a)、基坑开挖时的渗流量计算(图 4-1b)、坝身

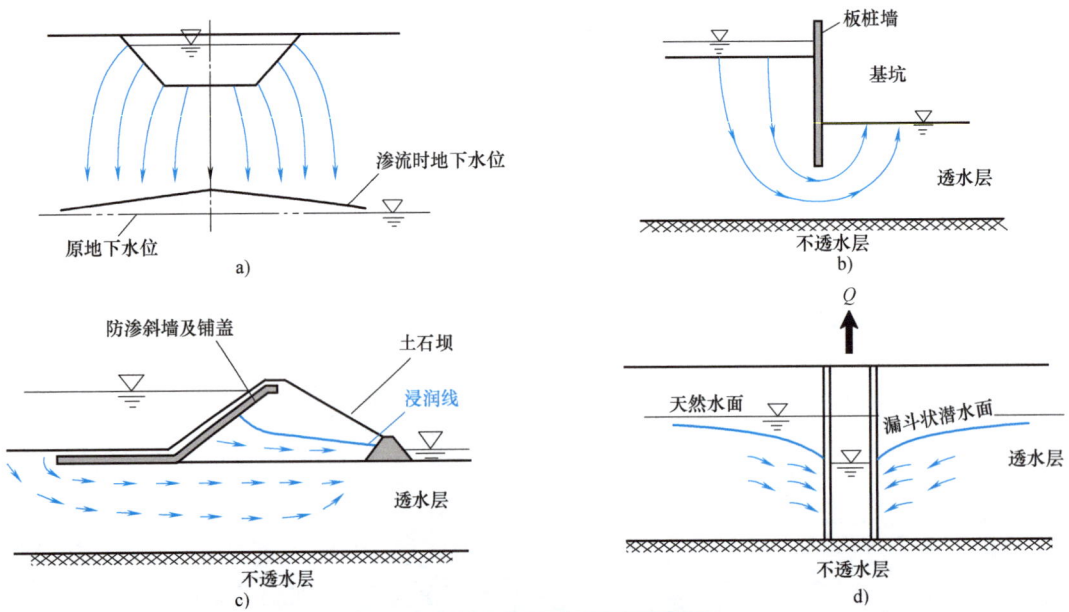

图 4-1 与渗流量相关的工程问题

a) 渠道的渗流 b) 板桩围护基坑的渗流 c) 坝身及坝基中的渗流 d) 水井的渗流

坝基中的渗流量（图 4-1c）、水井的供水量或排水量等（图 4-1d）。

2. 渗流力和水压力计算

土中的渗流会对土颗粒和土骨架施加作用力，称为渗流力（渗透力）。另外，渗流场中的饱和土体和结构物会受到水压力作用。当对这些土工建筑物和地下结构物进行变形或稳定性分析时，需要首先确定渗流力和水压力的大小及分布。

3. 渗透变形问题

当渗流力过大时就会引起土颗粒或土体移动，产生渗透变形，甚至渗透破坏，如基坑失稳和底鼓、道路边坡破坏、堤坝失稳、地面隆起等。

4. 渗流控制问题

当存在渗流量或渗透变形不满足设计要求时，就要研究工程措施进行渗流控制。

本章将介绍土的渗流规律、渗透性试验、流网应用、渗透破坏与防治及渗流在海绵城市建设中的应用等内容。

4.2 土的渗流规律

4.2.1 伯努利方程

饱和土体中的渗流一般为层流运动，水流流线互相平行，服从伯努利方程。饱和土体中的渗流总是从能量高处向能量低处流动，其伯努利方程为

$$h = z + \frac{u}{\gamma_w} + \frac{v^2}{2g} \tag{4-1}$$

式中　h——总水头；

　　　z——位置水头；

　　　u——孔隙水压力；

　　　v——孔隙水的流速；

　　　γ_w——水的重度；

　　　g——重力加速度。

式（4-1）第二项 $\dfrac{u}{\gamma_w}$ 称为压力水头，第三项 $\dfrac{v^2}{2g}$ 称为流速水头。通常情况下土中水的流速很小，流速水头一般可忽略不计，因此研究土力学渗流问题常用的伯努利方程为

$$h = z + \frac{u}{\gamma_w} \tag{4-2}$$

4.2.2 达西定律

1. 达西定律的表述

如图 4-2 所示，渗流场中 A 点水头为 H_1，B 点水头为 H_2，水自高水头的 A 点流向低水头的 B 点，渗流路径为 L。

由于土的孔隙通道很小，而且很曲折，渗流过程中黏滞阻力很大，所以在大多数情况下，水在土孔隙中的流速很小，属于层流运动。土中水的渗流符合层流渗透定律，这个定律

是一百多年前法国工程师达西根据砂土的渗流试验结果得到的,也称达西定律。该定律认为在层流状态中,渗流速度 v 与水力梯度 i 成正比,并与土的性质有关,即

$$v = ki \tag{4-3}$$

或

$$q = kiA \tag{4-4}$$

式中　v——平均渗流速度（m/s）；

　　　i——水力梯度,即沿着水流方向单位长度上的水头差,例如图 4-2 中 A、B 两点的水力梯度为 $i = \Delta H/L = (H_1 - H_2)/L$；

　　　k——反映土的透水性能的比例系数,称为渗透系数,它相当于水力梯度 $i=1$ 时的渗流速度,故其量纲与流速相同（m/s）；

　　　q——渗流量（m³/s）,即单位时间内流过土截面面积 A 的流量。

2. 对达西定律的讨论

达西定律公式中的渗流速度 v 是土体试样全断面的平均流速,也称假想渗流速度。它假定水在土中的渗流是通过整个土体截面进行的。实际上,渗流是仅仅通过土体孔隙的流动。因此,达西定律中的渗流速度并不是实际的流速,它与实际流速之间的关系为

$$v < v_r = \frac{v}{n} \tag{4-5}$$

式中　v_r——实际平均流速；

　　　n——孔隙率。

实际土体中的渗流仅流经土粒间的孔隙。由于孔隙形状、大小及分布极为复杂,导致渗流水质点的运动轨迹很不规则,如图 4-3a 所示。考虑到实际工程中并不需要了解具体孔隙中的渗流情况,可以对渗流进行如下简化：

① 不考虑渗流路径的迂回曲折,只分析它的主要流向。

② 不考虑土体中颗粒的影响,认为孔隙和土粒所占空间均为渗流所充满。

简化后的渗流其实只是一种理想的渗流,称之为渗流模型,如图 4-3b 所示。

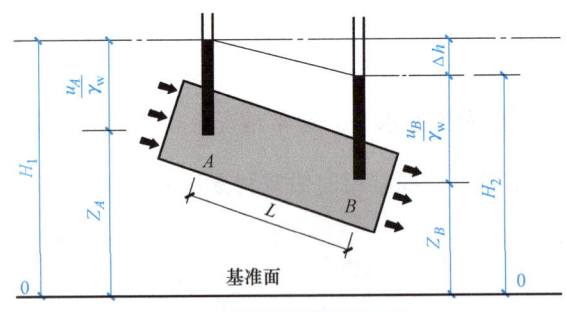

图 4-2　土中水的渗流

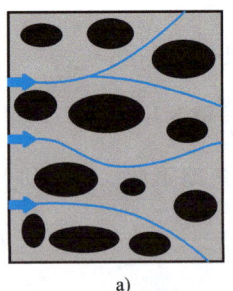

图 4-3　土中水的渗流模型

a) 孔隙中水的运动　b) 理想渗流模型

式（4-3）或式（4-4）所表示的达西定律,只适用于层流情况（图 4-4a）,一般只适用于中砂、细砂、粉砂等。在黏土中,由于黏粒表面能很大,其周围的结合水具有极大的黏滞性和抗剪强度。因此,自由水在黏土中必须具备足够大的水力梯度,克服结合水的抗剪强度才能渗流。克服此抗剪强度所需要的水力梯度,称为黏土的起始水力梯度 i_0。当水力梯度超

过起始水力梯度后,渗流速度与水力梯度的规律偏离达西定律而呈非线性(图4-4b)。在计算黏土渗流速度时,应按下述修正后的达西定律进行计算

$$v = k(i - i_0) \tag{4-6}$$

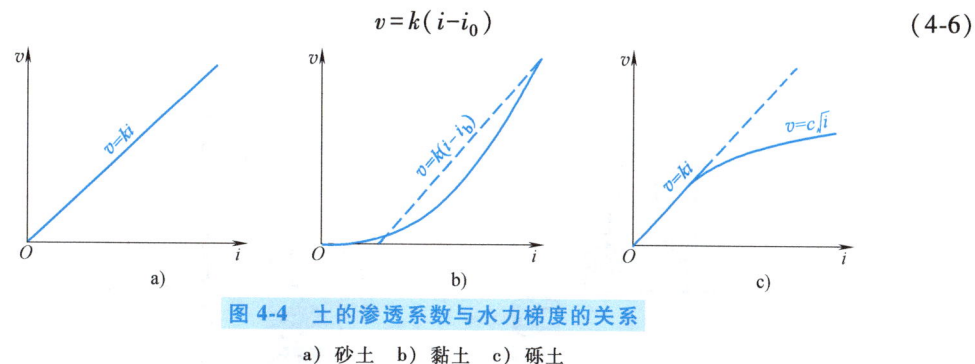

图 4-4 土的渗透系数与水力梯度的关系
a)砂土 b)黏土 c)砾土

对粗砂、砾石、卵石等粗颗粒土,达西定律不再适用。因为,这时水的渗流速度较大,已不是层流而是紊流,即水流是紊乱的,各质点运动轨迹不规则,质点互相碰撞、混杂。这时,渗流速度 v 与水力梯度 i 之间的关系不再是直线关系而变为非线性曲线关系(图4-4c)。

4.3 土的渗透系数

4.3.1 渗透系数的测定

渗透系数的大小是衡量土透水性强弱的一个重要指标,也是渗流计算时用到的基本参数。不同种类的土,k 值差别很大(表4-1)。渗透系数的测定可分为室内试验和现场试验两大类。室内试验的测定方法包括常水头法和变水头法,现场常用井点抽水试验或井点注水试验。现场试验能获得较为符合实际的平均渗透系数,因此重要工程多采用现场试验测定渗透系数。实际工程中,可采用的简便方法是查表。

表 4-1 土的渗透系数经验值

土的类别	渗透系数/(m/s)	土的类别	渗透系数/(m/s)
黏土	$<5 \times 10^{-8}$	细砂	$1 \times 10^{-5} \sim 5 \times 10^{-5}$
粉质黏土	$5 \times 10^{-8} \sim 1 \times 10^{-6}$	中砂	$5 \times 10^{-5} \sim 2 \times 10^{-4}$
粉土	$1 \times 10^{-6} \sim 5 \times 10^{-6}$	粗砂	$2 \times 10^{-4} \sim 5 \times 10^{-4}$
黄土	$2.5 \times 10^{-8} \sim 5 \times 10^{-6}$	圆砾	$5 \times 10^{-4} \sim 1 \times 10^{-3}$
粉砂	$5 \times 10^{-6} \sim 1 \times 10^{-5}$	卵石	$1 \times 10^{-3} \sim 5 \times 10^{-3}$

1. 室内测定

(1)常水头试验法 常水头试验法的装置如图4-5a所示,适用于透水性较大的砂性土。试验时将高度为 L,横截面面积为 A 的试样装入垂直放置的圆筒中,从土样的上端注入与现场温度完全相同的水,并用溢水口使水头保持不变。土样在不变的水头差 Δh 作用下产生渗流,当渗流达到稳定后,量得时间 t 内流经试样的水量 Q,并得到土样单位时间渗流流量 $q = Q/t$,由式(4-4)可得

$$k = \frac{QL}{\Delta hAt} \tag{4-7}$$

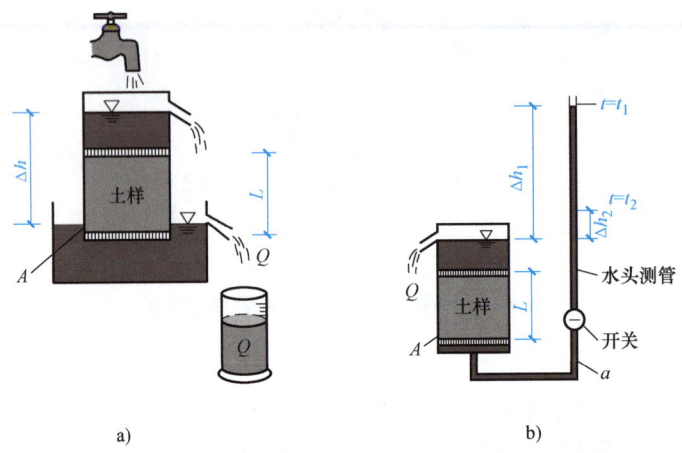

图 4-5　室内渗透试验装置

a) 常水头试验　b) 变水头试验

（2）变水头试验法　变水头试验法的装置如图 4-5b 所示，适用于透水性较小的黏性土。试验筒内装置土样，土样的断面面积为 A，高为 L，试验筒上设置储水管，储水管截面积为 a。试验过程中，储水管水头不断减小。若试验开始时，储水管水头为 Δh_1，经过时间 t 后降为 Δh_2，假设在时间增量 $\mathrm{d}t$ 内，水头降低了 $\mathrm{d}h$，则在 $\mathrm{d}t$ 时间内通过土样的流量为

$$\mathrm{d}Q = -a\mathrm{d}h \tag{4-8a}$$

由式（4-4）可知

$$\mathrm{d}Q = q\mathrm{d}t = kiA\mathrm{d}t = k\frac{\Delta h}{L}A\mathrm{d}t \tag{4-8b}$$

则

$$-a\mathrm{d}h = k\frac{\Delta h}{L}A\mathrm{d}t \tag{4-8c}$$

方程两边进行积分得

$$-\int_{\Delta h_1}^{\Delta h_2}\frac{\mathrm{d}h}{\Delta h} = \frac{kA}{aL}\int_{t_1}^{t_2}\mathrm{d}t \tag{4-8d}$$

由此可求得渗透系数

$$k = \frac{aL}{At}\ln\frac{\Delta h_1}{\Delta h_2} \tag{4-9}$$

试验时只要量测与时刻 t_1、t_2 对应的水位 Δh_1、Δh_2，就可求出渗透系数。实际试验时，选择几组量测结果，计算相应的 k 并取其平均值。

2. 现场测定

实际工程中，土的渗透系数可通过井点抽水试验方法测得。由抽水试验测定的渗透系数更符合实际土层的渗流情况，测得的渗透系数为整个渗流区较大范围内土体渗透系数的平均值，是比较可靠的测定方法。该方法在现场设置贯穿整个含水层的抽水井（图 4-6），并距抽水井 r_1 与 r_2 处设两个观测孔。用水泵匀速抽水，当水井水面及观测孔水位大体上呈稳定

状态时，将形成抽水量与补水量相等的稳定渗流态势，此时得到的渗透系数为现场井点抽水方法测得的土层平均渗透系数。

若单位时间内的抽水量为 q，观测孔内的水位高度分别为 h_1、h_2。设想一个以井轴为轴线以 r 为半径的圆筒为过水断面，其水面高度为 h，则过水断面为 $A=2\pi rh$。根据井周围土体补给量与抽水量相等可得

$$q = kiA = k\left(\frac{\mathrm{d}h}{\mathrm{d}r}\right)2\pi rh \tag{4-10}$$

对式（4-10）分离变量并积分可得透水层的平均渗透系数，即

$$k = \frac{2.3q\lg(r_1/r_2)}{\pi(h_1^2 - h_2^2)} \tag{4-11}$$

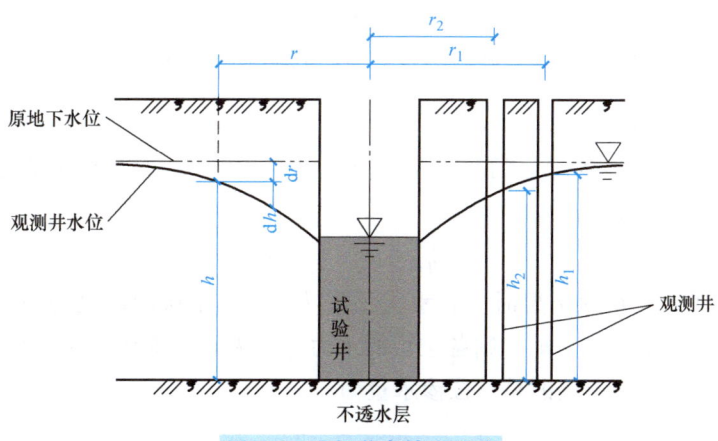

图 4-6　现场井点抽水试验

4.3.2　成层土的渗透系数

天然地基往往由渗透性不同的土层组成，其各向渗透性也不尽相同。对于成层土，应分别测定各层土的渗透系数，然后根据渗流方向可求出与层面平行或与层面垂直时的平均渗透系数。

1. 与层面平行渗流情况

如图 4-7a 所示，假如各层土的渗透系数各向同性，分别为 k_1、k_2、…、k_n，厚度为 H_1、H_2、…、H_n，总厚度为 H。若流经各层土单位宽度的渗流量为 q_{x1}、q_{x2}、…、q_{xn}，则总单位宽度渗流量 q_x 应为

$$q_x = q_{x1} + q_{x2} + \cdots + q_{xn} \tag{4-12a}$$

根据达西定律有

$$\begin{cases} q_x = k_x iH \\ q_{xi} = k_i i_i H_i \end{cases} \tag{4-12b}$$

式中　k_x——与层面平行渗流的平均渗透系数；

　　　i——成层土的平均水力梯度。

对于平行层面的渗流，流经各层土相同距离的水头损失均相等，即各层土的水力梯度 i_i 相等。因此

$$k_x iH = k_1 iH_1 + k_2 iH_2 + \cdots + k_n iH_n \tag{4-12c}$$

与层面平行渗流的平均渗透系数为

$$k_x = \frac{1}{H}(k_1 H_1 + k_2 H_2 + \cdots + k_n H_n) \tag{4-13}$$

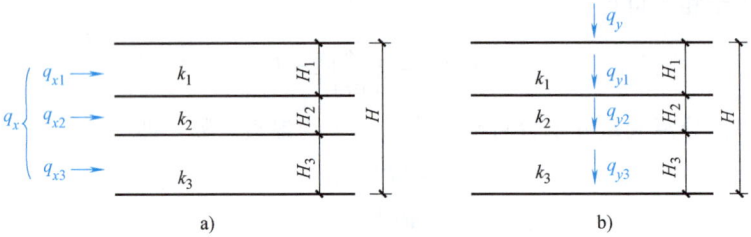

图 4-7 成层土的渗流

a) 与层面平行的渗流　b) 与层面垂直的渗流

2. 与层面垂直渗流情况

如图 4-7b 所示，流经各土层的渗流量为 q_{y1}、q_{y2}、$\cdots$、q_{yn}，根据水流连续原理，流经整个土层的单位宽度渗流量应为

$$q_y = q_{y1} = q_{y2} = \cdots = q_{yn} \tag{4-14a}$$

设渗流通过厚度为 H 的土层时，总水头损失为 h，各土层的厚度为 H_1、H_2、$\cdots$、H_n，水头损失分别为 h_1、h_2、$\cdots$、h_n，则各土层的水力梯度为 i_i，整个土层的平均水力梯度为 i。由达西定律可得通过整个土层的总单位渗水量为

$$q_y = k_y iA = k_y \frac{h}{H} A \tag{4-14b}$$

式中　k_y——垂直渗流的平均渗透系数；
　　　i——成层土的平均水力梯度。

通过任一土层单位渗流量为

$$q_{yi} = k_i i_i A = k_i \frac{h_i}{H_i} A \tag{4-14c}$$

由式（4-14a）可得

$$k_y \frac{h}{H} = k_i \frac{h_i}{H_i} \tag{4-14d}$$

整个土层总的水头损失可表示为

$$h = h_1 + h_2 + \cdots + h_n \tag{4-14e}$$

将式（4-14e）代入式（4-14d）得

$$k_y = \frac{H}{\dfrac{H_1}{k_1} + \dfrac{H_2}{k_2} + \cdots + \dfrac{H_n}{k_n}} = \frac{H}{\sum\limits_{i=1}^{n}\left(\dfrac{H_i}{k_i}\right)} \tag{4-15}$$

由式（4-13）和式（4-15）可知，如果各土层的厚度大致相等，而渗透系数相差巨大，则层向平行的平均渗透系数取决于最透水土层的厚度和渗透性；而层向垂直的平均渗透系数将取决于最不透水层的厚度和渗透性。因此，成层土层向平行的平均渗透系数总大于层向垂直的平均渗透系数。

4.3.3 渗透系数的影响因素

渗透系数与土和水两方面多种因素有关，下面分别就这两个方面的因素进行介绍。

1. 土颗粒的粒径、级配和矿物成分

孔隙通道的大小直接影响土的渗透性。一般情况下，细粒土的孔隙通道比粗粒土小，其渗透系数也较小。级配良好的土，粗粒间的孔隙被细粒填充，它的渗透系数比粒径级配均匀的土小。在黏性土中，黏粒表面结合水膜的厚度与颗粒的矿物成分有很大关系，结合水膜厚度越大，土粒间的孔隙通道越小，其渗透性也越小。

2. 土的孔隙比

同一种土，孔隙比越大，则土中过水断面越大，渗透系数也就越大。渗透系数与孔隙比之间的关系是非线性的，并与土的性质有关。

3. 土的结构和构造

当孔隙比相同时，絮凝结构的黏性土其渗透系数比分散结构的大。宏观构造上的成层土及扁平黏粒土，在水平方向的渗透系数远大于垂直方向的渗透系数。

4. 土的饱和度

非饱和土中的封闭气泡不仅减小了过水断面，而且还堵塞一些孔隙通道，使土的渗透性降低。同时，可能使流速与水力梯度之间的关系不符合达西定律。

4.4 二维渗流和流网的应用

实际工程中，水流的形态往往是二向甚至是三向的，水的流速 v 和水力梯度 i 均是位置坐标的二维或三维函数。若进行渗流计算，就要建立渗流微分方程，结合边界条件和初始条件进行求解。渗流微分方程的求解过程非常复杂，实际工程中经常采用流网求解二维渗流问题。

4.4.1 二维渗流微分方程

水头、流速等要素不随时间而变化的渗流称为稳定渗流。从稳定渗流场中任取一微小单元体（图 4-8），其面积为 $\mathrm{d}x\mathrm{d}z$，厚度为单位 1。根据达西定律，单位时间内流入微元体的流量为

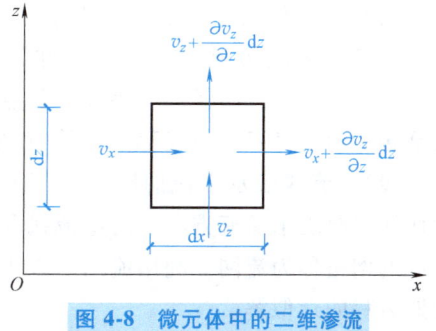

图 4-8 微元体中的二维渗流

$$\begin{cases} q_x = v_x \cdot \mathrm{d}z \cdot 1 = k_x i_x \mathrm{d}z = k_x \dfrac{\partial H}{\partial x}\mathrm{d}z \\ q_z = v_z \cdot \mathrm{d}x \cdot 1 = k_z i_z \mathrm{d}x = k_z \dfrac{\partial H}{\partial z}\mathrm{d}x \end{cases} \tag{4-16a}$$

流出微元体的流量为

$$\begin{cases} q_x+\mathrm{d}q_x = \left(v_x+\dfrac{\partial v_x}{\partial x}\right)\cdot \mathrm{d}z\cdot 1 = k_x(i_x+\mathrm{d}i_x)\mathrm{d}z = k_x\left(\dfrac{\partial H}{\partial x}+\dfrac{\partial^2 H}{\partial x^2}\right)\mathrm{d}z \\ q_z+\mathrm{d}q_z = \left(v_z+\dfrac{\partial v_z}{\partial z}\right)\cdot \mathrm{d}x\cdot 1 = k_z(i_z+\mathrm{d}i_z)\mathrm{d}x = k_z\left(\dfrac{\partial H}{\partial z}+\dfrac{\partial^2 H}{\partial z^2}\right)\mathrm{d}x \end{cases} \quad (4\text{-}16\mathrm{b})$$

假定在渗流作用下微元体的体积不变，水不可压缩，则单位时间内流入微元体的总水量等于流出的总水量，即

$$q_x+q_z = (q_x+\mathrm{d}q_x)+(q_z+\mathrm{d}q_z) \quad (4\text{-}16\mathrm{c})$$

因此有

$$k_x\dfrac{\partial^2 H}{\partial x^2}\mathrm{d}z+k_z\dfrac{\partial^2 H}{\partial z^2}\mathrm{d}x = 0 \quad (4\text{-}17)$$

式（4-17）即为二维渗流微分方程。对于各向同性的均质土，$k_x = k_z$，则式（4-17）可表达为

$$\dfrac{\partial^2 H}{\partial x^2}\mathrm{d}z+\dfrac{\partial^2 H}{\partial z^2}\mathrm{d}x = 0 \quad (4\text{-}18)$$

式（4-18）即为二维渗流拉普拉斯方程，也是平面稳定渗流的基本方程。通过求解一定边界条件下的拉普拉斯方程，即可求解相应的渗流场。

在实际工程中，渗流问题的边界条件往往比较复杂，其严密的解析解一般很难求得。因此对渗流问题的求解除采用解析解方法外，还常常采用数值解法、图解法和模型试验法等，其中最常用的是图解法（流网解法）。

4.4.2 二维流网及其应用

1. 流网及其特征

由式（4-18）可知，渗流场中任一点水头 H 是其坐标 x、z 的函数，一旦渗流场中各点水头已知，其他流动特性就可以通过计算求出。在稳定渗流场中，一组曲线称为等势线（图4-9中的虚线），任一等势线上各点的总水头是相等的；另一组曲线称为流线（图4-9中的实线），流线表示水流的路径，其上任一点的切线方向表示渗流方向。两组流线和等势线组成的网格称为流网。利用流网可以求解拉普拉斯方程的近似解。

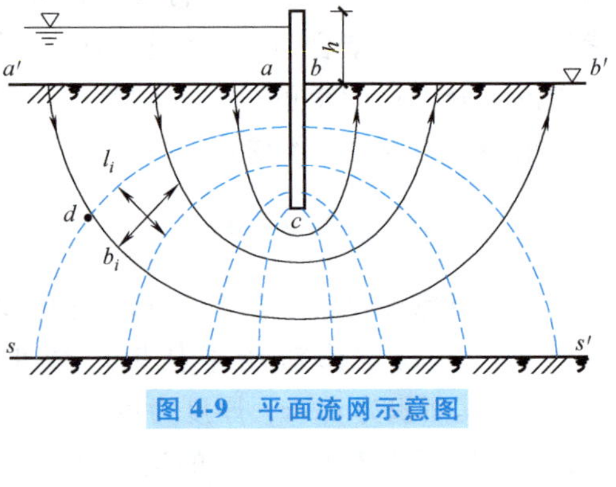

图 4-9 平面流网示意图

各向同性渗透介质的流网具有以下特征：
1）流线与等势线垂直相交。
2）两相邻流线和两相邻等势线所围成的封闭面积为曲边正方形。
3）相邻等势线间水头损失相等。
4）流经各流槽（指两相邻流线之间形成的槽）的渗流量相等。

2. 流网的绘制

如图4-9所示，流网的绘制步骤如下：
1）按一定比例绘出结构物和土层的剖面图。

2）判定各边界是流线还是等势线。流线一般为不透水面、土的下边界面、板桩墙和土之间的接触面、基坑侧壁、距基坑侧壁一定距离的侧面边界线，因为在这些线正交的方向没有水流过。等势线一般为透水面、土的自由上边界面，因为在它上面各点的水头高度是不变的。图4-9中 aa' 和 bb' 为等势线边界（透水面）；abc、ss' 为流线边界（不透水层）。

3）试绘若干流线。流线应与进水面（aa'）、出水面（bb'）正交，并与不透水面接近平行。

4）加绘等势线。从某一自由边界开始，逐步画上与流线正交的等势线，并使网格大致呈正方形。

5）不断修正，直到最后达到等势线与流线光滑、均匀、正交。

3. 流网的工程应用

（1）渗流速度计算 如图4-9所示，计算渗流区中某一网格内的渗流速度，可先从流网图中量出该网格的流线长度 l_i。根据流网特性，任意两条等势线之间的水头损失相等，设流网中的等势线的数量为 n，上下游总水头差为 h，则任意两等势线间的水头差为

$$\Delta h = \frac{h}{n-1} \tag{4-19}$$

所求网格内的渗透速度为

$$v = k \cdot i = k \cdot \frac{\Delta h}{l_i} = \frac{kh}{(n-1)l} \tag{4-20}$$

（2）渗流量计算 设任意两相邻流线间的单位渗流量为 $\Delta q(\mathrm{m}^3/\mathrm{d})$，任一网络的过水断面宽度为 b_i，网络的渗流速度为 v，则

$$\Delta q = v \cdot b_i = \frac{kh}{(n-1)l} \cdot b_i \tag{4-21}$$

由于任意两相邻流线间的单位渗流量相等，设整个流网的流线数量为 m（包括边界流线），则单位宽度内总的渗流量 q 为

$$q = (m-1)\Delta q = \frac{kh(m-1)}{(n-1)} \cdot \frac{b_i}{l_i} \tag{4-22}$$

（3）任意点的孔隙水压力计算 任意点的孔隙水压力 u_i 等于该点压力水头 h_{wi} 与水重度 γ_w 的乘积，即 $u_i = h_{wi}\gamma_w$。任意点的水头可根据该点所在等势线水头确定。

如图4-9所示，设 c 点处于上游开始起算的第 i 条等势线上，若从上游入渗的水流达到 c 点所损失的水头为 h_f，则 c 点的压力水头 h_c 应为入渗边界上水头高度减去这段流程的水头损失高度，即

$$h_c = h_1 - h_f \tag{4-23a}$$

而 h_f 可由等势线间的水头差 Δh 求得

$$h_f = (i-1)\Delta h \tag{4-23b}$$

所以，c 点压力水头为

$$h_c = h_1 - (i-1)\Delta h \tag{4-23c}$$

4.5 渗透破坏与防治

一般来说，因渗流引起的问题有两种：一种是土体局部稳定性问题，这种情况源于渗流

将土体中的细颗粒冲出、带走或土体局部产生移动，从而导致土体失稳产生渗透破坏；另一种是土体整体稳定性问题，这种情况源于渗流作用下土体发生滑动或坍塌，如挡土墙失稳和边坡滑动等。本节主要介绍局部失稳问题。

4.5.1 渗流力

水在土体中流动时会引起水头损失，而这种损失是由于水在土体孔隙中流动时力图拖曳土粒时而消耗能量的结果。这时，渗透水流在土颗粒上作用了一个与渗流方向相同的体积力，使土骨架应力相应地增大或减小。将渗透水流作用在单位土体颗粒上的体积力称为渗流力，用 J 表示，单位为 kN/m^3。

通过如图 4-10a 所示的渗透破坏试验，可以验证渗流力的存在。装有均匀细砂的容器与贮水器相通，当两个容器水面齐平时，无渗流发生。若将贮水器逐渐提高，两容器水面产生水头差 Δh，贮水器内的水将透过砂样从溢水口溢出。随着贮水器的升高，水流速度加快，渗流量增大。当把贮水器提至某一高度时，可看到渗流水沸腾起来并挟带砂粒向上涌出。这一现象说明，在渗流时土中存在沿水流方向的渗流力。

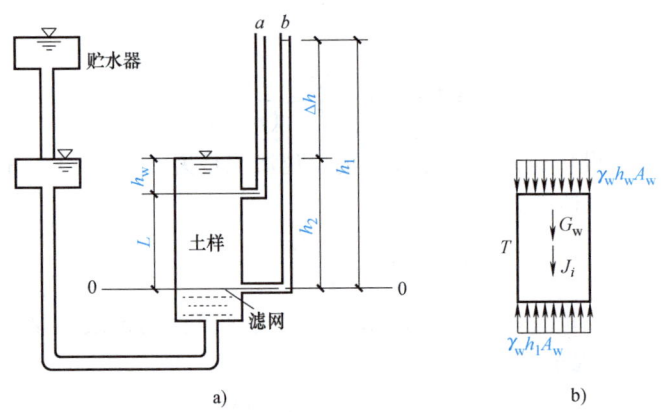

图 4-10　土体中的渗流力计算
a) 渗透破坏试验　b) 水柱隔离体

在图 4-10a 所示的渗透破坏试验中，假想将土骨架和水分开来取隔离体，则对假想水柱隔离体（图 4-10b）来说，作用在其上的力有：

1) 水柱重力 G_w，为水重力和土粒浮力反力（与土粒同体积的水重）之和，即

$$G_w = V_v \gamma_w + V_s \gamma_w = V \gamma_w = LA_w \gamma_w \quad (4\text{-}24)$$

2) 水柱上下两端面的边界水压力，分别为 $\gamma_w h_w$ 和 $\gamma_w h_1$。

3) 土粒对水流的阻力，大小与渗流力相等而方向相反。设单位土体内的渗流力和土粒对水流阻力分别为 J 和 T，则总阻力为 $T' = TLA_w$，方向竖直向下。而渗流力 $J = T$，方向竖直向上。考虑水柱隔离体的平衡条件，可得

$$A_w \gamma_w h_w + G_w + T = A_w \gamma_w h_1 \quad (4\text{-}25a)$$

整理上式可得

$$T = \frac{\gamma_w (h_1 - h_w - L)}{L} = \frac{\gamma_w \Delta h}{L} = \gamma_w i \quad (4\text{-}25b)$$

$$J = T = \gamma_w i \tag{4-25c}$$

从式（4-25c）可知，渗流力是一种体积力，量纲与 γ_w 相同。渗流力的大小和水力梯度成正比，方向与渗流方向一致。

4.5.2 存在渗流时土中的有效应力

由于渗流力的作用，渗流会改变土体中的应力状态分布。当不存在渗流时，土体内的总应力 σ、孔隙水压力 u 和有效应力分布如图 4-11 所示。

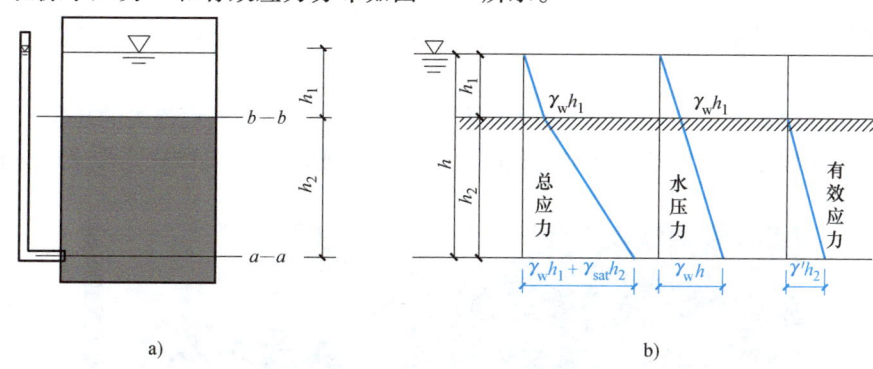

图 4-11　不存在渗流时的土中应力

如果土体顶面 b—b 与土体底面 a—a 存在压力差 Δh，则土中水将会发生渗流。当渗流自下向上进行时，水压力将大于静水压力，而有效应力将小于土的有效自重压力，如图 4-12a 所示。当渗流自上向下进行时，水压力小于静水压力，而有效应力将大于土的有效自

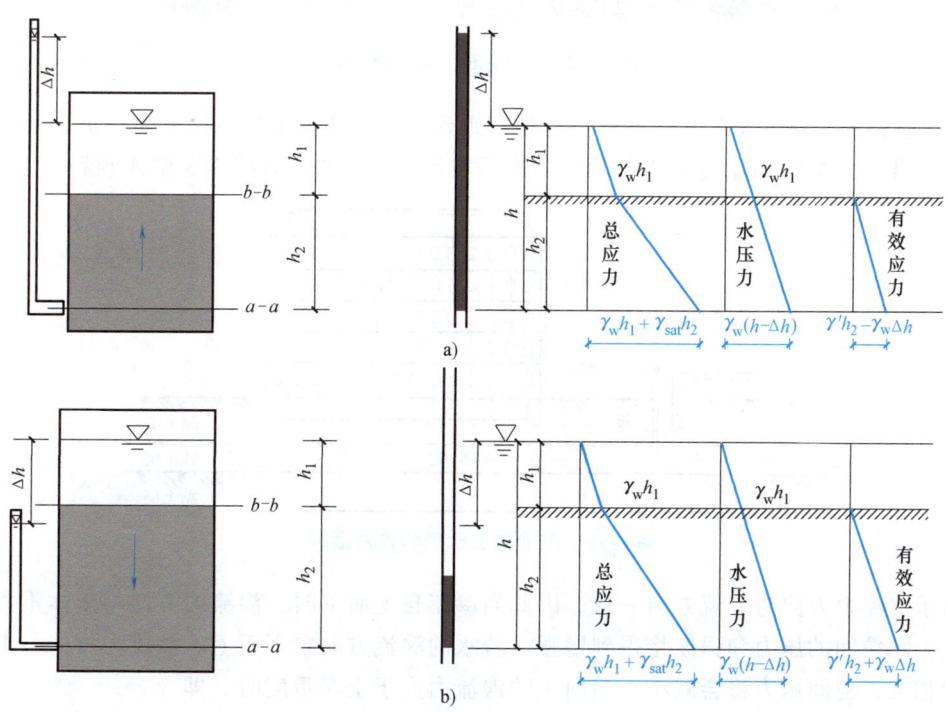

图 4-12　渗流时的土中应力

a）自下向上渗流　b）自上向下渗流

重压力，如图 4-12b 所示。

另外，无论渗流方向如何，总应力的分布是相同的，表明渗流力不会影响总应力分布。可见，土中水自上向下渗流时，渗流力方向与土重力方向一致，于是有效应力增加，孔隙水压力相应减少。反之，土中水自下向上渗流时，渗流力与土重力方向相反，从而土中有效应力减小，孔隙水压力增加。

4.5.3 渗透破坏

根据渗透水流引起的局部破坏特征，渗透破坏可分为流土和管涌两种形式。

1. 流土

流土是指在渗流作用下局部土体表面隆起，或土粒群同时起动而流失的现象，主要发生在地基或土坝下游渗流逸出处。基坑开挖时出现的流砂现象（图 4-13）是流土的一种形式。

图 4-13 基坑开挖时出现的流砂现象

流土常使施工条件恶化，引起塌方，使邻近建筑物因地基被掏空而发生下沉、开裂、倾斜甚至倒塌。图 4-14 所示为流砂引起的房屋不均匀下沉、墙体裂缝以及整体倾斜。

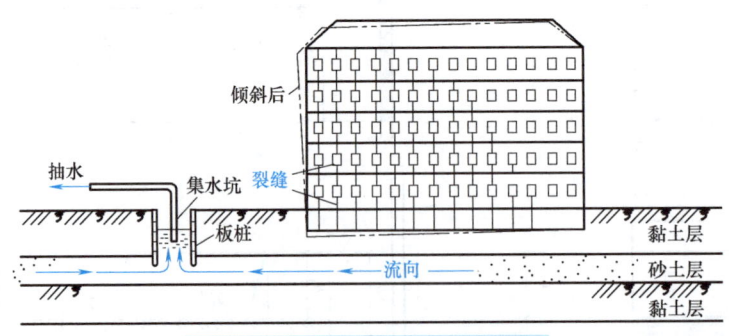

图 4-14 流砂发生机理和作用后果

由于渗流力方向与水流方向一致，因此当渗流自上而下时，渗流力方向与土体重力方向一致，土颗粒间的压力和强度将得到增强。若水的渗流自下而上，渗流力方向与土体重力方向相反，粒间压力将会减小。当向上的渗流力大于土浮重度时，即

$$\begin{cases} J \geq \gamma' \\ \gamma_w i \geq \gamma_{sat} - \gamma_w \end{cases} \tag{4-26}$$

当土中渗流力满足式（4-26）时，土颗粒间的压力将减小为零，土体的抗剪强度也将等于零。土颗粒将处于悬浮状态而失去稳定发生流土现象。当 $J=\gamma'$ 时，对应的水力梯度称为临界水力梯度 i_{cr}，其值可由式（4-27）得到，即

$$i_{cr} = \frac{\gamma'}{\gamma_w} = (d_s-1)(1-n) \qquad (4-27)$$

从式（4-27）可知，流土临界水力梯度决定于土的物理性质。当土粒相对密度 d_s 和孔隙率 n 已知时，临界水力梯度是一定值，一般为 0.8~1.2。

为防止流土发生，应使渗流区域内的实际渗透水力梯度小于临界水力梯度，并保证有适当的安全系数。由于流土是一种灾难性破坏，按式（4-27）计算出的临界水力梯度除以安全系数 2~3 才能作为允许的水力梯度。

2. 管涌

管涌是指在渗流作用下，土体中某些颗粒沿土中的孔隙通道移动或被渗流带走的现象（图 4-15）。土体是否发生管涌，主要取决于土的性质。管涌多发生在砂性土中，土的特征表现为颗粒大小差别较大，往往缺少某种粒径的土粒，孔隙直径大且相互连通。无黏性土产生管涌必须具备以下两个条件：

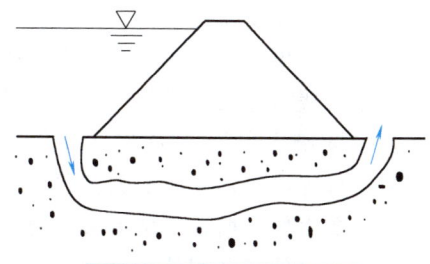

图 4-15 坝基发生的管涌

1）几何条件。土中粗颗粒所构成的孔隙直径必须大于细颗粒的直径，一般不均匀系数大于 10 的土才会发生管涌。

2）水力条件。渗流力能够带动细颗粒在孔隙间滚动或移动是发生管涌的水力条件，可用管涌的水力梯度表示。但管涌临界水力梯度的计算至今尚未成熟，对于重大工程，应尽量由试验确定。

管涌的临界水力梯度常由渗透破坏试验（图 4-10a）确定。试验时除根据肉眼观察细粒移动判断管涌外，还可借助水力梯度 i 与流速 v 之间的关系确定。如图 4-16 所示，当水力梯度增加到某一值后（如图中的 a 点），i-v 曲线明显向右偏离，这说明细粒土已被带出，孔隙增大。常常取 a 点对应的水力梯度和观察到的细粒土移动时的水力梯度两者中的较小值作为管涌的临界水力梯度。

4.5.4 渗透破坏的防治

渗透破坏常引起水工建筑和基坑破坏，对工程安全危害极大，因此需采取相应防治措施避免产生渗透破坏。研究表明，发生渗透破坏的原因主要有决定允许水力梯度的内因（即土的类别及组成）和决定渗流水力梯度的外因。

因此，防止土体渗透破坏的原则是上挡下排。具体来说，除了增大土体密度以外，在入渗处，可采用水平与垂直防渗措施，如水平黏性土铺盖、垂直黏土或混凝土防渗墙、帷幕灌浆及板桩等，以便增长渗径、截断渗流、降低水力梯度。在出渗

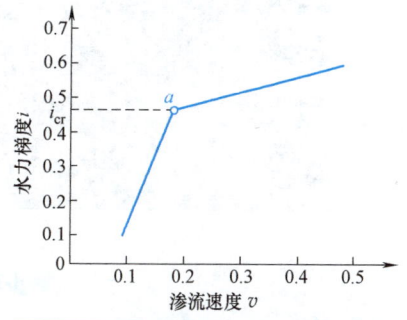

图 4-16 渗流速度与水力梯度的关系

处，可采用滤土排水措施，如设置反滤层、盖重体，或设置排水沟、排水减压井，以便减小逸出水力梯度，减小渗透力、增强渗流逸出处土体抵抗渗透破坏的能力。

4.6　海绵城市和土层海绵化

目前，海绵城市建设已经上升为国家战略，在生态文明建设方面发挥着越来越重要的作用。

4.6.1　海绵城市的概念

海绵城市是指城市在适应环境变化和应对雨水带来的自然灾害等方面具有良好的"弹性"，也可称之为"水弹性城市"，即下雨时能吸水、蓄水、渗水、净水，需要时能将蓄存的水"释放"并加以利用。

现代城市建设以建筑物、构筑物和硬化路面等不透水地面物为特色，这阻碍或延缓了雨水下渗进程，再加上降雨集中和土的渗透性不足，极易在雨期形成城市内涝。城市内涝在我国多数城市普遍存在。目前的应对策略主要依靠管渠、泵站等设施排水，以实现"快速排除"和"末端集中"，这必然造成逢雨必涝、旱涝急转、地下水补充困难等现象。从生态角度出发，海绵城市建设应更加关注土层"渗"的作用，应以"慢排缓释"和"源头分散"控制为主要手段，增强土层下渗能力和涵养与蓄存地表降水功能，从而实现地上地下水生态平衡和人与自然和谐相处。

4.6.2　常规海绵城市建设方法

常规海绵城市建设方法以绿地、可渗透路面、渗水砖、雨水花园、下沉式绿地等措施组织排水，以河、湖、池塘等水系作为"海绵体"，如图4-17所示。雨水通过"海绵体"下渗、滞蓄、净化、回用，剩余部分径流则通过管网、泵站外排，从而达到缓解城市内涝压力的作用。

a)　　　　　　　　　　　　b)

图4-17　常规海绵城市建设方法

a) 下沉绿地　b) 透水地面

建设海绵城市，关键在于不断提高"海绵体"的规模和质量。除了有效保护原有"海绵体"如河湖、湿地、坑塘、沟渠等不受城市开发活动影响外，还经常新建一定规模的

"海绵体",如建设渗透塘、渗管或渗渠等。渗透塘是一种用于雨水下渗补充地下水的洼地,具有一定的净化雨水和削减峰值流量的作用。渗透塘底部构造一般为 200~300mm 的种植土、透水土工布及 300~500mm 的过滤介质层,如图 4-18 所示。

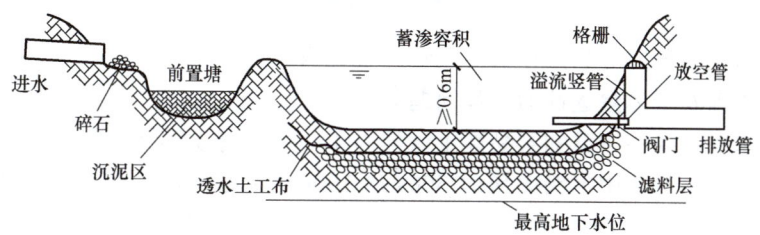

图 4-18 渗透塘构造示意图

可见,常规海绵城市建设方法至少存在以下缺点:
1)雨水在建筑物和硬化地面处无法下渗,必然汇集成地表径流。
2)由于一般土层的渗透性差,透水砖只能增大表层渗透性,渗透砖以下土层依然难以渗水。
3)依靠河、湖、池塘等"海绵体"存水,储存量非常有限。
4)专门地下水库的容量有限且不生态。
5)难以在老旧城区大面积应用。
6)造价高、工期长、运行成本高。

4.6.3 土层海绵化方法

通过人工或机械方法在场地竖向开挖一定深度的渗井孔,孔的直径、深度和间距根据降雨参数、土层渗透性和布置方案确定。然后将渗透系数足够大的滤芯放入渗井孔内,并在地表铺设粗砂、中砂、土工布和透水砖,这样就形成了一种雨水收集和入渗装置,如图 4-19 所示。当强降雨来临时,地表径流通过透水砖和水平砂层下渗,并沿着微型渗井迅速充填滤芯,然后沿着滤芯径向向四周土层中入渗。

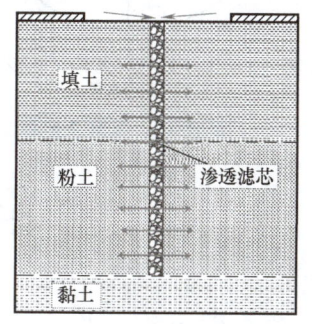 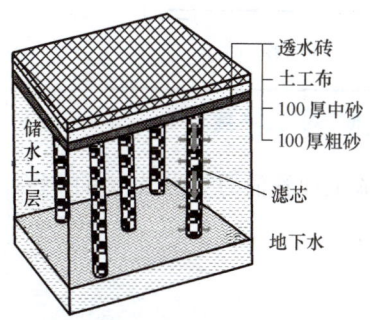

图 4-19 微型滤芯渗井工作原理

该海绵化方案能将大部分雨水当作资源储存在土壤中而不是当作弃水排走,因此被称为土层海绵化方法。该方法能大幅度提高土层表观渗水能力的原因在于:
1)滤芯渗井的存在扩大了入渗面积。
2)改自然竖向渗透为水平渗透,能充分利用土层水平方向渗透系数较大的特点。

3）改串联渗流为并联渗流，削弱了不透水及难透水土层在竖向渗流模式下的控制地位。

习　题

4-1　土渗透性的研究对象是什么？其特点是什么？

4-2　工程中涉及土体渗透性的工程问题有哪些？

4-3　在变水头试验中，已知某黏性土试样高 4.0cm，横截面面积为 60cm^2，玻璃量管横截面面积为 1.0cm^2，量管中水头差历时 300s 从 100cm 降为 85cm，则该土的渗透系数为多少？（参考答案：$3.5×10^{-5}$cm/s）

4-4　在砂土常水头渗透试验中，已知土样的横截面面积为 120cm^2，土样高度 L 为 30cm，水头差 Δh 为 80cm，若经过 100s 由量筒测得流经试样的水量为 1235cm^3，求该土样的渗透系数。（参考答案：0.039cm/s）

4-5　如图 4-20 所示，9m 厚的黏土层下为 6m 厚的承压水砂层。开挖深度为 6m，砂层顶面的承压水高度为 7.5m。试求防止基坑发生流土的水深。（参考答案：1.38m）

4-6　一板桩墙打入透水层后形成流网，已知透水层深 18.0m，板桩打入土层表面以下 9.0m，板桩前后水深如图 4-21 所示，渗透系数 $k=4×10^{-4}$mm/s。试求：

（1）图中所示 a、b、c、d、e 各点的孔隙水压力。

（2）地基的单位渗水量。

（参考答案：（1）a 点，$h_a=0$，$U_a=0$；b 点，$h_b=9.0$m，$U_b=90$kPa；c 点，$h_c=14$m，$U_c=140$kPa；d 点，$h_d=1$m，$U_d=10$kPa；e 点，$h_e=0$，$U_e=0$ （2） 1.6mm^3/s）。

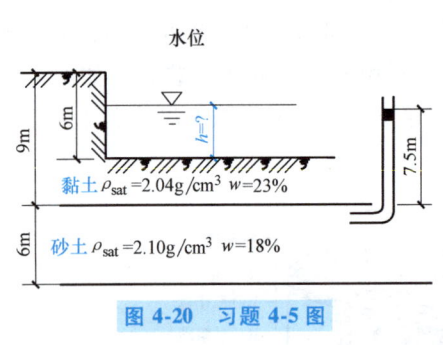

图 4-20　习题 4-5 图

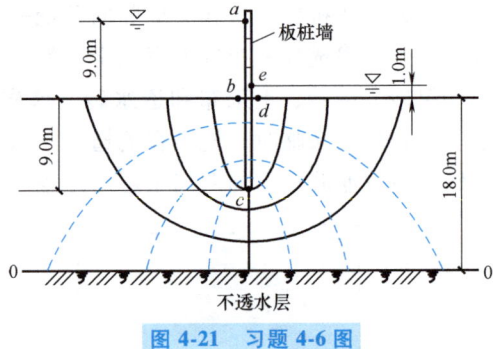

图 4-21　习题 4-6 图

4-7　防治流土和管涌的工程措施有哪些？

第5章 土的压缩性

5.1 概述

天然土是由土颗粒、水、气组成的三相体。土颗粒相互接触或胶结形成土骨架,而水和气则充填于土骨架之间的孔隙中,因此土是一种多孔介质材料。在压力作用下,土骨架发生变形,土中孔隙减少,土体体积缩小的特性称为土的压缩性。

土的压缩性主要有以下两个特点:

1) 土的压缩主要由孔隙体积减小引起。对于饱和土,土是由固体颗粒和孔隙水组成的,在一般工程压力(100~600kPa)作用下,固体颗粒和孔隙水的压缩量与土的总压缩量相比非常微小(小于1/400),可不予考虑。但由于土中水具有流动性,在外力作用下会沿着土中孔隙排出,从而引起土的体积减小而发生压缩。

2) 孔隙水排出引起的压缩对饱和黏性土来说需要较长时间才能完成。土的压缩随时间增长的过程称为土的固结(或称土的压密)。这是因为黏性土的透水性很差,土中水沿着孔隙排出速度很慢。

外荷载是引起地基变形的外因,土的压缩性和固结是引起地基变形的内因。计算地基变形时,必须明确土的压缩性指标。无论采用室内试验还是原位试验来测定土的压缩性指标,都需要保证试验条件与土的天然应力状态及在外荷作用下的实际应力条件保持一致。

5.2 室内压缩试验及压缩性指标

土在荷载作用下的体积压缩,是由土颗粒相对移动,部分孔隙水或孔隙气排出从而引起孔隙体积减小引起的。所以,土的压缩性可用孔隙比 e 随荷载 p 而变化的关系表示。这一关系可通过室内压缩试验成果表示出来。

5.2.1 室内压缩试验

室内压缩试验是在侧限压缩仪或侧限固结仪上完成的,如图5-1所示。试样上下放置透水石以允许试样上下界面排水,因此该装置能提供双面排水条件。试样在环刀和外侧刚性护环约束下处于无侧向变形(侧限)条件,即试样只能在荷载作用下产生竖向压缩变形,故室内压缩试验也称单向压缩试验。

室内压缩试验的具体试验过程如下：通过向试样顶部施加竖向力 P_1 对试样施加第一级竖向荷载 $p_1=P_1/A$，等待变形稳定以后测读竖向变形量 S_1；然后施加第二级荷载 p_2，变形稳定后测读竖向变形量 S_2；依次施加其他各级荷载并测读相应的累积竖向变形量。竖向荷载 p、压缩变形量 S 随时间的变化过程如图 5-2 所示。对常规室内压缩试验，土样高为 2cm。一般情况下，每级荷载约需 24h 其变形才能稳定（变形稳定标准为每小时变形量小于 0.005mm）。

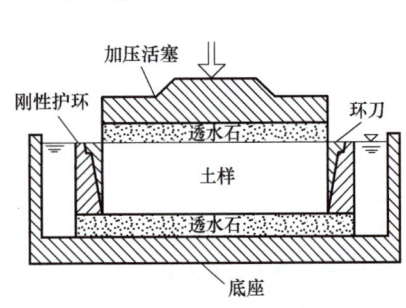

图 5-1 室内压缩试验示意图

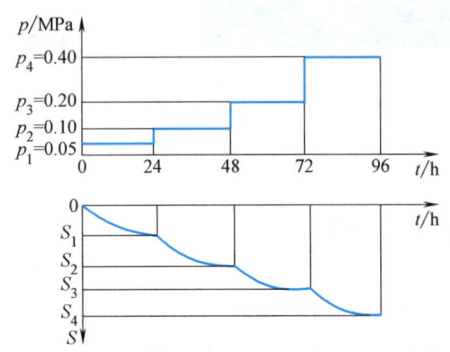

图 5-2 侧限压缩过程中竖向荷载和变形的变化

5.2.2 压缩曲线

各级荷载作用下变形稳定后的孔隙比可由计算得出，现以第一级荷载 p_1 为例说明。加载前，先测得试样的土粒相对密度 d_s、密度 ρ_0、含水量 w_0，于是可算出初始孔隙比 e_0，试样高度为初始值 H_0。

第一级荷载 p_1 作用下变形稳定后，测得压缩量为 S_1。受压后土样高度为 H_1，则 $H_1=H_0-S_1$，如图 5-3 所示。由于土粒体积 V_s 不发生变化，因此可令 $V_s=1$。则孔隙体积 V_v 在受压前等于初始孔隙比 e_0，受压后等于孔隙比 e_1。侧限条件下土样受压前后其横截面面积不变，因此土粒的初始高度 $H_0/(1+e_0)$ 等于受压后土粒的高度 $H_1/(1+e_1)$，所以

$$\frac{H_1}{H_0}=\frac{1+e_1}{1+e_0} \tag{5-1a}$$

或

$$\frac{S_1}{H_0}=\frac{e_0-e_1}{1+e_0} \tag{5-1b}$$

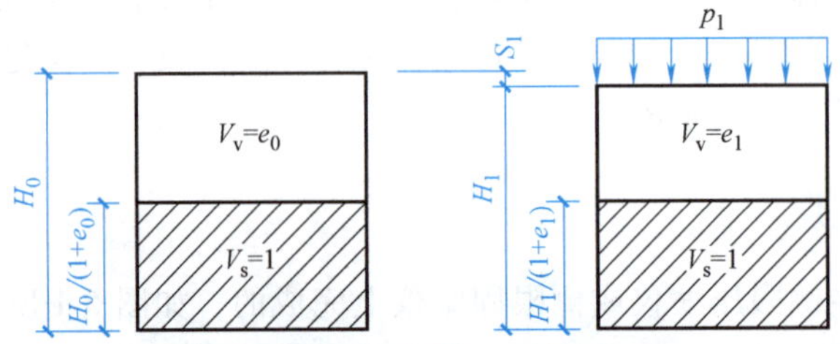

图 5-3 侧限条件下土样孔隙比的变化

所以第一级荷载变形稳定后的孔隙比 e_1 为

$$e_1 = e_0 - (1+e_0)\frac{S_1}{H_0} \tag{5-2}$$

同理,第二级荷载变形稳定后的孔隙比 e_2 为

$$e_2 = e_0 - (1+e_0)\frac{S_2}{H_0} \tag{5-3}$$

第 i 级荷载变形稳定后的孔隙比 e_i 为

$$e_i = e_0 - (1+e_0)\frac{S_i}{H_0} \tag{5-4}$$

式中　S_i——第 i 级荷载变形稳定后,相对于初始高度 H_0 的累积压缩变形量。

只要测得各级荷载变形稳定后的累积压缩量 S_i,便可由式(5-4)算出相应的孔隙比 e_i。这样,便得到一组数据 $(0, e_0)$、(p_1, e_1)、$\cdots$、(p_n, e_n)。如以孔隙比 e 为纵坐标,荷载 p 为横坐标,则可得到图 5-4a 所示的压缩曲线,称为 $e\text{-}p$ 曲线。可见 $e\text{-}p$ 曲线随荷载的增加而趋于平缓。

图 5-4 所示孔隙比 e 是相应荷载变形稳定后的值,即超孔隙水压力消散为零,荷载全部由土骨架承担时的孔隙比。所以,得到的压缩曲线实质上表示孔隙比与竖向有效应力的关系(因此 p 可用 σ'_z 代替)。如果孔隙比 e 的纵坐标仍用普通坐标,而荷载 p 的横坐标改用对数坐标,则可得到如图 5-4b 所示的压缩曲线,即 $e\text{-}\lg p$ 曲线。

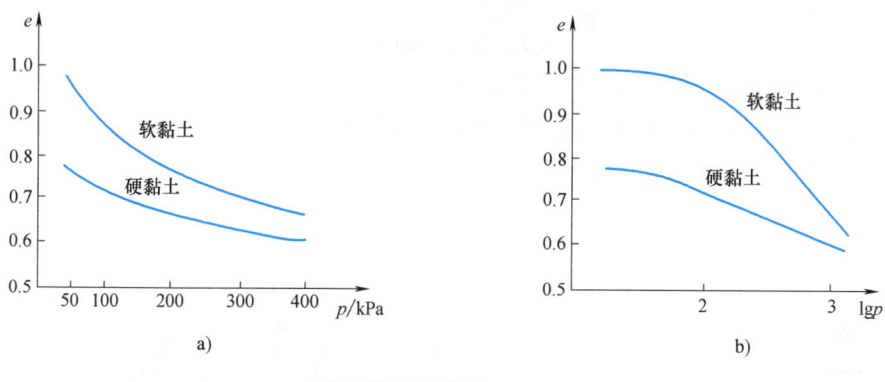

图 5-4　土的侧限压缩曲线

a) $e\text{-}p$ 曲线　b) $e\text{-}\lg p$ 曲线

压缩曲线 $e\text{-}p$ 和 $e\text{-}\lg p$ 曲线都能够描述土在侧限压缩条件下的变形特征。

5.2.3　压缩性指标

1. 土的压缩系数和压缩指数

土的压缩系数为土在侧限条件下孔隙比减小量与有效压应力增量的比值(MPa^{-1}),即 $e\text{-}p$ 曲线中某一压力段的割线斜率。压缩曲线越陡,说明孔隙比的减小越显著,因而土的压缩性越高。所以,$e\text{-}p$ 曲线上任一点的切线斜率 a 表示相应于该压力作用下的压缩性。

$$a = \frac{-\mathrm{d}e}{\mathrm{d}p} \tag{5-5}$$

式中,负号表示随压力 p 增加,孔隙比 e 逐渐减小。实用上,常常研究土中某点由原始压力

增加到外荷作用和初始压力之和这一压力段的压缩性,以评价在特定荷载条件下地基土的压缩性。如图5-5所示,设压力由 p_1 增加到 p_2,相应的孔隙比由 e_1 减小到 e_2,则与压力增量 $\Delta p = p_2 - p_1$ 相对应的孔隙比变化为 $\Delta e = e_1 - e_2$。此时,土的压缩性可用图中割线 $M_1 M_2$ 的斜率表示。设割线与横坐标的夹角为 β,则

$$a = \tan\beta = \frac{\Delta e}{\Delta p} = \frac{e_1 - e_2}{p_2 - p_1} \tag{5-6}$$

式中 a——压缩系数(MPa^{-1});

p_1——地基某深度处的自重应力,是指土中某点的"原始压力"(MPa);

p_2——地基某深度处土中自重应力与附加压力之和,指土中某点的"总压力"(MPa);

e_1、e_2——相应于 p_1、p_2 作用下压缩稳定后的孔隙比。

为便于比较,通常采用压力段由 $p_1 = 0.1 MPa$(100kPa)增加到 $p_2 = 0.2 MPa$(200kPa)时的压缩系数 a_{1-2} 来评定土的压缩性,即

$a_{1-2} < 0.1 MPa^{-1}$ 时,为低压缩性土;$0.1 \leqslant a_{1-2} < 0.5 MPa^{-1}$ 时,为中压缩性土;$a_{1-2} \geqslant 0.5 MPa^{-1}$ 时,为高压缩性土。

试验研究表明,土的 e-$\lg p$ 曲线后半段接近于直线(图5-4b)。该直线的斜率称为土的压缩指数 C_c,其值可由直线段上任两点的 e、p 值确定,如图5-6所示,即有

$$C_c = \frac{e_1 - e_2}{\lg p_2 - \lg p_1} = \frac{\Delta e}{\lg(p_2 / p_1)} \tag{5-7}$$

式中 C_c——土的压缩指数,其他符号意义同前。

同压缩系数 a 一样,压缩指数 C_c 值越大,土的压缩性越高。低压缩性土的 C_c 值一般小于0.2,C_c 值大于0.4为高压缩性土。

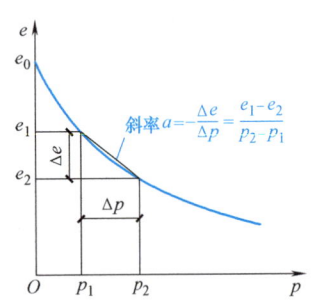

图 5-5 由 e-p 曲线确定压缩系数 a

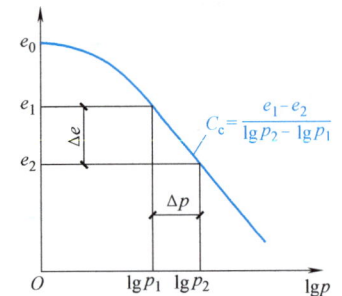

图 5-6 由 e-$\lg p$ 曲线确定压缩指数 C_c

2. 土的压缩模量和体积压缩系数

土的压缩模量 E_s 是由 e-p 曲线求得的第二个压缩性指标,其定义是土体在侧限条件下竖向附加压力与竖向应变之比。

在图5-5中,如果把 p_1 作用下变形稳定后的状态作为第一状态,对应的孔隙比为 e_1;在此基础上增加压力到 p_2 变形稳定后的状态作为第二状态,对应的孔隙比为 e_2。则土样受到的压力增量为 $\Delta p = p_2 - p_1$。结合式(5-1b)可得与 Δp 相应的竖向应变增量 $\Delta \varepsilon_z$,即

$$\Delta \varepsilon_z = \frac{e_1 - e_2}{1 + e_1} \tag{5-8}$$

由 E_s 定义得到

$$E_s = \frac{\Delta p}{(e_1-e_2)/(1+e_1)} = \frac{1+e_1}{a} \quad (5-9)$$

土的压缩模量 E_s 越小，其压缩性越高。为便于比较，参照低压缩性土 $a_{1-2} < 0.1 \text{MPa}^{-1}$ 时，近似取 $e_1 = 0.6$，则 $E_{s,1-2} > 16 \text{MPa}^{-1}$；高压缩性土 $a_{1-2} \geq 0.5 \text{MPa}^{-1}$ 时，近似取 $e_1 = 1.0$，则 $E_{s,1-2} \leq 4 \text{MPa}$。

土的体积压缩系数 m_V 是由 e-p 曲线求得的第三个压缩性指标。其定义为土体在侧限条件下的竖向（体积）应变与竖向附加压力之比（也称单向体积压缩系数），即等于压缩模量的倒数，即

$$m_V = \frac{1}{E_s} = \frac{a}{1+e_1} \quad (5-10)$$

同压缩系数和压缩指数一样，体积压缩系数值越大，土的压缩性越高。

5.2.4 回弹曲线和再压缩曲线

在室内侧限压缩试验中，如加压到某值 p_i 后不再加压（相应于图 5-7a 所示 e-p 曲线 ab 段的压缩曲线）而是进行逐级退压到零，则可观察到土样的回弹。测试土样回弹稳定后的孔隙比，可得到卸压过程中孔隙比与压力的关系曲线，如图 5-7a 所示中 bc 段，该曲线称为回弹曲线。试验表明，卸压完毕后土样并不能恢复到初始孔隙比 e_0 对应的 a 点。因此，土的压缩变形是由弹性变形和残余变形两部分组成的，而且土的变形以残余变形为主。如果重新逐级加压，则可测得土样在各级压力下再压缩稳定后的孔隙比，据此可绘制出再压缩曲线，如图 5-7 所示 cdf 曲线。其中 df 段像是 ab 段的延续，犹如其间没有经过卸压和再加压过程一样。在半对数曲线上，同样可以看到这种现象。

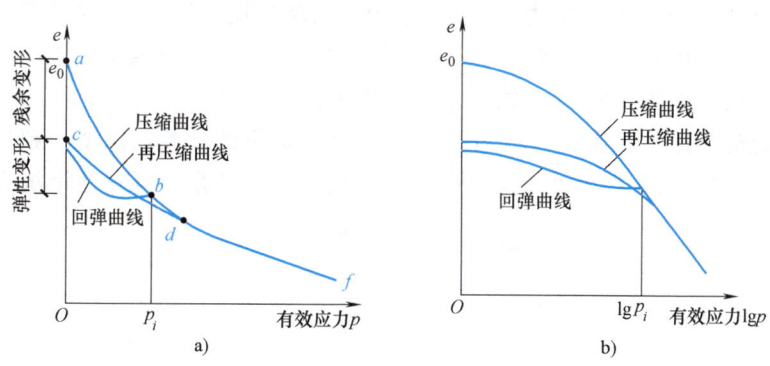

图 5-7 土的回弹曲线和再压缩曲线
a) e-p 曲线 b) e-lgp 曲线

弹簧在卸载后能回弹到加载前的初始位置，而土只能产生少量回弹。这是因为土在产生压缩变形时颗粒相对移动并重新排列，而卸载后颗粒不能回到原来位置。

根据压缩、回弹、再压缩 e-p 曲线，可以研究基坑开挖后由减压引起的坑底回弹及其对后期沉降的影响。在估算基础沉降时，应考虑基坑的回弹并进行相应土的回弹再压缩试验，且施加的压力应与地基中某点的实际加荷卸荷再加荷一致。为计算开挖基坑底面地基的回弹

变形量，必须从固结试验的回弹和再压缩 e-p 曲线确定回弹模量 E_c。其值定义为土体在侧限条件下卸荷或再加荷时竖向附加压应力与竖向应变之比。回弹模量是根据 e-p 曲线可得到的第四个压缩性指标，更进一步的内容详见《建筑地基基础设计规范》（GB 50007）。

5.3 应力历史对压缩性的影响

5.3.1 沉积土（层）的应力历史

天然土层在历史上受到过的最大固结压力（指土体在固结过程中所受的最大竖向有效应力），称为先期固结压力，或称前期固结压力。根据应力历史可将土（层）分为正常固结土（层）、超固结土（层）和欠固结土（层）三类。正常固结土（层）在历史上所经受的先期固结压力等于现有覆盖土重；超固结土（层）历史上曾经受过大于现有覆盖土重的先期固结压力；欠固结土（层）的先期固结压力则小于现有覆盖土重。在研究沉积土层的应力历史时，通常将先期固结压力与现有覆盖土重之比定义为超固结比（OCR-Over Consolidation Ratio），即

$$OCR = \frac{p_c}{p_1} \quad (5\text{-}11)$$

式中　p_c——先期固结压力（kPa）；

p_1——现有覆盖自重应力（kPa）。

正常固结土（层）、超固结土（层）和欠固结土（层）的超固结比分别为 OCR = 1，OCR>1 和 OCR<1。如图 5-8 所示，A 类土层的覆盖土层是逐渐沉积到现在地面的。由于经历了漫长的地质年代，在自重作用下土层已经达到了固结稳定状态（图 5-8a），其先期固结压力 p_c 等于现有覆盖土层自重应力 $p_1 = \gamma h$（γ 为土天然重度，h 为计算点深度），所以 A 类土层是正常固结土。B 类土层的覆盖土层在历史上本是相当厚的覆盖沉积层，在自重作用下也已达到稳定状态，如图 5-8b 中虚线所示，但后来由于流水或冰川等的剥蚀作用而形成现在的地表，因此先期固结压为 $p_c = \gamma h_c$（h_c 为剥蚀前地面下的计算点深度）超过了现有自重应力 p_1，所以 B 类土层是超固结土层。C 类土层也和 A 类土层一样是逐渐沉积到现在地面

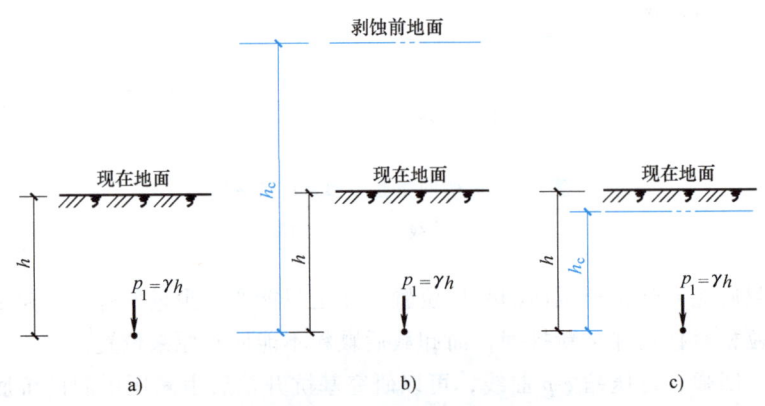

图 5-8　沉积土层按先期固结压力 p_c 分类

a) A 类土层 $p_c = p_1$　b) B 类土层 $p_c > p_1$　c) C 类土层 $p_c < p_1$

的,但不同的是没有达到固结稳定状态,如新近沉积黏性土、人工填土等,由于沉积后经历时间不久,其自重固结作用尚未完成,图 5-8c 中虚线表示将来固结完毕后的地表,因此 p_c(这里 $p_c=\gamma h_c$,h_c 代表固结完毕后地面下的计算点深度)小于现有的自重应力 p_1,所以 C 类土层是欠固结土层。

5.3.2 先期固结压力及现场压缩曲线的确定

1. 先期固结压力的确定

卡萨格兰德(Cassagrande)通过试验提出了一种根据固结曲线确定先期固结压力 p_c 的作图方法,如图 5-9 所示。在 e-$\lg p$ 试验曲线上目测找出曲率半径最小点 A,过点 A 绘制试验曲线的切线 2、水平线 1 及上述二直线的角平分线 3。然后将试验曲线的下端直线部分向上延长,交于角平分线于一点 B,则 B 点所对应的压力就是先期固结压力 p_c。

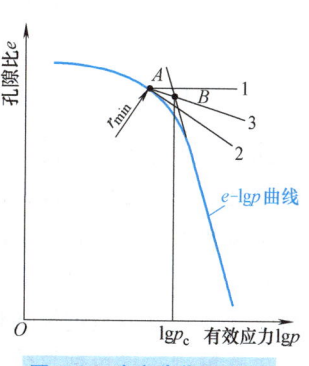

图 5-9　确定先期固结压力的卡萨格兰德法

2. 现场压缩曲线的确定

室内测得的压缩曲线是受扰动影响后测得的。如果设想土样未从地基中取出,直接在现场条件下增加荷载,则这时 e-$\lg p$ 的关系线称为现场压缩曲线。现场压缩曲线是无法直接测得的,只能根据室内试验曲线经过修正得到。

天然条件下的正常固结土或欠固结土,其竖向有效应力为 p_c。假定室内试验测得的初始孔隙比 e_0 代表天然孔隙比,则(e_0,p_c)就是现场压缩曲线上的一点,即图 5-10 所示中的 B 点。另外,根据试验研究发现,各种扰动程度的室内压缩曲线在 e-$\lg p$ 坐标上大致交汇于 $0.42e_0$ 处。这样就可以在室内压缩曲线上找出对应 $0.42e_0$ 的点 C,这一点也是现场压缩曲线上的一点。将 B、C 两点相连,便得到正常固结土和欠固结土的现场压缩曲线,其斜率 C_c 即为压缩指数。

对于超固结土,室内试验应测得回弹再压缩线,并得到回弹曲线的斜率 C_s,如图 5-11 所示。p_c 值依然根据现有土层厚度采用图 5-10 的方法确定。在天然条件下,该土层的回弹过程显然已经完成。于是,点(e_0,p_c)仍然是现场压缩曲线上的一点,如图 5-11 点 A 所

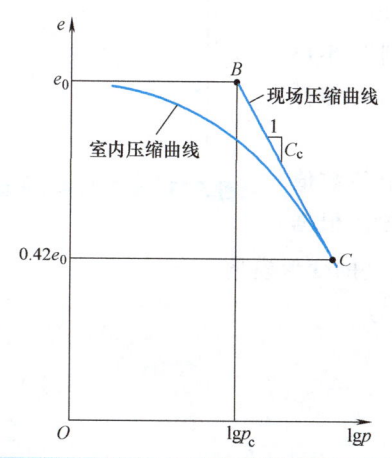

图 5-10　正常(欠)固结土的现场压缩曲线

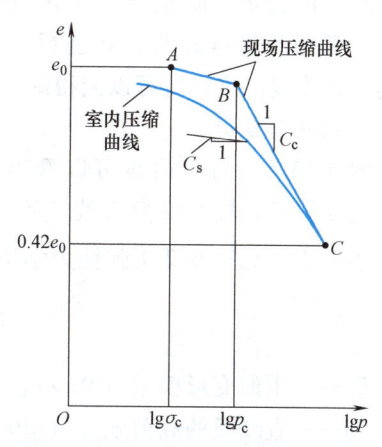

图 5-11　超固结土的现场压缩曲线

示。如果在自重应力基础上增加应力，则 e-$\lg p$ 曲线应按回弹再压缩曲线变化，直至 p_c。于是可由 A 点作一平行于回弹再压缩线的直线，交于 $p=p_c$ 竖直线上的点 B。最后，在室内试验曲线上找出对应于 $0.42e_0$ 的点 C，则折线 ABC 就是超固结土的现场压缩曲线，它由一段回弹再压缩曲线 AB 和曲线 BC 组成。

5.4 土的变形模量和弹性模量

5.4.1 变形模量

除了上面介绍的室内压缩试验外，还可以通过现场原位试验测定土的压缩性，现场载荷试验就是一种常见的有效方法。

试验装置如图 5-12 所示，包括加荷装置、反力装置和沉降量测装置三部分。其中，加荷装置包括载荷板、垫块和千斤顶等；反力装置可分为地锚反力架和堆重平台反力两类，前者将千斤顶的反力通过地锚最终传至地基中去，后者则通过平台上的堆重来平衡千斤顶的反力；沉降量测装置包括百分表和基准短桩、基准梁等。

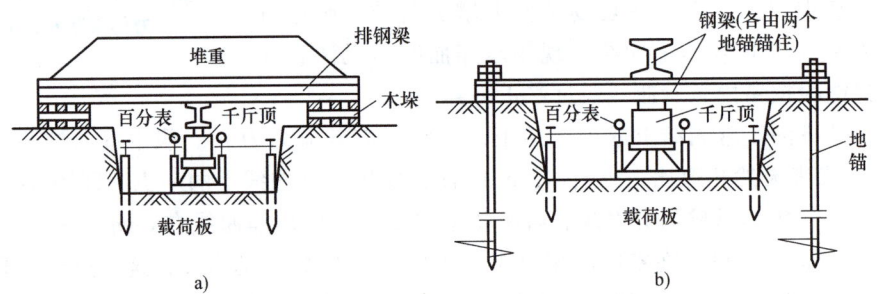

图 5-12 载荷试验装置

试验时，通过千斤顶逐级给载荷板施加荷载，每加一级荷载，观测记录沉降随时间的发展以及稳定时的沉降量 s，直至加到终止加载条件满足时为止。然后将试验得到的各级载荷与相应的稳定沉降量绘制成 p-s 曲线，如图 5-13 所示。此外，通常还要进行卸荷，并进行沉降观测，得到图 5-13 所示的回弹曲线。这样就可以测得卸荷时的回弹变形（即弹性变形）和残余变形。

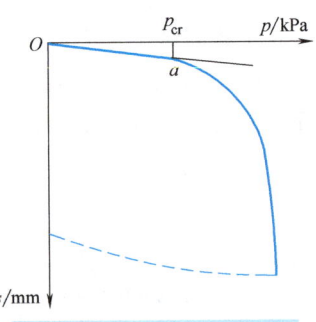

图 5-13 载荷试验 p-s 曲线

从图 5-13 所示 p-s 曲线可以看出，当载荷小于某数值时，荷载 p 与载荷板沉降呈直线关系，如图中 Oa 段。根据弹性力学公式（见第 6.2.1 弹性力学法），可反求地基的变形模量

$$E_0 = \omega \frac{pb(1-\mu^2)}{s} \tag{5-12}$$

式中 E_0——土的变形模量（MPa）；

p——直线段的载荷强度（kPa）；

s——相应于 p 的载荷板下沉量；

b——载荷板的宽度或直径；

μ——土的泊松比，砂土可取 $0.2\sim0.25$，黏性土可取 $0.25\sim0.45$；

ω——沉降影响系数，可查表 5-3。对刚性载荷板 $\omega_r = 0.88$（方板）或 0.79（圆板）。

变形模量是反映土的压缩性的重要指标之一。室内试验操作比较简单，但要得到保持天然结构的原状土样很困难，而且重要的是试验是在完全侧限条件下进行的，因此试验得到的压缩性规律和指标的实际运用有其局限性或近似性。相比室内压缩试验，现场载荷试验排除了取样和试样制备过程中的应力释放和人为扰动影响，更接近于实际，能比较真实地反映土在天然埋藏条件下的压缩性。但它仍然存在一些缺点，首先是现场载荷试验所需的设备笨重、操作繁杂、时间较长、费用较大。此外，载荷板的尺寸很难取得与原型基础一样的尺寸，而小尺寸载荷板在同样的压力下引起的地基受力层深度较浅，所以它只能反映板下深度不大范围内土的变形特性，此深度一般为 2~3 倍板宽或直径。因此，国内外对现场快速测定变形模量的方法，如旁压试验、触探试验等给予了很大的重视。为改进载荷试验影响深度有限的缺点，近年来开发了在不同深度土层中进行载荷试验的螺旋压板试验等方法。

5.4.2 弹性模量

弹性模量是指正应力 σ 与弹性（即可恢复）正应变 ε_d 的比值，通常用 E 表示。在计算高耸结构物在风荷载作用下的倾斜时发现，如果采用土的压缩模量或变形模量指标进行计算，将得到实际上不可能那么大的倾斜值。这是因为风荷载是瞬时重复荷载，短时间内土体中的孔隙水来不及排出或不完全排出，土的体积压缩变形来不及发生的缘故。另外，荷载作用结束之后发生的大部分变形可以恢复。因此，该类问题的计算用弹性模量比较合理。在计算饱和黏土地基上瞬时加荷所产生的瞬时沉降时，同样也应采用弹性模量。

采用三轴仪进行三轴重复压缩试验，将得到的应力-应变曲线上的初始切线模量 E_i 或再加荷模量 E_r 作为弹性模量，如图 5-14 所示。具体方法如下：

1）采用取样质量好的不扰动土样，在三轴仪中进行固结，所施加的固结压力 σ_3 各向相等，其值取试样在现场条件下有效自重应力。固结后在不排水条件下施加轴向压力 $\Delta\sigma$（这样试样所受的轴向压力 $\sigma_1 = \sigma_3 + \Delta\sigma$）。

2）逐渐在不排水条件下增大轴向压力达到现场条件下的压力（$\Delta\sigma = \sigma_z$），然后减压至零。这样重复加荷和卸荷若干次，便可测得初始切线模量

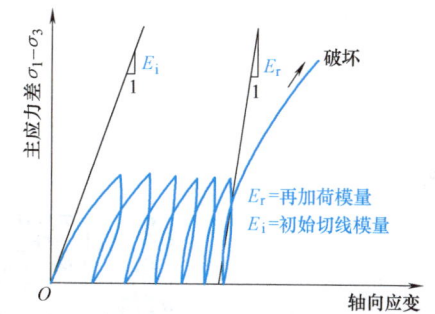

图 5-14 室内三轴试验确定土的弹性模量

E_i，并测得每一循环在最大轴向压力一半时的切线模量。这种切线模量随着循环次数的增多而增大，最后趋近于一个稳定的再加荷模量 E_r。如图 5-14 所示，一般加荷和卸荷 5~6 个循环，在最后一次循环的再加荷曲线$(\sigma_1-\sigma_3)/2$ 处作切线并定义其斜率为 E_r。研究表明，用 E_r 计算的初始（瞬时）沉降与建筑物实测的瞬时沉降比较一致。

上面介绍的在静三轴仪中测试弹性模型的方法为静力法，得到的弹性模量为静模量。另外，根据需要还可以用动三轴仪测试土的动弹性模量，此即为动力法。

5.4.3 三种模量之间的关系

压缩模量是根据室内压缩试验得到的，它是指土在完全侧限条件下，竖向正应力与相应变形稳定后的正应变的比值。变形模量是根据现场载荷试验得到的，它是指土在侧向自由膨胀条件下正应力与相应正应变的比值。弹性模量是指正应力 σ 与弹性（即可恢复）正应变 ε_d 的比值。

据定义可以看出，压缩模量和变形模量对应的应变为总应变，既包括可恢复的弹性应变又包括不可恢复的塑性应变；而弹性模量对应的应变只包含弹性应变。

从理论上可以得到压缩模量与变形模量之间的换算关系。在压缩试验中，σ_z 为竖向压力，由于侧向完全侧限，所以

$$\varepsilon_x = \varepsilon_y = 0 \tag{5-13}$$

$$\sigma_x = \sigma_y = K_0 \sigma_z \tag{5-14}$$

式中 K_0——静止压力系数，可通过试验测定，无试验条件时可采用表 5-1 中的数值。

表 5-1 K_0 的经验值

土的种类及状态	碎石土	砂土	粉土	粉质黏土			黏土		
				坚硬	可塑	软塑~流塑	坚硬	可塑	软塑~流塑
K_0	0.18~0.25	0.25~0.33	0.33	0.33	0.43	0.53	0.33	0.53	0.72

利用三向应力状态广义胡克定律得到

$$\varepsilon_x = \frac{\sigma_x}{E_0} - \mu \left(\frac{\sigma_y}{E_0} + \frac{\sigma_z}{E_0} \right) = 0 \tag{5-15}$$

式中 μ——土的泊松比。

将式（5-15）代入式（5-14）得

$$K_0 = \frac{\mu}{1-\mu} \tag{5-16a}$$

$$\mu = \frac{K_0}{1+K_0} \tag{5-16b}$$

另外

$$\varepsilon_z = \frac{\sigma_z}{E_0} - \mu \left(\frac{\sigma_x}{E_0} + \frac{\sigma_y}{E_0} \right) = \frac{\sigma_z}{E_0}(1-2\mu K_0) = \frac{\sigma_z}{E_0}\left(1-\frac{2\mu^2}{1-\mu}\right) \tag{5-17}$$

将侧限压缩条件 $\varepsilon_z = \frac{\sigma_z}{E_s}$ 代入到式（5-17）左边，得到

$$\frac{\sigma_z}{E_s} = \frac{\sigma_z}{E_0}(1-2\mu K_0) = \frac{\sigma_z}{E_0}\left(1-\frac{2\mu^2}{1-\mu}\right) \tag{5-18}$$

因此得到

$$E_0 = E_s(1-2\mu K_0) = E_s\left(1-\frac{2\mu^2}{1-\mu}\right) \tag{5-19a}$$

令 $\beta = 1-\frac{2\mu^2}{1-\mu} = 1-2\mu K_0$，则

$$E_0 = \beta E_s \tag{5-19b}$$

式（5-19a、b）给出了变形模量与压缩模量的关系。由于 $0 \leq \mu \leq 0.5$，所以 $0 \leq \beta \leq 1$。必须指出，式（5-19b）只是 E_0 和 E_s 之间的理论关系，是基于线弹性假定得到的。但土体不是完全弹性体，而且，由于现场载荷试验和室内压缩试验测定相应指标时，都存在不可避免的缺陷，如室内压缩试验的土样受扰动影响较大，载荷试验与压缩试验的加荷速率、压缩稳定标准均不一样、μ 值不易精确测定等，使得理论计算结果与实测结果有一定差距。实测资料表明，E 与 E_s 的比值并不像理论得到的在 0～1 之间变化。我国 20 世纪 60 年代初期总结出的 E_0/E_s 平均值都超过了 1，土压缩性越小，比值越大，如表 5-2 所示。从表中可以看出，与两个指标间的理论关系相比，结构性强的土，如老黏性土等，相差较大；反之，结构性弱的土，如新近沉积黏土等，E_0/E_s 平均值和下限值都较小，并与理论计算结果较为接近。

表 5-2　E_0/E_s 全国调查资料

土的种类		E_0/E_s		频率
		一般变化范围	平均值	
老黏性土		1.45～2.80	2.11	13
红黏土		1.04～4.87	2.36	29
一般黏性土	$I_P > 10$	1.60～2.80	1.35	84
	$I_P \leq 10$	0.54～2.68	0.98	21
新近沉积黏性土		0.35～1.94	0.93	25
淤泥及淤泥质土		1.05～2.97	1.90	25

值得注意的是，土的弹性模量要比变形模量、压缩模量大得多，可能是它们的十几倍或者更大。

习　题

5-1　通过压缩试验可以得到哪些土的压缩性指标？如何求得？

5-2　土的应力历史对土的压缩性有何影响？

5-3　对一黏土试样进行侧限压缩试验，测得当 $p_1 = 100\text{kPa}$ 和 $p_2 = 200\text{kPa}$ 时土样相应的孔隙比分别为 $e_1 = 0.932$ 和 $e_2 = 0.885$。试计算 a_{1-2} 和 E_s，并评价该土的压缩性。

5-4　在粉质黏土层上进行载荷试验，从绘制的 $p\text{-}s$ 曲线上得到的比例荷载 $p_1 = 150\text{kPa}$ 及相应的沉降值 $s_1 = 16\text{mm}$。已知刚性方形压板的边长为 0.5m，土的泊松比 $\mu = 0.25$。试确定地基土的变形模量 E_0。

5-5　某饱和黏性土试样的土粒相对密度为 2.68，试样初始高度为 2cm，面积为 30cm^2。在压缩仪上做完试验后，取出试样称重为 109.44g，烘干后重 88.44g。试求：

（1）试样的压缩量是多少？

（2）压缩前后试样的孔隙比改变了多少？

（3）压缩前后试样的重度改变了多少？

第6章

地基变形

6.1 概述

地基沉降计算是工程设计的重要内容，对建筑、高等级公路、机场等工程尤其重要。在土木工程建设中，因沉降量或不均匀沉降超过允许值而影响建（构）筑物正常使用的工程事故屡见不鲜。地基沉降大小主要取决于荷载因素和土体自身性质两个方面。

本章首先介绍地基变形的弹性力学公式，再介绍基础最终沉降量（地基最终变形量），最后介绍一维固结理论以及利用沉降观测资料推算后期沉降的方法。

6.2 地基最终沉降计算

6.2.1 弹性力学法

式（3-24）给出了一个竖向集中力 P 作用在弹性半空间表面时半空间内任意点 $M(x, y, z)$ 处产生的垂直位移 $w(x, y, z)$ 计算方法。如取坐标 $z=0$，则所得的半空间表面上任意点的垂直位移 $(x, y, 0)$ 就是地面任意点的沉降 s（图6-1），即

$$s = w(x, y, 0) = \frac{P(1-\mu^2)}{\pi E r} \tag{6-1}$$

式中 s——竖向集中力 P 作用下地基表面任意点的沉降；

r——地基表面任意点到竖向集中力作用点的距离，$r = \sqrt{x^2 + y^2}$；

E——地基土的弹性模量，常用土的变形模量 E_0 代之；

μ——地基土的泊松比。

对于局部柔性荷载作用下的地基表面沉降，可利用上式根据叠加原理求得，如图 6-2a 所示。设荷载面 A 内任意点 $N(\xi, \eta)$ 处的分布荷载为 $p(\xi, \eta)$，则该点微面积上的分布荷载可由集中力 $p(\xi, \eta) \mathrm{d}\xi \mathrm{d}\eta$ 代替。于是，与竖向集中力作用点相距 $r = \sqrt{(x-\xi)^2 + (y-\eta)^2}$ 的 $M(x, y)$ 点沉降 $s(x, y)$，可按式（6-1）积分求得

$$s = (x, y) = \frac{1-\mu^2}{\pi E} \iint_A \frac{p(\xi, \eta) \mathrm{d}\xi \mathrm{d}\eta}{\sqrt{(x-\xi)^2 + (y-\eta)^2}} \tag{6-2}$$

针对均布矩形荷载 $p(\xi,\eta)=p=$ 常数，如图 6-2b 所示，在矩形角点 C 处产生的沉降按式（6-2）积分可表示为

$$s=\delta_C p \tag{6-3}$$

式中 δ_C——单位均布矩形荷载 $p=1$ 在角点 C 产生的沉降，称为角点沉降系数，它是矩形荷载面长度 l 和宽度 b 的函数，即

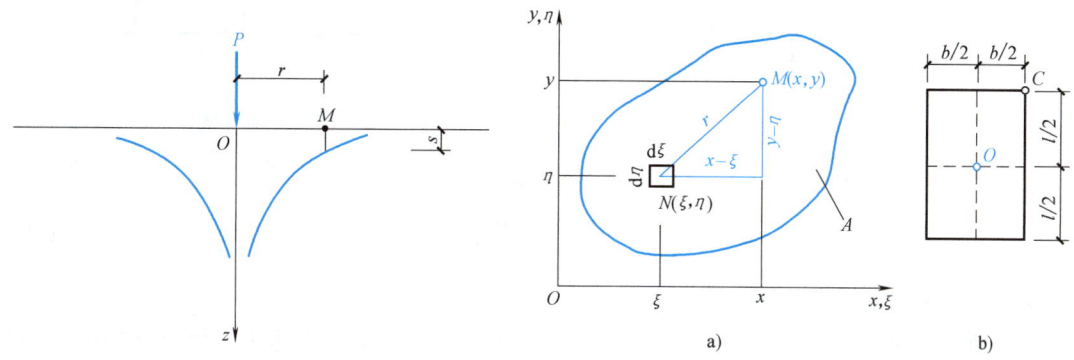

图 6-1 竖向集中力作用下地基表面的沉降曲线

图 6-2 局部柔性荷载作用下的地基表面沉降计算

a) 任意荷载面　b) 矩形荷载面

$$\delta_C = \frac{1-\mu^2}{\pi E}\left[l\ln\frac{b+\sqrt{l^2+b^2}}{l}+b\ln\frac{l+\sqrt{l^2+b^2}}{b}\right] \tag{6-4}$$

以长宽比 $m=l/b$ 代入式（6-4），则式（6-3）写成

$$s=\frac{(1-\mu^2)b}{\pi E}\left[m\ln\frac{1+\sqrt{m^2+1}}{m}+\ln(m+\sqrt{m^2+1})\right]p \tag{6-5a}$$

令 $\omega_C=\frac{1}{\pi}\left[m\ln\frac{1+\sqrt{m^2+1}}{m}+\ln(m+\sqrt{m^2+1})\right]$（角点沉降影响系数），则式（6-5a）改换为

$$s=\omega_C\frac{1-\mu^2}{E}bp \tag{6-5b}$$

利用式（6-5b），以角点法（图 3-13）容易求得均布矩形荷载下地基表面任意点的沉降。例如，图 6-2b 中矩形中心点（O 点）的沉降量，可以认为是虚线划分的四个相同小矩形角点（O 点）沉降量之和。由于小矩形的长宽比 $m=(l/2)(b/2)=l/b$ 等于原矩形的长宽比，所以中心点的沉降为

$$s=4\cdot\omega_C\frac{1-\mu^2}{E}(b/2)p=2\omega_C\frac{1-\mu^2}{E}bp \tag{6-6a}$$

即矩形荷载中心点沉降量为角点沉降量的两倍，如令 $\omega_O=2\omega_C$（中心点沉降影响系数），则

$$s=\omega_O\frac{1-\mu^2}{E}bp \tag{6-6b}$$

以上角点法的计算结果和实践经验表明，局部柔性荷载作用下的半空间地基具有应力扩散特性，地基表面沉降不仅产生于荷载面范围之内，还影响到荷载面以外。均布柔性荷载作

用时,地基表面沉降呈碟形分布,如图 6-3a 所示。

一般扩展基础,如柱下独立基础和墙下条形基础,都具有一定的抗弯强度,因而基底沉降趋于均匀分布。所以,中心荷载作用下的基底中心沉降可以近似地按柔性荷载下基底平均沉降计算,即

$$s = \frac{\iint_A s(x, y) \mathrm{d}x\mathrm{d}y}{A} \tag{6-7a}$$

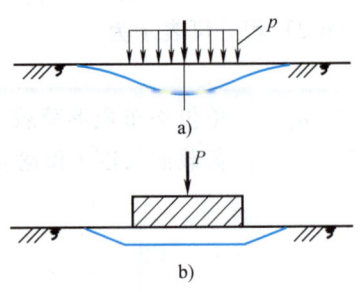

图 6-3 局部荷载作用下的地面沉降
a) 柔性荷载 b) 刚性荷载

式中 A——基底面积。

对于均布矩形荷载,式(6-7a)的计算结果为

$$s = \omega_m \frac{1-\mu^2}{E} bp \tag{6-7b}$$

式中 ω_m——平均沉降影响系数。

为便于计算,将式(6-5b)、式(6-6b)和式(6-7b)统一表达为地面沉降的弹性力学公式,即

$$s = \frac{\omega(1-\mu^2)bp}{E_0} \tag{6-8}$$

式中 s——地基表面各种计算点的沉降量(mm);
b——矩形荷载的宽度或圆形荷载的直径(m);
p——地基表面均布荷载(kPa);
E_0——地基土的变形模量(MPa),替换不常用的弹性模量 E;
ω——沉降影响系数(Influence Coefficients of Settlement),按基础刚度、基底形状及计算点位置确定,可由表 6-1 查得。

表 6-1 沉降影响系数 ω 值

荷载面形状		圆形	方形	矩形（l/b）									
				1.5	2.0	3.0	4.0	5.0	6.0	7.0	8.0	9.0	10.0	100.0
柔性荷载	ω_c	0.64	0.56	0.68	0.77	0.89	0.98	1.05	1.11	1.16	1.20	1.24	1.27	2.00
	ω_0	1.00	1.12	1.36	1.53	1.78	1.96	2.10	2.22	2.32	2.40	2.48	2.54	4.01
	ω_m	0.85	0.95	1.15	1.30	1.52	1.70	1.83	1.96	2.04	2.12	2.19	2.25	3.70
刚性基础	ω_r	0.785	0.886	1.08	1.22	1.44	1.61	1.72	—	—	—	—	2.12	3.40

对于中心荷载下的刚性基础(无筋扩展基础),假设它具有无限大的抗弯刚度,受荷沉降后基础不发生挠曲,因而基底各点的沉降量处处相等,则式(6-2)与基础静力平衡条件 $\iint_A p(\xi, \eta) \mathrm{d}\xi\mathrm{d}\eta = P$ 联合求解后可得基底各点的反力 $p(x, y)$ 和沉降 s。$p = P/A$(A 和 P 分别为基底面积和轴心荷载)为地表均布荷载,常取基底平均附加压力 p_0。ω 为刚性基础沉降影响系数 ω_r,按表 6-1 查得,其值与柔性荷载平均沉降影响系数 ω_m 接近。

当地基土质均匀时,利用式(6-8)估算地基最终沉降是比较简便的,但结果往往偏大。这是由于弹性力学公式是按均质线性变形半空间假设得出的,而实际的地基土是非均质成层

土（有时还包括下卧基岩）。均质土层的变形模量一般也会随深度增加而增大，即并非常数。因此，弹性力学方法计算基础沉降的准确性，依赖于模量是否能反映地基变形的真实情况。利用式（6-8）和地基（静）载荷试验数据反算得到的 E_0，在弹性力学方法计算沉降时较为准确。对于成层土，在地基压缩层深度范围内应取各土层变形模量 E_{0i} 和泊松比 μ_i 的加权平均值 $\overline{E_0}$ 和 $\overline{\mu}$ 作为弹性参数进行沉降计算。

6.2.2 分层总和法

按分层总和法计算基础最终沉降量，首先应将地基压缩层划分为若干分层，计算各分层的压缩量，然后求其总和。地基压缩层深度（地基变形计算深度），是指自基础底面向下需要计算变形所达到的深度，该深度以下土层的变形值小到可以忽略不计。土的压缩性指标从固结试验的压缩曲线中确定，即按 e-p 曲线确定。下面分别介绍单一土层压缩公式、单向压缩分层总和法及其规范修正公式。

1. 单一土层压缩公式

设地基中仅有一层压缩土层，则在大面积均布竖向荷载作用下只有竖向压缩变形，如图 6-4 所示，变形 S 为

$$S = H_1 - H_2 \qquad (6\text{-}9)$$

式中　H_1——土层原来的厚度；

H_2——土层在附加应力作用下变形稳定后的厚度。

由于这时土中的应力状态与侧限压缩试验相同，为无侧向变形条件，根据图 5-3 和式（5-1b）得

$$\frac{S}{H_1} = \frac{e_1 - e_2}{1 + e_1} \qquad (6\text{-}10)$$

于是

$$S = \frac{e_1 - e_2}{1 + e_1} H_1 \qquad (6\text{-}11a)$$

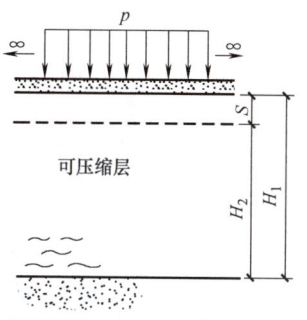

图 6-4　单一土层变形计算

根据 e-p 曲线，得到与初始有效应力 p_1 和最终有效应力 p_2 对应的初始孔隙比 e_1 和最终孔隙比 e_2，再根据式（6-11a）即可计算变形 S。

另外，由压缩系数的定义得知 $e_1 - e_2 = a(p_2 - p_1) = ap$，其中 p 为地基附加应力。于是可将式（6-11a）改写为

$$S = \frac{a}{1 + e_1} p H_1 \qquad (6\text{-}11b)$$

式中　a——压缩系数。

根据压缩系数、压缩模量和体积压缩系数之间的关系，还可以得到另一变形计算公式

$$S = \frac{1}{E_s} p H_1 = m_v p H_1 \qquad (6\text{-}11c)$$

式中　E_s——压缩模量；

　　　m_v——体积压缩系数。

2. 单向压缩分层总和法

实际上，多数地基的可压缩土层较厚且是成层的（图 6-5）。计算时必须先确定地基压

缩层深度，且在此深度范围内进行分层，然后计算基底中心轴线下分层的顶、底面各点的自重应力平均值和附加应力平均值。地基压缩层深度的下限，取地基附加应力等于20%自重应力处，即 $\sigma_z = 0.2\sigma_c$。在该深度以下，如有较高压缩性土层，则应继续向下计算至 $\sigma_z = 0.1\sigma_c$ 处。地基压缩层深度范围内的分层厚度可取 $0.4b$（b 为基础短边宽度），且成层土的层面和地下水位面都要作为自然分层面。

基础最终沉降量 s 的分层总和法为

$$s = \sum_{i=1}^{n} \Delta s_i = \sum_{i=1}^{n} \varepsilon_i H_i \tag{6-12a}$$

式中　Δs_i——第 i 分层土的压缩量；
　　　ε_i——第 i 分层土的压缩应变；
　　　H_i——第 i 分层土的厚度。

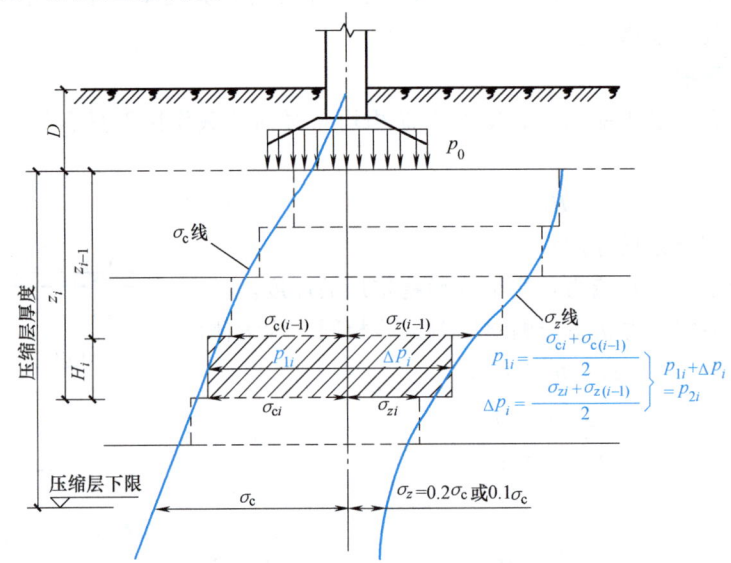

图 6-5　基础最终沉降量计算的分层总和法

因为

$$\varepsilon_i = \frac{e_{1i} - e_{2i}}{1 + e_{1i}} = \frac{a_i(p_{2i} - p_{1i})}{1 + e_{1i}} = \frac{\Delta p_i}{E_{si}} = m_{vi}\Delta p_i \tag{6-12b}$$

$$\Delta s_i = \frac{e_{1i} - e_{2i}}{1 + e_{1i}} H_i = \frac{a_i \Delta p_i}{1 + e_{1i}} H_i = \frac{\Delta p_i}{E_{si}} H_i = m_{vi}\Delta p_i H_i \tag{6-12c}$$

所以

$$s = \sum_{i=1}^{n} \frac{e_{1i} - e_{2i}}{1 + e_{1i}} H_i = \sum_{i=1}^{n} \frac{a_i \Delta p_i}{1 + e_{1i}} H_i = \sum_{i=1}^{n} \frac{\Delta p_i}{E_{si}} H_i = \sum_{i=1}^{n} m_{vi}\Delta p_i H_i \tag{6-12d}$$

式中　e_{1i}——根据第 i 层的自重应力平均值 $[\sigma_{ci} + \sigma_{c(i-1)}]/2$（即 p_{1i}），从 e-p 曲线上查得的孔隙比；
　　　e_{2i}——根据第 i 层土的自重应力平均值 $[\sigma_{ci} + \sigma_{c(i-1)}]/2$ 与附加应力平均 $[\sigma_{zi} + \sigma_{z(i-1)}]/2$ 之和（即 p_{2i}），从 e-p 曲线上查得的相应孔隙比；
　　　a_i、E_{si}、m_{vi}——第 i 分层土的压缩系数、压缩模量和体积压缩系数。

【例 6-1】 某矩形基础的底面尺寸为 4m× 2.5m,设计地面和天然地面高度一致,基础埋深为地表下 1m,土层重度、地下水位等计算资料如图 6-6 所示;其中,粉质黏土层①的室内压缩试验得到 e-p 的关系为:$e=1.2-0.00125p$,黏土层②的室内压缩试验得到 e-p 的关系为:$e=1.1-0.00125p$,p 单位为 kPa。请按分层总和法的单向压缩基本公式计算粉质黏土层①和黏土层②的压缩量。

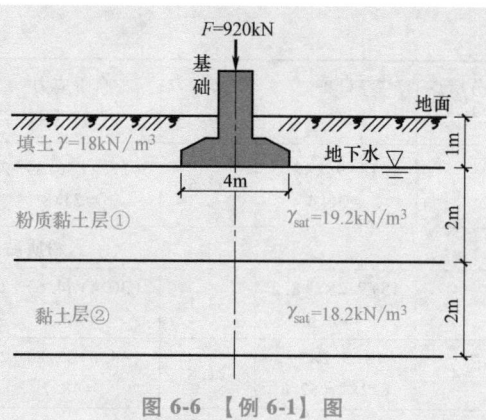

图 6-6 【例 6-1】图

【解】 1)地基分层,分层厚度不超过 $0.4b=0.4\times2.5\text{m}=1.0\text{m}$,综合考虑地下水位,确定分层厚度为 1m。

2)计算自重应力,地下水位以下按有效重度进行计算。计算各分层上下界面处的自重应力。

3)计算地基中竖向附加应力。

基底压力:$p=\dfrac{F+G}{A}=\dfrac{920\text{kN}+4\text{m}\times2.5\text{m}\times20\text{kN/m}^3\times1.0\text{m}}{4\text{m}\times2.5\text{m}}$

$=112\text{kPa}$

基底附加压力:$p_0=p-\sigma_{ch}=112\text{kPa}-18\text{kN/m}^3\times1.0\text{m}=94\text{kPa}$

4)基底分为 4 块,每一小块的 l 和 b 分别为 2m 和 1.25m,$l/b=1.6$;查表 3-1 得应力系数 α_c,以基础底面为起始点,附加应力计算结果见表 6-2。

表 6-2 附加应力计算

分层点深度 z	l/b	z/b	α_c	σ_z/kPa $\sigma_z=p_0\times 4\alpha_c$
0	1.6	0	0.25	94
1	1.6	0.8	0.215	80.8
2	1.6	1.6	0.140	52.6
3	1.6	2.4	0.088	33.1
4	1.6	3.2	0.058	21.8

5)计算分层土应力平均值、孔隙比及沉降量,见表 6-3。

表 6-3 沉降量计算

分层点深度 z	自重应力 σ_c	附加应力 σ_z	自重应力平均/kPa	附加应力平均/kPa	自重+附加	压缩前孔隙比	压缩后孔隙比	压缩量/mm
0	18	94	—	—	—	—	—	—
1	18+9.2×1 =27.2	80.8	(18+27.2) ÷2=22.6	(94+80.8) ÷2=87.4	110	1.17	1.06	50.7

（续）

分层点深度 z	自重应力 σ_c	附加应力 σ_z	自重应力平均/kPa	附加应力平均/kPa	自重+附加	压缩前孔隙比	压缩后孔隙比	压缩量/mm
2	18+9.2×2 =36.4	52.6	(17.2+36.4)÷2 =31.8	(80.8+52.6)÷2 =66.7	98.5	1.16	1.08	37.0
粉质黏土层①的压缩量								87.7
3	18+9.2×2+8.2 =44.6	33.1	(36.4+44.6)÷2 =40.5	(52.6+33.1)÷2 =42.9	83.4	1.05	1.00	24.4
4	18+9.2×2+ 8.2×2=52.8	21.8	(44.6+52.8)÷2 =48.7	(33.1+21.8)÷2 =27.5	76.2	1.07	1.00	33.8
黏土层②的总压缩量								58.2

3. 分层总和法规范修正公式

《建筑地基基础设计规范》（GB 50007）所推荐的地基最终变形量（即基础最终沉降量）计算公式是分层总和法单向压缩的修正方法。它同样采用侧限条件 e-p 曲线的压缩性指标，但引入了地基平均附加应力系数 $\bar{\alpha}$ 这一新参数，并规定了地基变形计算深度 z_n 新标准，还提出了沉降计算经验系数 ψ_s，使得计算成果更接近于实测值。

地基平均附加应力系数 $\bar{\alpha}$ 为基底至任意深度 z 范围内的附加应力（分布图）面积 A 与基底附加压力与深度乘积 $p_0 z$ 的比值，即 $\bar{\alpha}=A/p_0 z$。假设地基土是均质的，在侧限条件下压缩模量不随深度改变，则从基底至地基深度 z 范围内的压缩量 s' 可表示为（图6-7）

$$s' = \int_0^z \varepsilon \mathrm{d}z = \frac{1}{E_s}\int_0^z \sigma_z \mathrm{d}z = \frac{A}{E_s} \quad (6\text{-}13\mathrm{a})$$

式中 ε——土的压缩应变，$\varepsilon = \sigma_z/E_s$；

σ_z——地基（竖向）附加应力，$\sigma_z = \alpha p_0$，p_0 为基底附加压力，α 为地基（竖向）附加应力系数；

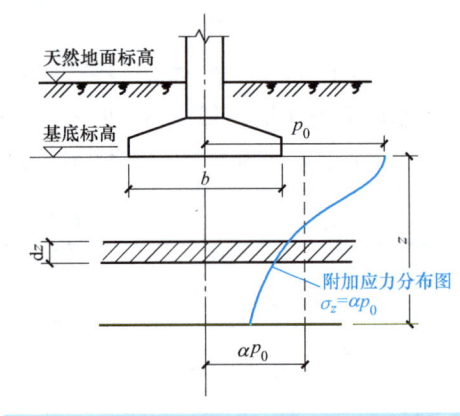

图6-7 地基平均附加应力系数 $\bar{\alpha}$ 的物理意义

A——基底至任意深度 z 范围内的附加应力面积 $A = \int_0^z \sigma_z \mathrm{d}z = p_0 \int_0^z \alpha \mathrm{d}z$。

为便于表达，引入附加应力系数，则式（6-13a）改为

$$s' = \frac{p_0 z \bar{\alpha}}{E_s} \quad (6\text{-}13\mathrm{b})$$

式中 $\bar{\alpha}$——z 范围内的（竖向）平均附加应力系数。

由此可得成层地基中第 i 分层土的（竖向）变形量公式，即

$$\Delta s_i' = s_i' - s_{i-1}' = \frac{A_i - A_{i-1}}{E_{si}} = \frac{\Delta A_i}{E_{si}} = \frac{p_0}{E_{si}}(z_i \bar{\alpha}_i - z_{i-1} \bar{\alpha}_{i-1}) \quad (6\text{-}14)$$

式中 s'_i、s'_{i-1}——z_i 和 z_{i-1} 范围内的变形量；

$\bar{\alpha}_i$、$\bar{\alpha}_{i-1}$——z_i 和 z_{i-1} 范围内地基竖向平均附加应力系数；

$p_0 z_i \bar{\alpha}_i$——z_i 范围内附加应力面积 A_i（图 6-8 中面积 1234）的等代值；

$p_0 z_{i-1} \bar{\alpha}_{i-1}$——$z_{i-1}$ 范围内附加应力面积 A_{i-1}（图 6-8 中面积 1256）的等代值；

ΔA_i——第 i 分层的竖向附加应力面积（图 6-8 中面积 5634），$\Delta A_i = A_i - A_{i-1}$。

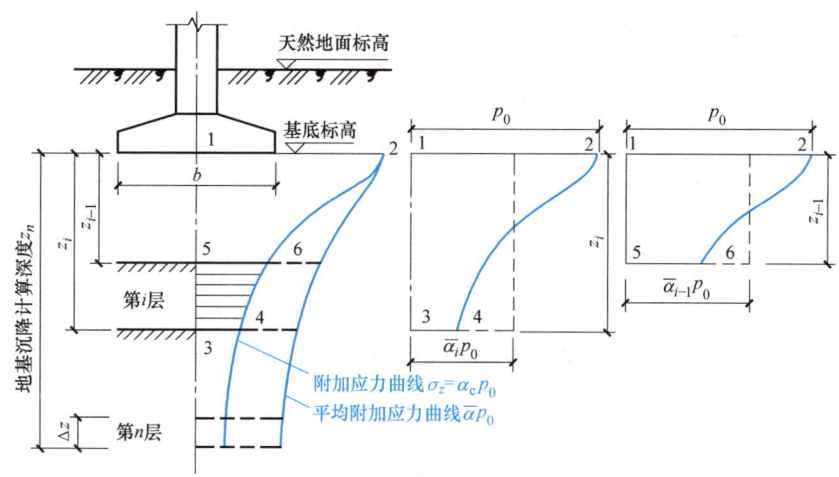

图 6-8 分层变形计算原理

因此，按分层总和法计算的地基变形量公式如下

$$s' = \sum_1^n \Delta s'_i = \sum_1^n \frac{p_0}{E_{si}}(z_i \bar{\alpha}_i - z_{i-1} \bar{\alpha}_{i-1}) \tag{6-15}$$

地基变形计算深度 z_n 的新标准是指规范规定的采用"变形比法"替代传统"应力比法"来确定分层总和法地基压缩层深度的标准。变形比法要求，由该深度向上按表 6-4 规定的计算厚度 Δz（图 6-8）的变形量 $\Delta s'_n$，应满足下式要求

$$\Delta s'_n \leqslant 0.025 \sum_{i=1}^n \Delta s'_i \tag{6-16}$$

表 6-4 计算厚度 Δz 值

b/m	≤2	2<b≤4	4<b≤8	b>8
$\Delta z/m$	0.3	0.6	0.8	1.0

按式（6-16）所确定的地基变形计算深度下如有较软弱土层时，尚应向下继续计算直至软弱土层中所取规定厚度 Δz 的变形值满足式（6-16）为止。当无相邻荷载影响且基础宽度在 1~30m 范围内时，基础中点地基变形计算深度也可按下式计算

$$z_n = b(2.5 - 0.4\ln b) \tag{6-17}$$

式中 b——基础宽度（m）。

当地基变形计算深度范围内存在基岩时，z_n 可取至基岩顶面。当存在孔隙比小于 0.5 且压缩模量大于 50MPa 的较厚坚硬黏性土层或存在压缩模量大于 80MPa 的较厚密实砂卵石层时，z_n 可取至该层顶面。

为了提高计算准确度，地基变形计算深度范围内的计算变形量 $s' = \sum_{i=1}^{n} \Delta s'_i$ 尚须乘以一个沉降计算经验系数 ψ_s（表6-5），其定义为

$$\psi_s = \frac{s_\infty}{s'} \quad (6\text{-}18)$$

式中 s_∞——利用基础沉降观测资料推算得到的最终沉降量。

因此，计算地基最终变形量 s 的分层总和法规范修正公式如下

$$s = \psi_s s' = \psi_s \sum_{i=1}^{n} \frac{p_0}{E_{si}} (z_i \overline{\alpha}_i - z_{i-1} \overline{\alpha}_{i-1}) \quad (6\text{-}19)$$

表6-5 沉降计算经验系数 ψ_s

	$\overline{E}_s$/MPa	2.5	4.0	7.0	15.0	20.0
地基附加应力	$p_0 \geq f_{ak}$	1.4	1.3	1.0	0.4	0.2
	$p_0 \leq 0.75 f_{ak}$	1.1	1.0	0.7	0.4	0.2

表6-5中 $\overline{E}_s$ 为地基变形计算深度范围内压缩模量的当量值，应按下式计算

$$\overline{E}_s = \frac{\sum \Delta A_i}{\sum \dfrac{\Delta A_i}{E_{si}}} \quad (6\text{-}20)$$

式中 ΔA_i——第 i 层土附加应力系数沿土层厚度的积分值，$\Delta A_i = A_i - A_{i-1} = p_0 (z_i \overline{\alpha}_i - z_{i-1} \overline{\alpha}_{i-1})$。

均布矩形荷载角点下的竖向平均附加应力系数 $\overline{\alpha}$ 的取值见表6-6。三角形分布的矩形荷载角点下的竖向平均附加应力系数 $\overline{\alpha}$ 见表6-7。

表6-6 均布矩形荷载角点下的竖向平均附加应力系数 $\overline{\alpha}$

z/b	l/b											
	1.0	1.2	1.4	1.6	1.8	2.0	2.4	2.8	3.2	3.6	4.0	5.0	10.0
0.0	0.2500	0.2500	0.2500	0.2500	0.2500	0.2500	0.2500	0.2500	0.2500	0.2500	0.2500	0.2500	0.2500
0.2	0.2496	0.2497	0.2498	0.2498	0.2498	0.2498	0.2498	0.2498	0.2498	0.2498	0.2498	0.2498	0.2498
0.4	0.2474	0.2479	0.2481	0.2483	0.2483	0.2484	0.2485	0.2485	0.2485	0.2485	0.2485	0.2485	0.2485
0.6	0.2423	0.2437	0.2444	0.2448	0.2451	0.2452	0.2454	0.2455	0.2455	0.2455	0.2455	0.2455	0.2455
0.8	0.2346	0.2372	0.2387	0.2395	0.2400	0.2403	0.2407	0.2408	0.2409	0.2409	0.2410	0.2410	0.2410
1.0	0.2252	0.2291	0.2313	0.2326	0.2335	0.2340	0.2346	0.2349	0.2351	0.2352	0.2352	0.2353	0.2353
1.2	0.2149	0.2199	0.2229	0.2248	0.2260	0.2268	0.2278	0.2282	0.2285	0.2286	0.2287	0.2288	0.2289
1.4	0.2043	0.2102	0.2140	0.2164	0.2180	0.2191	0.2204	0.2211	0.2215	0.2217	0.2218	0.2220	0.2221
1.6	0.1939	0.2006	0.2049	0.2079	0.2099	0.2113	0.2130	0.2066	0.2073	0.2077	0.2079	0.2082	0.2084
1.8	0.1840	0.1912	0.1960	0.1994	0.2018	0.2034	0.2055	0.2066	0.2073	0.2077	0.2079	0.2082	0.2084
2.0	0.1746	0.1822	0.1875	0.1912	0.1938	0.1958	0.1982	0.1996	0.2004	0.2009	0.2012	0.2015	0.2018
2.2	0.1659	0.1737	0.1793	0.1833	0.1862	0.1883	0.1911	0.1927	0.1937	0.1943	0.1947	0.1952	0.1955
2.4	0.1578	0.1657	0.1715	0.1757	0.1789	0.1745	0.1779	0.1799	0.1812	0.1820	0.1825	0.1832	0.1838

（续）

z/b	l/b												
	1.0	1.2	1.4	1.6	1.8	2.0	2.4	2.8	3.2	3.6	4.0	5.0	10.0
2.6	0.1503	0.1573	0.1642	0.1686	0.1719	0.1745	0.1779	0.1799	0.1812	0.1820	0.1825	0.1832	0.1838
2.8	0.1433	0.1514	0.1574	0.1619	0.1654	0.1680	0.1717	0.1739	0.1753	0.1763	0.1769	0.1777	0.1784
3.0	0.1369	0.1449	0.1510	0.1556	0.1592	0.1619	0.1658	0.1682	0.1698	0.1708	0.1715	0.1725	0.1733
3.2	0.1310	0.1390	0.1450	0.1497	0.1533	0.1562	0.1602	0.1628	0.1645	0.1657	0.1664	0.1675	0.1685
3.4	0.1256	0.1334	0.1394	0.1441	0.1478	0.1508	0.1550	0.1577	0.1595	0.1607	0.1616	0.1628	0.1639
3.6	0.1202	0.1282	0.1342	0.1389	0.1427	0.1456	0.1500	0.1528	0.1548	0.1561	0.1570	0.1583	0.1595
3.8	0.1158	0.1234	0.1293	0.1340	0.1378	0.1408	0.1452	0.1482	0.1502	0.1516	0.1526	0.1541	0.1554
4.0	0.1114	0.1189	0.1248	0.1294	0.1332	0.1362	0.1408	0.1438	0.1459	0.1474	0.1485	0.1500	0.1516
4.2	0.1073	0.1147	0.1205	0.1251	0.1289	0.1319	0.1365	0.1396	0.1418	0.1434	0.1445	0.1462	0.1479
4.4	0.1035	0.1107	0.1164	0.1210	0.1248	0.1279	0.1325	0.1357	0.1379	0.1396	0.1407	0.1425	0.1444
4.6	0.1000	0.1070	0.1127	0.1172	0.1209	0.1240	0.1250	0.1283	0.1307	0.1324	0.1337	0.1357	0.1379
4.8	0.0967	0.1036	0.1091	0.1136	0.1173	0.1204	0.1250	0.1283	0.1307	0.1324	0.1337	0.1357	0.1379
5.0	0.0935	0.1003	0.1057	0.1102	0.1139	0.1169	0.1216	0.1249	0.1273	0.1291	0.1304	0.1325	0.1348
5.2	0.0906	0.0972	0.1026	0.1070	0.1106	0.1136	0.1183	0.1217	0.1241	0.1259	0.1273	0.1295	0.1320
5.4	0.0878	0.0943	0.0996	0.1037	0.1075	0.1105	0.1152	0.1186	0.1211	0.1229	0.1243	0.1265	0.1292
5.6	0.0852	0.1916	0.0968	0.1010	0.1046	0.1076	101122	0.1156	0.1181	0.1200	0.1215	0.1238	0.1266
5.8	0.0828	0.0890	0.0941	0.0983	0.1018	0.1047	0.1094	0.1128	0.1153	0.1172	0.1187	0.1211	0.1240
6.0	0.0808	0.866	0.0916	0.0957	0.0991	0.1021	0.1067	0.1101	0.1126	0.1146	0.1161	0.1185	0.1216
6.2	0.0783	0.0842	0.0891	0.0932	0.0966	0.0995	0.1041	0.1075	0.1101	0.1120	0.1136	0.1161	0.1193
6.4	0.0762	0.0820	0.0869	0.0909	0.0942	0.0971	0.1016	0.1050	0.1076	0.1096	0.1111	0.1137	0.1171
6.6	0.0742	0.0799	0.0847	0.0886	0.0919	0.0948	0.0993	0.1027	0.1053	0.1073	0.1088	0.1114	0.1149
6.8	0.0723	0.1799	0.0826	0.0865	0.0898	0.0926	0.0970	0.1004	0.1030	0.1050	0.1066	0.1092	0.1129
7.0	0.0705	0.0761	0.0806	0.0844	0.0877	0.0904	0.0949	0.0982	0.1008	0.1028	0.1044	0.1071	0.1109
7.2	0.0688	0.0742	0.0787	0.0825	0.0857	0.0884	0.0928	0.0962	0.0987	0.1008	0.1023	0.1051	0.1090
7.4	0.0672	0.0725	0.0769	0.0806	0.0838	0.0865	0.0908	0.0942	0.0967	0.0988	0.1004	0.1031	0.1071
7.6	0.0656	0.0709	0.0752	0.0789	0.0820	0.0846	0.0889	0.0922	0.0948	0.0967	0.0984	0.1012	0.1054
7.8	0.0642	0.0693	0.0736	0.0771	0.0802	0.0828	0.0871	0.0904	0.0929	0.0950	0.0966	0.0994	0.1036
8.0	0.0627	0.0678	0.0720	0.0755	0.0785	0.0811	0.0853	0.0886	0.0912	0.0932	0.0948	0.0976	0.1020
8.2	0.0614	0.0663	0.0705	0.0739	0.0769	0.0795	0.0837	0.0869	0.0894	0.0914	0.0931	0.0959	0.1004
8.4	0.0601	0.0649	0.0690	0.0724	0.0754	0.0779	0.0820	0.0852	0.0878	0.0898	0.0914	0.0943	0.0988
8.6	0.0588	0.0636	0.0676	0.0710	0.0739	0.0764	0.0805	0.0836	0.0862	0.0882	0.0898	0.0927	0.0973
8.8	0.0576	0.0623	0.0663	0.0696	0.0724	0.0749	0.0790	0.0821	0.0846	0.0866	0.0882	0.0712	0.0959
9.2	0.0551	0.0599	0.0637	0.0670	0.0697	0.0721	0.0761	0.0792	0.0817	0.0837	0.0853	0.0882	0.0931
9.6	0.0533	0.0577	0.0614	0.0645	0.0672	0.0696	0.0734	0.0765	0.0789	0.0809	0.0825	0.0855	0.0902
10.4	0.0496	0.0537	0.0572	0.0601	0.0627	0.0649	0.0686	0.0716	0.0739	0.0759	0.0775	0.0804	0.0857
10.8	0.0479	0.0519	0.0553	0.0581	0.0606	0.0628	0.0664	0.0693	0.0717	0.0736	0.0751	0.0781	0.0834
11.2	0.0463	0.0502	0.0535	0.0563	0.0587	0.0609	0.0644	0.0672	0.0695	0.0714	0.0730	0.0759	0.0812
11.6	0.0448	0.0486	0.0518	0.0545	0.0569	0.0590	0.0625	0.0652	0.0675	0.0694	0.0709	0.0738	0.0793
12.0	0.0435	0.0471	0.0502	0.0529	0.0552	0.0573	0.0606	0.0634	0.0656	0.0674	0.0690	0.0719	0.0774
12.8	0.0409	0.0444	0.0474	0.0499	0.0521	0.0541	0.0573	0.099	0.0621	0.0639	0.0654	0.0682	0.0739

（续）

z/b	l/b											
	1.0	1.2	1.4	1.6	1.8	2.0	2.4	2.8	3.2	3.6	4.0	5.0	10.0
13.6	0.0387	0.0420	0.0448	0.0472	0.0493	0.0512	0.0543	0.0568	0.0598	0.0607	0.0621	0.0649	0.0707
14.4	0.0367	0.0398	0.0425	0.0448	0.0468	0.0486	0.0516	0.0540	0.0561	0.0577	0.0592	0.0619	0.0677
15.2	0.0349	0.0379	0.0404	0.0426	0.0446	0.0463	0.0492	0.0512	0.0535	0.0551	0.0565	0.0592	0.0650
16.0	0.0332	0.0361	0.0385	0.0407	0.0425	0.0442	0.0469	0.0492	0.0511	0.0527	0.0540	0.0567	0.0625
18.0	0.0297	0.0323	0.0345	0.0364	0.0381	0.0396	0.0396	0.0422	0.0422	0.0160	0.0475	0.0512	0.0570
20.0	0.0269	0.0292	0.0312	0.0330	0.0345	0.0359	0.0383	0.0402	0.0418	0.0432	0.0444	0.0469	0.0524

表 6-7 三角形分布的矩形荷载角点下的竖向平均附加应力系数 $\bar{\alpha}$

z/b	l/b									
	0.2		0.4		0.6		0.8		1.0	
	点1	点2	点1	点2	点1	点2	点1	点2	点1	点2
0.0	0.0000	0.2500	0.0000	0.2500	0.0000	0.2500	0.0000	0.2500	0.0000	0.2500
0.2	0.0112	0.2161	0.0140	0.2308	0.0148	0.2333	0.0151	0.2339	0.0152	0.2341
0.4	0.0179	0.1810	0.0245	0.2084	0.0270	0.2153	0.0280	0.2175	0.0285	0.2184
0.6	0.0207	0.1505	0.0308	0.1851	0.0355	0.1966	0.0376	0.2011	0.0388	0.2030
0.8	0.0217	0.1277	0.0340	0.1640	0.0405	0.1787	0.0440	0.1852	0.0459	0.1883
1.0	0.0217	0.1104	0.0351	0.1461	0.0430	0.1624	0.0476	0.1704	0.0502	0.1746
1.2	0.0212	0.0970	0.0351	0.1312	0.0439	0.1480	0.0492	0.1571	0.0525	0.1621
1.4	0.0204	0.0865	0.0344	0.1187	0.0436	0.1356	0.0495	0.1451	0.0534	0.0507
1.6	0.0195	0.0779	0.0333	0.1082	0.0427	0.1247	0.0490	0.1345	0.0533	0.1405
1.8	0.0186	0.0709	0.0321	0.0993	0.0415	0.1153	0.0480	0.1252	0.0525	0.1313
2.0	0.0178	0.0650	0.0308	0.0917	0.0401	0.1071	0.0467	0.1169	0.0513	0.1232
2.5	0.0157	0.0538	0.0276	0.0769	0.0365	0.0908	0.0429	0.1000	0.0478	0.1063
3.0	0.0140	0.0458	0.0248	0.0661	0.0330	0.0786	0.0392	0.0871	0.0439	0.0931
5.0	0.0097	0.0289	0.0175	0.0424	0.0236	0.0476	0.0285	0.0576	0.0324	0.0624
7.0	0.0073	0.0211	0.0133	0.311	0.0180	0.0352	0.0219	0.0427	0.0251	0.0465
10.0	0.0053	0.0150	0.0097	0.0222	0.133	0.0253	0.0162	0.0308	0.0186	0.0336
0.0	0.0000	0.2500	0.0000	0.2500	0.0000	0.2500	0.0000	0.2500	0.0000	0.2500
0.2	0.0153	0.2343	0.0153	0.2343	0.0153	0.2343	0.0153	0.2343	0.0153	0.2343
0.4	0.0288	0.2187	0.0289	0.2189	0.0290	0.2190	0.0290	0.2190	0.0290	0.2191
0.6	0.0394	0.2039	0.0397	0.2043	0.0399	0.2046	0.0400	0.2047	0.0401	0.2048
0.8	0.0470	0.1899	0.0476	0.1907	0.0480	0.1912	0.0482	0.1915	0.0483	0.1917
1.0	0.0518	0.1769	0.0528	0.1781	0.0534	0.1789	0.0538	0.1794	0.0540	0.1797
1.2	0.0546	0.1649	0.0560	0.1666	0.0568	0.1678	0.0574	0.1684	0.0577	0.1689
1.4	0.0559	0.1541	0.0575	0.1562	0.0586	0.1576	0.0594	0.1585	0.0599	0.1591
1.6	0.0561	0.1443	0.0580	0.1467	0.0594	0.1484	0.0603	0.1494	0.0609	0.1502
1.8	0.0556	0.1354	0.0578	0.1381	0.0593	0.1400	0.0604	0.1413	0.0611	0.1422
2.0	0.0547	0.1274	0.0570	0.1303	0.0587	0.1324	0.0599	0.1338	0.0608	0.1348
2.5	0.0513	0.1107	0.0540	0.1139	0.0560	0.1163	0.0575	0.1180	0.0586	0.1193
3.0	0.0476	0.0976	0.0503	0.1008	0.0525	0.1033	0.0541	0.1052	0.0554	0.1067

(续)

z/b	l/b									
	1.2		1.4		1.6		1.8		2.0	
	点1	点2	点1	点2	点1	点2	点1	点2	点1	点2
5.0	0.0356	0.0661	0.0382	0.0690	0.0403	0.0714	0.0421	0.0734	0.0435	0.0749
7.0	0.0277	0.0496	0.0299	0.0520	0.0318	0.0541	0.0333	0.0558	0.0347	0.0572
10.0	0.0207	0.0359	0.0224	0.0379	0.0239	0.0395	0.0252	0.0409	0.0263	0.0403

z/b	l/b									
	3.0		4.0		6.0		8.0		10.0	
	点1	点2	点1	点2	点1	点2	点1	点2	点1	点2
0.0	0.0000	0.2500	0.0000	0.2500	0.0000	0.2500	0.0000	0.2500	0.0000	0.2500
0.2	0.0153	0.2343	0.0153	0.2343	0.0153	0.2343	0.0153	0.2343	0.0153	0.2343
0.4	0.0290	0.2192	0.0290	0.2192	0.0290	0.2192	0.0290	0.2192	0.0290	0.2192
0.6	0.0402	0.2050	0.0402	0.2050	0.0402	0.2050	0.0402	0.2050	0.0402	0.2050
0.8	0.0486	0.1920	0.0487	0.1920	0.0487	0.1921	0.0487	0.1921	0.0487	0.1921
1.0	0.0545	0.1803	0.0546	0.1803	0.0546	0.1804	0.0546	0.1804	0.0546	0.1804
1.2	0.0584	0.1697	0.0586	0.1699	0.0587	0.1700	0.0587	0.1700	0.0587	0.1700
1.4	0.0609	0.1603	0.0612	0.1605	0.0613	0.1606	0.0613	0.1606	0.0613	0.1606
1.6	0.0623	0.1517	0.0626	0.1521	0.0628	0.1523	0.0628	0.1523	0.0628	0.1523
1.8	0.0628	0.1441	0.0633	0.1445	0.0635	0.1447	0.0635	0.1448	0.0635	0.1448
2.0	0.0629	0.1371	0.0634	0.1377	0.0637	0.1380	0.0638	0.1380	0.0638	0.1380
2.5	0.0614	0.1223	0.0623	0.1233	0.0627	0.1237	0.0628	0.1238	0.0628	0.1239
3.0	0.0589	0.1104	0.0600	0.1116	0.0607	0.1123	0.0609	0.1124	0.0609	0.1125
5.0	0.0480	0.0797	0.0500	0.0817	0.0515	0.0833	0.0519	0.0837	0.0521	0.0839
7.0	0.0302	0.4620	0.0325	0.0485	0.0340	0.0509	0.0359	0.0520	0.0364	0.0674
10.0	0.0302	0.4620	0.0325	0.0485	0.0340	0.0509	0.0359	0.0520	0.0364	0.0526

6.2.3 应力历史法

考虑前期固结压力的分层总和法又称为 $e\text{-}\lg p$ 法。正常固结土和超固结土压缩试验的 $e\text{-}\lg p$ 曲线分别如图 6-9a、b 所示。p_c 为前期固结应力,p_0 为上覆地基土体重力。对正常固结土 $p_0=p_c$,对超固结土 $p_0<p_c$。当 $p<p_c$ 时,$e\text{-}\lg p$ 曲线斜率(回弹指数)为 C_e;当 $p>p_c$,$e\text{-}\lg p$ 曲线斜率(压缩指数)为 C_c。

在计算各土层压缩时,应判断土体在附加应力 Δp 作用下是处于超固结状态还是正常固结状态。如果 $p_c>p_0$,即土体为超固结土,当附加应力 $\Delta p<p_c-p_0$ 时,即土体在 Δp 作用下还处于超固结状态,则土体压缩性指标应取回弹指数,式(6-12c)改写成下述形式

$$\Delta s_i = H_i \frac{C_e}{1+e_0} \lg \frac{p_0+\Delta p}{p_0} \tag{6-21}$$

式中　e_0——土体初始孔隙比;
　　　H_i——第 i 层土体厚度。

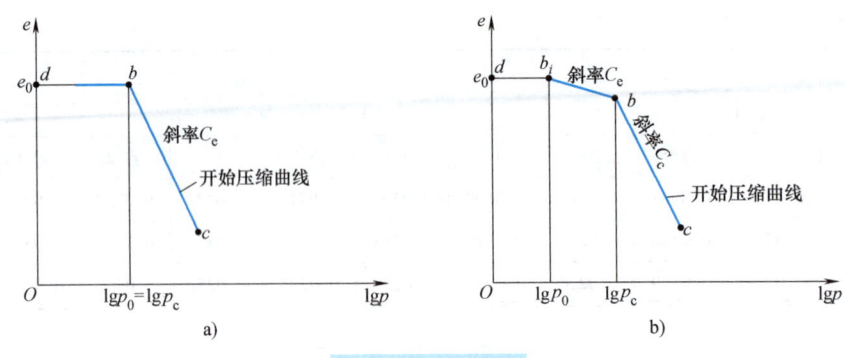

图 6-9 e-$\lg p$ 曲线

a) 正常固结土 b) 超固结土

当附加应力 $\Delta p > p_c - p_0$ 时，即土体在 Δp 作用下已由超固结状态转变为正常固结状态时，压缩量应分二段计算。第一阶段采用回弹指数，第二阶段采用压缩指数，式（6-12c）可改为

$$\Delta s_i = \frac{H_i}{1+e_0}\left(C_e \lg \frac{p_c}{p_0} + C_c \lg \frac{p_0+\Delta p}{p_c}\right) \tag{6-22}$$

得到各土层压缩量后，再求和即可得到总沉降，即

$$s = \sum_{i=1}^{n} \Delta s_i \tag{6-23}$$

对正常固结黏土，$p_c = p_0$，则 e-$\lg p$ 法沉降计算式为

$$s = \sum_{i=1}^{n} \frac{H_i C_{ci}}{1+e_{0i}} \lg \frac{p_{vi}+\Delta p_i}{p_{0i}} \tag{6-24}$$

考虑前期固结压力的分层总和法与普通分层总和法计算正常固结土地基时差别不大，不同的是前者应用 e-$\lg p$ 曲线，后者应用 e-p 曲线。在计算超固结土地基或加载-卸载-再加载情况时，e-$\lg p$ 法比普通分层总和法要精确，原因在于它考虑了土体处于超固结状态阶段和正常固结状态阶段土体压缩性指标的不同。

6.3 地基变形与时间的关系

6.3.1 饱和土固结时的有效应力

一般认为当土中孔隙体积的 80% 以上为水充满时，土中虽有少量气体存在，但大都是封闭气体，可视为饱和土。饱和土的固结包括渗透固结（主固结）和次固结两部分，前者由土孔隙中自由水的排出速度决定，后者由土骨架的蠕变速度决定。在附加应力作用下，饱和土孔隙中的一些自由水将随时间延续而逐渐被排出，同时孔隙体积随着缩小，这个过程称为饱和土的渗透固结。饱和土的渗透固结，可借助弹簧活塞模型来说明。如图 6-10 所示，在一个盛满水的圆筒中装着一个带有弹簧的活塞，弹簧上下两端分别连接活塞和筒底，活塞上有许多透水的小孔。当在活塞上施加外压力的一瞬间，弹簧没有受压，全部压力由圆筒内的水所承担。水受到超孔隙水压力后开始经活塞小孔逐渐排出，受压活塞随之下降，使得弹簧受压而且压力逐渐增加，直到外压力全部由弹簧承担为止。设想以弹簧来模拟骨架，圆筒内的水就相当于土孔隙中的水，活塞小孔相当于土的孔隙。则此模拟可以用来说明饱和土在渗透固结中，土骨架和孔隙水对压力的分担作用，即施加在饱和土上的外压力开始全部由土中水承担，随着土孔隙中一些自由水的挤出，外压力逐渐转嫁给土骨架。

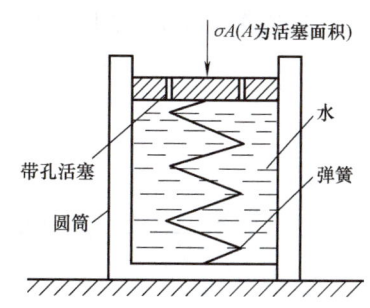

图 6-10　土骨架与土中水分担压力变化模型

饱和土固结过程的任一时间，土中任意点的有效应力 σ' 与孔隙水压力 u 之和总是等于施加的总应力 σ。在加压的那一瞬间，由于 $u = \sigma_z$，所以 $\sigma' = 0$；而当固结变形完全稳定时，$\sigma' = \sigma_z$，$u = 0$。因此，只要土中超孔隙水压力存在，就意味着土的渗透固结变形尚未完成。换而言之，饱和土的渗透固结就是孔隙水压力的消散和有效应力的增长过程。

6.3.2　太沙基一维固结理论

1. 基本假设

太沙基（K. Terzaghi. 1925）提出的一维固结理论，可以求解饱和土渗透固结过程中任意时间的变形，其适用条件为荷载面积远大于可压缩土层的厚度。

厚度为 H 的饱和土层，其顶面透水，底面不透水，且孔隙水主要沿竖向渗流，如图 6-11a 所示。该土层在自重作用下的固结变形已经完成，由于在透水面上瞬时施加连续均布荷载 p_0，土体产生固结变形。由于是大面积荷载，此连续均布荷载 p_0 引起的地基附加应力沿深度是均匀分布的，且为 $\sigma_z = p_0$。在时间 $t = 0$ 时，荷载全部由孔隙水承担，因此土层中超孔隙水压力沿深度均为 $u = \sigma_z = p_0$。由于土层下部边界不透水，孔隙水向上流出，上部边界超孔隙水压力将首先全部消散，而有效应力增长至 p_0。沿透水边界向下，将形成一条消散曲线，即强度增长曲线。随时间的推移，土层中某点的超孔隙水压力将逐渐变小，有效应力将逐渐变大。

为得到理论解答，现做如下基本假设：
1）土层是均质、各向同性和完全饱和的。
2）土粒和孔隙水都是不可压缩的。
3）土中附加应力沿水平面是无限均匀分布的，因此土层的固结和土中水的渗流都是竖向的。
4）土中水的渗流服从于达西定律。
5）在渗透固结中，土的渗透系数 k 和压缩系数 a 都是不变的常数。
6）外荷载是一次骤然施加的，在固结过程中保持不变。
7）土体变形完全是由土层中超孔隙水压力消散引起的。

2. 控制方程和求解条件

基于以上假定，太沙基建立了饱和土的一维固结方程，如图 6-11 所示。图中 H 为土层厚度；p_0 为瞬时施加的连续均布荷载。

从地基任一深度 z 处取微元 $dxdydz$。该处静水压力为 $\gamma_w z$（γ_w 为水重度）。在 p_0 作用

下,该处产生超静孔压 u,则相应的超静水头 h 为

$$h = \frac{u}{\gamma_w} \tag{6-25}$$

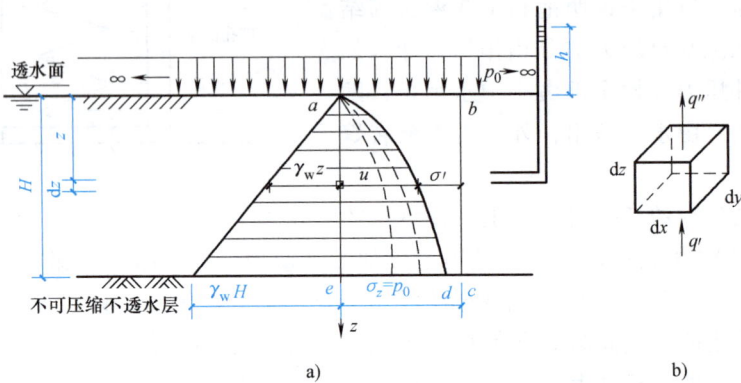

图 6-11 饱和土层中孔隙水压力(或有效应力)分布随时间的变化

设单位时间内从微元顶面流入的水量为 $q'=q$。则由微分原理,同一时间从微元底面流出的水量为 $q''=q+\frac{\partial q}{\partial z}\mathrm{d}z$(图 6-11b)。故 $\mathrm{d}t$ 时间内微元的水量变化为

$$\mathrm{d}Q = \left[q-\left(q+\frac{\partial q}{\partial z}\mathrm{d}z\right)\right]\mathrm{d}t = -\frac{\partial q}{\partial z}\mathrm{d}z\mathrm{d}t \tag{6-26}$$

由达西定律得到

$$q = vA = k_v iA = k_v\left(-\frac{\partial h}{\partial z}\right)\mathrm{d}x\mathrm{d}y \tag{6-27}$$

式中 v——孔隙水渗透速度;

k_v——土层竖向渗透系数(cm/s,cm/年);

i——水力梯度;

A——土微元过水断面面积。

将式(6-25)和式(6-27)代入式(6-26),并注意到 k_v 为常数(假定 5),可得

$$\mathrm{d}Q = \frac{k_v}{\gamma_w}\frac{\partial^2 u}{\partial z^2}\mathrm{d}x\mathrm{d}y\mathrm{d}z\mathrm{d}t \tag{6-28}$$

$\mathrm{d}t$ 时间内微元体的变化为

$$\mathrm{d}V = \frac{\partial V}{\partial t}\mathrm{d}t = \frac{\partial}{\partial t}[V_s(1+e)]\mathrm{d}t = \frac{1}{1+e_1}\frac{\partial e}{\partial t}\mathrm{d}x\mathrm{d}y\mathrm{d}z\mathrm{d}t \tag{6-29}$$

式中 V——固结过程中任一时刻土微元的体积,$V = V_s(1+e)$;

V_s——微元体中土颗粒体积,由于土颗粒不可压缩(假定 2),故

$$V_s = \frac{\mathrm{d}x\mathrm{d}y\mathrm{d}z}{1+e_1} = 常数$$

式中 e——固结过程中任一时刻的孔隙比;

e_1——固结刚开始($t=0$)时的孔隙比。

显然,根据假定 1 和假定 2,$\mathrm{d}t$ 时间内微元的水量变化应等于微元体积的变化,即 $\mathrm{d}Q=$

dV，则将式（6-28）代入式（6-29）得

$$\frac{k_v}{\gamma_w}\frac{\partial^2 u}{\partial z^2}=\frac{1}{1+e_1}\frac{\partial e}{\partial t} \qquad (6\text{-}30)$$

另由压缩系数定义和有效应力原理得到

$$de=-adp=-ad\sigma_z' \qquad (6\text{-}31a)$$

$$\sigma_z'=\sigma_z-u=p_0-u \qquad (6\text{-}31b)$$

式中 σ_z'——竖向有效应力。

由式（6-30）、式（6-31）并注意到 $p_0=$常数（假定6）可得

$$\frac{\partial e}{\partial t}=\frac{de}{d\sigma_z'}\frac{\partial \sigma_z'}{\partial t}=-a\frac{\partial(p_0-u)}{\partial t}=a\frac{\partial u}{\partial t} \qquad (6\text{-}32)$$

将式（6-32）代入式（6-30）得

$$c_v\frac{\partial^2 u}{\partial z^2}=\frac{\partial u}{\partial t} \qquad (6\text{-}33)$$

式（6-33）即为<u>太沙基一维固结方程</u>，其中 c_v 为竖向固结系数，即

$$c_v=\frac{k_v(1+e_1)}{\gamma_w a} \qquad (6\text{-}34a)$$

利用压缩模量 E_s 和体积压缩系数 m_v 与 a 的关系，还可将 c_v 写为

$$c_v=\frac{k_v E_s}{\gamma_w}=\frac{k_v}{\gamma_w m_v} \qquad (6\text{-}34b)$$

式（6-33）是以超静孔压 u 为未知函数，竖向坐标 z 和时间 t 为变量的二阶线性偏微分方程，其求解尚需边界条件和初始条件。

从图6-11可见，土层顶面为透水边界，即在 $z=0$ 处，超静孔压立刻消散为零。故有 $u=0$；土层底面（$z=H$）为不透水边界，即通过该边界的水量 q 恒为零，故由式（6-27）有 $\frac{\partial h}{\partial z}=0$ 或 $\frac{\partial u}{\partial z}=0$。另因连续均布荷载作用下，地基竖向附加应力恒等于 p_0，而当 $t=0$ 时，附加应力完全由孔隙水承担，故此时超静孔压 $u=\sigma_z=p_0$。由此可得边界条件为

$$0<t<\infty,z=0:u=0 \qquad (6\text{-}35a)$$

$$0<t<\infty,z=H:\frac{\partial u}{\partial z}=0 \qquad (6\text{-}35b)$$

初始条件为

$$t=0,0\leq z\leq H:u=p_0 \qquad (6\text{-}35c)$$

式（6-35a）~式（6-35c）即构成了<u>太沙基一维固结方程式（6-33）的求解条件</u>。

3. 太沙基一维固结方程的解答

1) 超静孔压。满足方程式（6-33）和求解条件式（6-35）的超静孔压解可采用分离变量法或拉普拉斯变换等方法得到。1925年，太沙基首次给出了解答，即

$$u=p_0\sum_{m=1}^{\infty}\frac{2}{M}\sin\left(\frac{Mz}{H}\right)e^{-M^2 T_v} \qquad (6\text{-}36)$$

式中 u——地基任一时刻任一深度处的超静孔压（kPa，MPa）；

M——$M = \dfrac{\pi}{2}(2m-1)$，$m = 1, 2, 3, \cdots$；

T_v——竖向固结时间因子，无量纲，$T_v = c_v t / H^2$。

以上解答虽然是在图 6-11 所示土层顶面透水、底面不透水（简称单面排水）的情况下得到的，但也适用于土层顶面和底面均透水（简称双面排水）的情况。这是因为如将地基土层厚度视为 $2H$，则由对称性可知，土层中心面（即 $z = H$ 处）为不透水面，故可取土层一半考虑，因此可将双面排水转化为单面排水情况。因此，对于双面排水情况，只需在式（6-36）中将 H 代以 $H/2$ 即可。

为方便和统一起见，以后称式（6-36）中的 H 为土层最大竖向排水距离，并记为 H_s。因此，对于单面排水 $H = H_s$；对于双面排水 $H = H_s/2$。

2）有效应力。根据有效应力原理和上述超静孔压解答，可得地基中任一时刻任一深度处的有效应力 σ'_z，即

$$\sigma'_z = p_0 - u = p_0 \left[1 - \sum_{m=1}^{\infty} \dfrac{2}{M} \sin\left(\dfrac{Mz}{H}\right) e^{-M^2 T_v} \right] \tag{6-37}$$

3）平均超静孔压和平均有效应力。对式（6-36）积分，可得地基任一时刻的平均超静孔压 $\bar{u}$，即

$$\bar{u} = \dfrac{1}{H} \int_0^{H_s} u \, dz = p_0 \sum_{m=1}^{\infty} \dfrac{2}{M^2} e^{-M^2 T_v} \tag{6-38}$$

同理可得地基任一时刻的平均有效应力 $\overline{\sigma'_z}$，即

$$\overline{\sigma'_z} = \dfrac{1}{H} \int_0^{H_s} \sigma'_z \, dz = p_0 \left(1 - \sum_{m=1}^{\infty} \dfrac{2}{M^2} e^{-M^2 T_v} \right) \tag{6-39}$$

显然有

$$\overline{\sigma'_z} = p_0 - \bar{u} \tag{6-40}$$

4）平均固结度。平均固结度定义为

$$U = \dfrac{s_{ct}}{s_c} \tag{6-41a}$$

式中　U——地基平均固结度，一般用百分数表示；

s_{ct}——地基某时刻的主固结变形（即竖向压缩量或沉降）（cm，mm）；

s_c——地基的最终（$t = \infty$）主固结变形（cm，mm）。

主固结终了时的有效应力等于总应力（即 $\sigma'_z|_{t=\infty} = \sigma_z$），可得

$$s_{ct} = \int_0^{H_s} \varepsilon_z \, dz = \int_0^{H_s} \dfrac{\sigma'_z}{E_s} \, dz \tag{6-42a}$$

$$s_c = s_{ct}|_{t=\infty} = \int_0^{H_s} \dfrac{\sigma'_z|_{t=\infty}}{E_s} \, dz = \int_0^{H_s} \dfrac{\sigma_z}{E_s} \, dz \tag{6-42b}$$

于是

$$U = \frac{s_{ct}}{s_c} = \frac{\int_0^{H_s} \sigma'_z dz}{\int_0^{H_s} \sigma_z dz} = \frac{\overline{\sigma'_z}}{\overline{\sigma_z}} = 1 - \frac{\overline{u}}{p_0} \quad (6\text{-}41b)$$

将式（6-38）代入式（6-41b）即得平均固结度，即

$$U = 1 - \sum_{m=1}^{\infty} \frac{2}{M^2} e^{-M^2 T_v} \quad (6\text{-}43)$$

当 $U \geq 30\%$ 时，可在式（6-43）级数中仅取首项（$m=1$），即

$$U = 1 - \frac{8}{\pi^2} e^{-\frac{\pi^2}{4} T_v} \quad (6\text{-}44)$$

某时刻平均固结度的大小说明了该时刻地基压缩和固结的程度。例如 $U=50\%$ 即说明此时地基的固结沉降已达最终沉降的一半，地基的固结程度已达 50%。

从式（6-41b）可见，将地基平均固结度定义为地基某时刻固结沉降 s_{ct} 与最终固结沉降 s_c 的比值（简称按变形定义或按应变定义）和将其定义为地基某时刻的平均有效应力（或所消散的平均超静孔压）$\overline{\sigma'_z}$ 与平均总应力 $\overline{\sigma_z}$ 的比值（简称按应力定义或按孔压定义）是等价的。所以，平均固结度是地基中某时刻的有效应力面积（即 $\int_0^{H_s} \sigma'_z dz$）与总应力面积（即 $\int_0^{H_s} \sigma_z dz$）之比。

需要说明的是，以上结论仅对适用于均质地基的一维线弹性固结问题。对于多维（二或三维）固结、成层地基土的固结以及非线性固结等复杂问题，将平均固结度按应变定义与按应力定义是不同的。

6.3.3 初始超静孔隙水压非均匀分布时的解答

如果土层顶面与土层底面初始压力不等，则上述解答不能直接采用。根据顶面压力与底面压力的关系，一维固结起始孔隙水压力分布可简化为五种情况（图 6-12）。

$$\alpha = \frac{\sigma'_z}{\sigma''_z} \quad (6\text{-}45)$$

式中 σ'_z ——压缩土层顶面压力；

σ''_z ——压缩土层底面压力。

情况 1：$\alpha=1$，应力图形为矩形，适用于土层已在自重应力作用下固结，基础底面积较

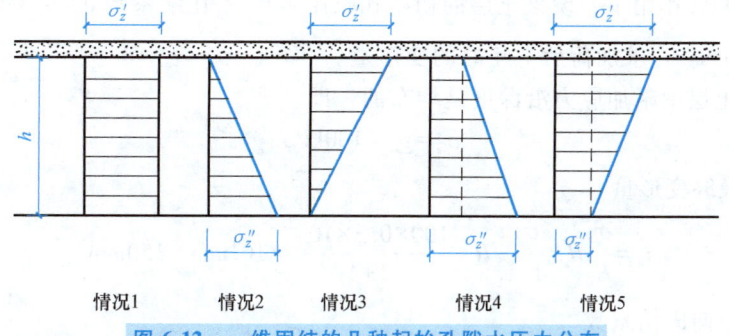

图 6-12 一维固结的几种起始孔隙水压力分布

大而压缩层较薄的情况。

情况 2：$\alpha=0$，应力图形为三角形，相当于大面积新填土层（饱和时）由于本土层自重应力引起的固结。

情况 3：$\alpha=\infty$，基底面积小，土层厚，土层底面附加应力已接近 0 的情况。

情况 4：$\alpha<1$，适用于土层在自重应力作用下尚未固结，又在其上施加荷载的情况。

情况 5：$\alpha>1$，附加应力随深度增加而减少，但深度 h 处的附加应力大于 0。

α 为不同值时，U 与 T_v 关系如图 6-13 所示。

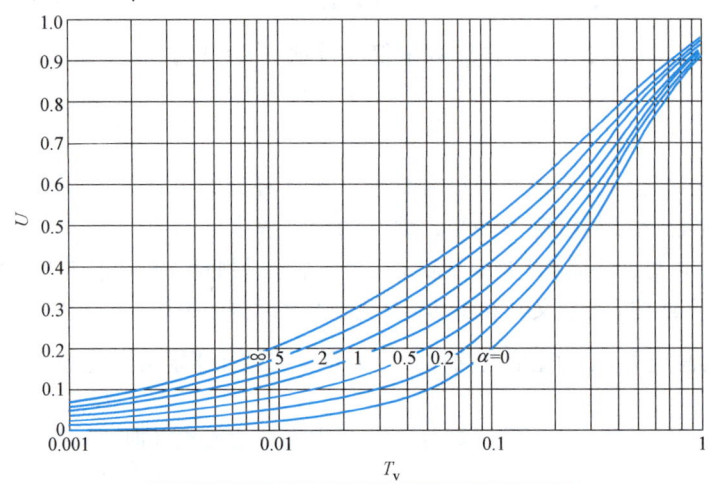

图 6-13　固结度 U 与时间因数 T_v 的关系

6.3.4　地基固结过程中任意时刻的变形量

根据土的固结度定义，可得地基固结过程中任意时刻的变形量为

$$s_{ct} = U s_c \tag{6-46}$$

计算步骤如下：

1）计算地基附加应力沿深度的分布。
2）计算地基竖向固结变形量。
3）计算土层竖向固结系数和竖向固结时间因数。
4）求解地基固结过程中某一时刻 t 的（竖向）变形量。

【例 6-2】　某黏土层厚度为 10m，黏土层上下均为砂层，即黏土层双面排水。在大面积荷载 $p_0=100$kPa 作用下，设该土层的初始孔隙比 $e_0=1$，压缩系数 $a=0.3$MPa^{-1}，渗透系数 $k=5.7\times 10^{-8}$cm/s。求加荷后一年时的变形量。

【解】　黏土层中附加应力沿深度是均布的，即

$$\sigma_z = p_0 = 100 \text{kPa}$$

黏土层的最终变形量

$$s_c = \frac{\sigma_z}{E_s}H = \frac{\sigma_z a}{1+e_0}H = \frac{100\times 0.3\times 10^{-3}}{1+1}\times 10^4 \text{mm} = 150 \text{mm}$$

黏土层的竖向固结系数

$$c_v = \frac{k(1+e_0)}{\gamma_w a} = \frac{5.7 \times 10^{-8}(1+1)}{10 \times 10^{-5} \times 3} \text{cm}^2/\text{s} = 3.8 \times 10^{-3} \text{cm}^2/\text{s} = 1.2 \times 10^5 \text{cm}^2/\text{年}$$

在双面排水条件下,竖向固结时间因数

$$T_v = \frac{c_v t}{(H/2)^2} = \frac{1.2 \times 10^5 \times 1}{500^2} = 0.48$$

$\alpha = 1$,由图 6-13 所示的 U-T_v 关系查得相应的固结度 $U = 0.75$,得 $t = 1$ 年时的变形量

$$s_{ct} = u s_c = 0.75 \times 150 \text{mm} = 112.5 \text{mm}$$

6.4 利用沉降观测资料推算后期沉降量

基础最终沉降量由瞬时沉降、固结沉降和次固结沉降三个分量组成。对于大多数工程问题,次固结沉降和固结沉降相比是不重要的。因此,基础最终沉降量通常仅取瞬时沉降量 s_d 与固结沉降量 s_c 之和,即 $s = s_d + s_c$,相应的施工期 T 以后($t > T$)的沉降量为

$$s_t = s_d + s_{ct} \tag{6-47}$$

或

$$s_t = s_d + U s_c \tag{6-48}$$

式(6-47)和式(6-48)中的沉降量如按一维固结理论计算,其结果往往和实测成果不相符合,因为基础沉降多属于三维课题而实际情况又很复杂。因此,利用沉降观测资料推算后期沉降(包括最终沉降量)有其现实意义。

6.4.1 对数曲线法(三点法)

可用一个普遍表达式表示固结度 U,即

$$U = 1 - A e^{-Bt} \tag{6-49}$$

式中,A 和 B 是两个参数。

将式(6-49)与式(6-44)比较,发现参数 A 是常数 $8/\pi^2$,B 则与时间因数 T_v 中的固结系数、排水距离有关。如果将 A 和 B 作为实测沉降-时间关系曲线中的参数,则其值是特定的。将式(6-49)代入式(6-48),得

$$\frac{s_t - s_d}{s_c} = 1 - A e^{-Bt} \tag{6-50}$$

再将 $s = s_d + s_c$ 带入式(6-50),并以最终沉降量 s_∞ 代替 s,则得

$$s_t = s_\infty [1 - A e^{-Bt}] + s_d A e^{-Bt} \tag{6-51}$$

如果 s_∞ 和 s_d 也是未知数,加上 A 和 B,则式(6-51)包含四个未知数。从实测的早期 s-t 曲线(图 6-14)选择荷载停止施加以后的三个时间 t_1、t_2 和 t_3,其中 t_3 应尽可能与曲线末端对应,时间差 $(t_2 - t_1)$ 和 $(t_3 - t_2)$ 必须相等且尽量大些。将所选时间分别代入式(6-51),得

$$\begin{cases} s_{t_1} = s_\infty [1 - A e^{-Bt_1} + s_d A e^{-Bt_1}] \\ s_{t_2} = s_\infty [1 - A e^{-Bt_2} + s_d A e^{-Bt_2}] \\ s_{t_3} = s_\infty [1 - A e^{-Bt_3} + s_d A e^{-Bt_3}] \end{cases} \tag{6-52}$$

$$s_d = \frac{s_d - s_\infty [1-Ae^{-Bt_1}]}{Ae^{-Bt_1}} = \frac{s_{t_2} - s_\infty [1-Ae^{-Bt_2}]}{Ae^{-Bt_2}} = \frac{s_d - s_\infty [1-Ae^{-Bt_3}]}{Ae^{-Bt_3}} \quad (6\text{-}53)$$

附加条件

$$t_2 - t_1 = t_3 - t_2 \quad (6\text{-}54a)$$

或

$$e^{[B(t_2-t_1)]} = e^{[B(t_3-t_2)]} \quad (6\text{-}54b)$$

联解式（6-52）和式（6-54）可得

$$B = \frac{1}{t_2-t_1} \ln \frac{s_{t_2}-s_{t_1}}{s_{t_3}-s_{t_2}} \quad (6\text{-}55)$$

$$s_\infty = \frac{s_{t_3}(s_{t_2}-s_{t_1}) - s_{t_2}(s_{t_3}-s_{t_2})}{(s_{t_2}-s_{t_1}) - (s_{t_3}-s_{t_2})} \quad (6\text{-}56)$$

用实测数据 t_1、t_2 和 s_{t_1}、s_{t_2}、s_{t_3} 计算 B 和 s_∞，然后代入式（6-55）可得到 s_d。进而根据式（6-51）可求得任一时刻对应的沉降量 s_t。

以上各式中的时间 t 均应由修正后零点 O 算起。如施工期荷载等速增长，则零点 O' 在加荷期的中点，如图 6-14 所示。

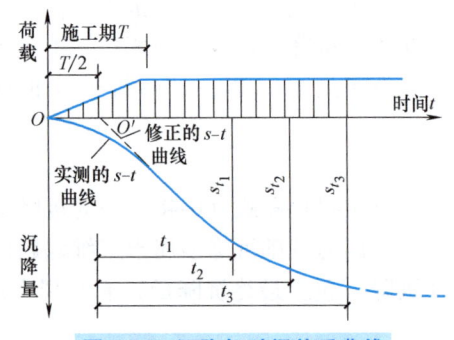

图 6-14 沉降与时间关系曲线

6.4.2 双曲线法（二点法）

沉降观测资料表明，沉降与时间的关系曲线 s-t 接近于双曲线（施工期间除外），即

$$s_{t_1} = \frac{s_\infty t_1}{a_t + t_1} \quad (6\text{-}57a)$$

$$s_{t_2} = \frac{s_\infty t_2}{a_t + t_2} \quad (6\text{-}57b)$$

式中　s_∞——推算的最终沉降量，理论上所需时间 $t=\infty$；

　　　s_{t_1}、s_{t_2}——t_1 和 t_2 时的沉降量，时间应从施工期一半算起（假设为一级等速加荷）；

　　　a_t——待定常数。

由式（6-57）得到

$$s_\infty = \frac{t_2-t_1}{t_2/s_{t_2} - t_1/s_{t_1}} \quad (6\text{-}58)$$

和

$$a_t = s_\infty \frac{t_1}{s_{t_1}} - t_1 = s_\infty \frac{t_2}{s_{t_2}} - t_2 \quad (6\text{-}59)$$

为消除观测资料可能的误差，一般将后段观测点 s_{t_i} 和 t_i 也要加以利用，然后计算各 t_i/s_{t_i} 值，绘制在 t-t/s_t 坐标图上。在 t-t/s_t 图上，数据的后段一般为直线，如图 6-15 所示。从该直线段上任选两个代表性点 t_1'、t_2' 和 s_{t_1}'、s_{t_2}' 代入式（6-58）和式（6-59），即可确定最终

沉降量 s_∞ 和常数 a_t，将其值代入式（6-57）又可确定后期任意时刻的沉降量。

6.4.3 Asaoka 法

采用 Mikasa（1963）提出的一维固结方程式（6-60）代替太沙基一维固结方程。

$$\frac{\partial \varepsilon}{\partial t} = c_v \frac{\partial^2 \varepsilon}{\partial z^2} \qquad (6\text{-}60)$$

式中　$\varepsilon(t,z)$——竖向应变；
　　　z——深度；
　　　c_v——固结系数。

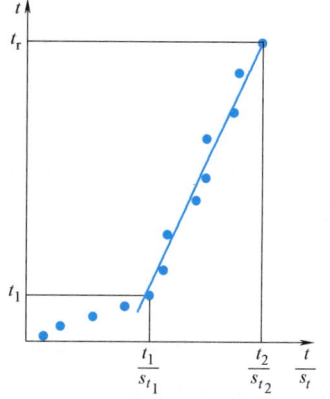

图 6-15　双曲线法推算后期沉降量

式（6-60）的级数解为

$$\varepsilon(t,z) = T + \frac{1}{2!}\left(\frac{z^2}{C_v}\dot T\right) + \frac{1}{4!}\left(\frac{z^4}{C_v^2}\ddot T\right) + \cdots + zF + \frac{1}{3!}\left(\frac{z^3}{C_v}\dot F\right) + \frac{1}{5!}\left(\frac{z^5}{C_v^2}\ddot F\right) + \cdots \qquad (6\text{-}61)$$

式中　T、F——时间 t 的函数；$T = \varepsilon(t, z=0)$，$F = \frac{\partial \varepsilon}{\partial z}(t, z=0)$；
　　　$\dot T$、$\ddot T$ 和 $\dot F$、$\ddot F$——T 和 F 对时间 t 的一阶和二阶导数。

1）双面排水

$$\varepsilon(t, z=0) = \varepsilon_1 （常数）$$
$$\varepsilon(t, z=H) = \varepsilon_2 （常数）$$

式中　H——固结排水层厚度。

2）单面排水

$$\varepsilon(t, z=0) = \varepsilon_1 （常数）$$
$$\frac{\partial \varepsilon}{\partial z}(t, z=H) = 0$$

则 t 时的沉降

$$s(t) = \int_0^H \varepsilon(t,z)\,\mathrm{d}z$$

解得

$$s_j = \beta_0 + \sum_{i=1}^n \beta_i s_{j-1}$$

式中　s_j——$s(t_j)$ 即时间 t_j 时的沉降；
　　　β_0、β_i——待定系数。

采用第一级展开即得

$$s_j = \beta_0 + \beta_1 s_{j-1} \qquad (6\text{-}62)$$

$$\ln(\beta_1) = \begin{cases} -\dfrac{6c_v}{H^2}\Delta t & 双面排水 \\[2mm] -\dfrac{2c_v}{H^2}\Delta t & 单面排水 \end{cases}$$

$$\beta_0 = \begin{cases} (1-\beta_1) \dfrac{H}{2} (\varepsilon_1+\varepsilon_2) & 双面排水 \\ (1-\beta_1) H \varepsilon_1 & 单面排水 \end{cases}$$

式中 Δt——时间间隔。

当时间趋于无穷大即沉降稳定时 $s_j = s_{j-1} = s_\infty$，将该式代入到式（6-62）可得到最终沉降表达式，即

$$s_\infty = \frac{\beta_0}{1-\beta_1} \tag{6-63}$$

根据式（6-63）利用图解法即可求出某级荷载作用下地基的最终沉降量，推算步骤如下（图6-16和图6-17）：

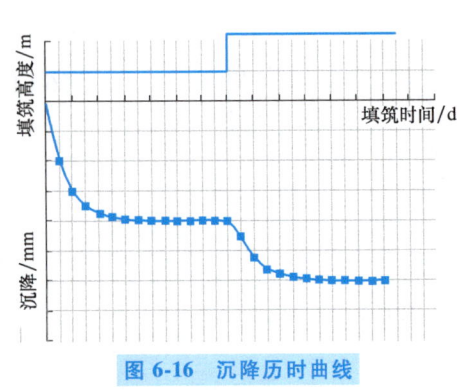

图6-16 沉降历时曲线　　　　图6-17 Asaoka法预测沉降

1）将沉降观测时间划分成相等的时间段 Δt，在沉降曲线上读出 t_1、t_2、t_3…所对应的沉降量 s_1、s_2、s_3…。

2）在 s_{j-1}-s_j 坐标平面上点绘 (s_1, s_2)、(s_2, s_3)、(s_3, s_4)…，并在同一平面上做出 s_{j-1}-s_j 的45°直线。

3）过点 (s_1, s_2)、(s_2, s_3)、(s_3, s_4)…拟合直线并与 s_{j-1}-s_j 的45°直线相交，交点所对应的沉降即为推算的最终沉降量。

习　题

6-1　影响地基变形的主要因素有哪些？

6-2　在计算基础最终沉降量（地基最终变形量）以及确定地基压缩层深度（地基变形计算深度）时，为什么自重应力要用有效重度（浮重度）？

6-3　两个基础的埋置深度不同，但其他条件都相同，试问哪一个基础的沉降大？为什么？

6-4　简述分层总和法计算地基最终沉降量的步骤。

6-5　简述用固结理论求解下列两种工程问题的步骤：

（1）已知时间求变形量。

（2）估算达到某变形量所需的时间。

6-6　某10m厚的软黏土，土层上下均为砂层，土性质如图6-18所示。现拟进行大面积

堆载预压，试计算预压后固结度达到 80%时的沉降量？以及所需的预压时间？

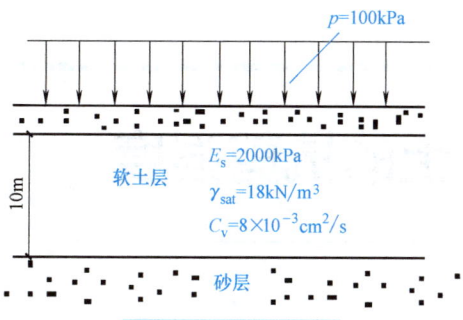

图 6-18　习题 6-6 图

第 7 章

土的抗剪强度

7.1 概述

土是由零散的土颗粒组成的集合体。土的抗剪强度是指土体抵抗剪切破坏的极限能力，是土的重要力学性质之一，也是反映土的孔隙性规律基本内容之一。土的强度主要由颗粒间的相互作用力决定，而不是由颗粒矿物的强度决定。这个特点决定了土破坏的主要表现形式是剪切破坏。在外荷作用下，土将产生剪应力和剪切变形，由于粒间摩擦和粒间胶结的存在，土体具有抵抗剪应力的潜在能力——抗剪力（Shear Resistance）。当抗剪力完全发挥时，土体就处于剪切破坏的极限状态（Limitstate），此时剪应力也就达到极限，这个极限值就是土的抗剪强度。当地基中局部范围的剪应力达到土的抗剪强度时，该局部范围的土体将出现剪切破坏，但此时整个地基或土工构筑物并不因此而丧失稳定性。随着荷载的继续增加，土体的剪切变形将不断增大，致使剪切破坏范围逐渐扩大，并由局部范围的剪切发展到连续剪切，最终在土体中形成连续的滑动面，从而导致整个地基或土工构筑物丧失稳定性而破坏。

工程实践中，与土的抗剪强度直接相关的工程问题主要有 3 类，如图 7-1 所示。

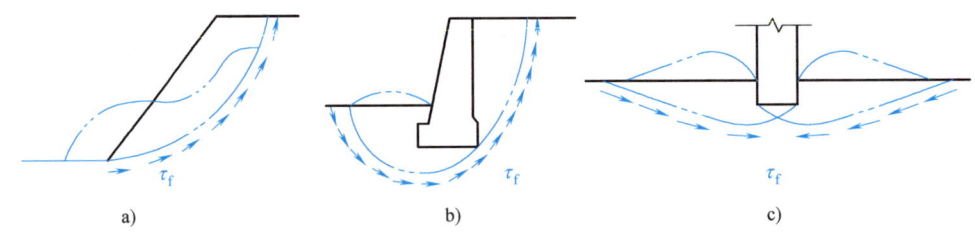

图 7-1 与土的抗剪强度相关工程问题
a）土坡稳定性 b）挡土墙土压力 c）建筑物地基承载力

1）土作为建筑材料构成的土工构筑物的稳定性问题，如土坝、路堤等填方边坡以及自然边坡的稳定性问题（图 7-1a）。

2）土作为工程构筑物的环境的土压力问题，如挡土墙、地下结构等的周围土体发生强度破坏，将可能导致这些工程构筑物发生滑动、倾覆等破坏（图 7-1b）。

3）土作为建筑物地基和路基的承载力问题。如果基础下的地基产生整体滑动或因局部剪切破坏而导致过大的地基变形，就会造成上部结构的破坏或影响其正常使用（图 7-1c）。

2015 年 12 月 20 日 11 时 40 分，广东省深圳市光明新区凤凰社区恒泰裕工业园发生滑坡（图 7-2）。此次滑坡覆盖面积约 38 万 m²，造成 33 栋建筑物被掩埋或不同程度受损，事故造成 73 人死亡，4 人失踪，直接经济损失 8.8 亿元，是典型的边坡失稳造成的一起特别重大生产安全责任事故。该事故主要原因之一是没有建设有效的导排水系统，在渣土场的内部，特别是靠近底部的区域形成了一个保水带；二是严重的超量超高堆填加载，造成下滑推力逐渐增大，稳定性降低。

图 7-2　12 · 20 深圳滑坡事故

由此可见，应研究土体在建筑物或其他外荷载作用下的应力状态、强度破坏的特点与抗剪强度的关系，以最大限度发挥和利用土的抗剪强度，保证土体稳定。本章先介绍土的抗剪强度理论、土的抗剪强度试验，再介绍饱和黏性土/无黏性土的抗剪强度、应力路径在强度问题中的应用，最后介绍抗剪强度指标在工程中的应用。

7.2　土的抗剪强度理论

7.2.1　库仑定律

法国科学家库仑（Coulomb）根据一系列砂土的摩擦试验，提出砂土的抗剪强度可表示为滑动面上法向应力的线性函数，即

$$\tau_f = \sigma \tan\varphi \tag{7-1}$$

后来又根据黏土的试验结果，提出更为普遍的抗剪强度表达式

$$\tau_f = c + \sigma \tan\varphi \tag{7-2}$$

式中　τ_f——土的抗剪强度（kPa）；
　　　σ——作用在剪切面上的法向总应力（kPa）；
　　　φ——土的内摩擦角（°）；
　　　c——土的黏聚力（kPa），其含义为法向应力为零时的抗剪强度，对于无黏性土，$c=0$。

式（7-1）和式（7-2）统称为土的抗剪强度库仑定律或库仑强度公式。其中，c 和 φ 称为总应力强度指标，因为剪切面上的法向应力是以总应力表示的。将库仑定律表示在 τ_f-σ 坐标中为一条直线，称之为库仑强度线。它表明土的抗剪强度与滑动面上的法向应力呈直线关系，如图 7-3 所示。

由库仑公式 $\tau_f = c + \sigma \tan\varphi$ 可以看出，抗剪强度与剪切面上的法向应力成正比，其本质是

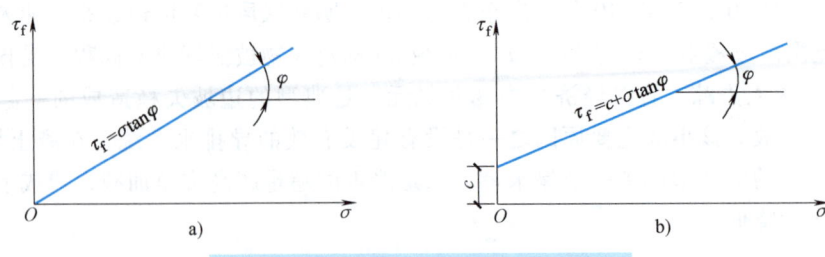

图 7-3 抗剪强度与法向应力之间的关系
a) 砂土 b) 黏性土

土粒之间粗糙度、土的密实度以及颗粒级配等因素作用的后果。黏性土和粉土的抗剪强度由两部分组成，一部分是摩阻力（与法向应力成正比例）；另一部分是土粒之间的黏聚力，它是由于黏土颗粒之间的胶结作用和静电力效应等因素引起的。

长期的试验研究指出，土的抗剪强度不仅与土的性质有关，还与试验时的排水条件、剪切速率、应力状态和应力历史等许多因素有关，其中最重要的是试验时的排水条件。根据太沙基（Terzaghi）有效应力原理，土体内的剪应力只能由土的骨架承担。因此，土的抗剪强度 τ_f 应表示为剪切破坏面上法向有效应力 σ' 的函数，库仑强度公式应表达为

$$\begin{cases} \tau_f = \sigma' \tan\varphi' \\ \tau_f = c' + \sigma' \tan\varphi' \end{cases} \tag{7-3}$$

式中 σ'——有效应力（kPa）；
c'——有效黏聚力（kPa）；
φ'——有效内摩擦角（°）。

因此，土的抗剪强度有两种表达方法：

1) 以总应力 σ 表示剪切破坏面上的法向应力，称为**抗剪强度总应力法**，相应的 c、φ 称为总应力强度指标。

2) 以有效应力 σ' 表示剪切破坏面上的法向应力，称为**抗剪强度有效应力法**，c' 和 φ' 称为有效应力强度指标。

试验研究表明，土的抗剪强度取决于土粒间的有效应力。然而，总应力法在应用上比较方便，许多土工问题的分析方法都还建立在总应力概念基础上，故在工程上仍沿用至今。

7.2.2 莫尔-库仑强度理论

1910 年，莫尔（Mohr）提出材料的破坏是剪切破坏，破坏面上的剪应力，即抗剪强度 τ_f 是该面上法向应力 σ 的函数，即 $\tau_f = f(\sigma)$。该函数在 τ_f-σ 坐标中是一条曲线，称为莫尔破坏包（络）线，或称为**抗剪强度包线**。在一般应力水平下，土的莫尔破坏包线通常可以近似地用直线代替，该直线方程就是库仑公式。由库仑公式表示莫尔破坏包线的强度理论，称为**莫尔-库仑强度理论**。

采用莫尔-库仑强度理论来研究土体的应力和状态是较合适的。该理论认为，如果土中某点任一平面上的剪应力等于土体的抗剪强度时，则该点处于极限平衡状态。

1. 土中一点的应力状态

土体内部的滑动可沿任何一个面发生，只要该面上的剪应力达到抗剪强度。对于复杂的

应力状态，土体内任意单元体中各个截面上的应力都是相关的。也就是说，只要已知任意两个相互垂直的截面上的应力，其他截面上的应力都可以用这两个相互垂直的截面上的应力表示。

在均布条形荷载作用下土中一点的应力状态，可以按平面问题考虑。如图 7-4 所示，已知土中任意点 M 在自重和竖向附加应力作用下的应力状态（σ_x，σ_z，τ_{xz}），按材料力学公式，可得该点主应力值

$$\left.\begin{matrix}\sigma_1\\\sigma_3\end{matrix}\right\}=\frac{\sigma_z+\sigma_x}{2}\pm\sqrt{\left(\frac{\sigma_z-\sigma_x}{2}\right)^2+\tau_{zx}^2} \tag{7-4}$$

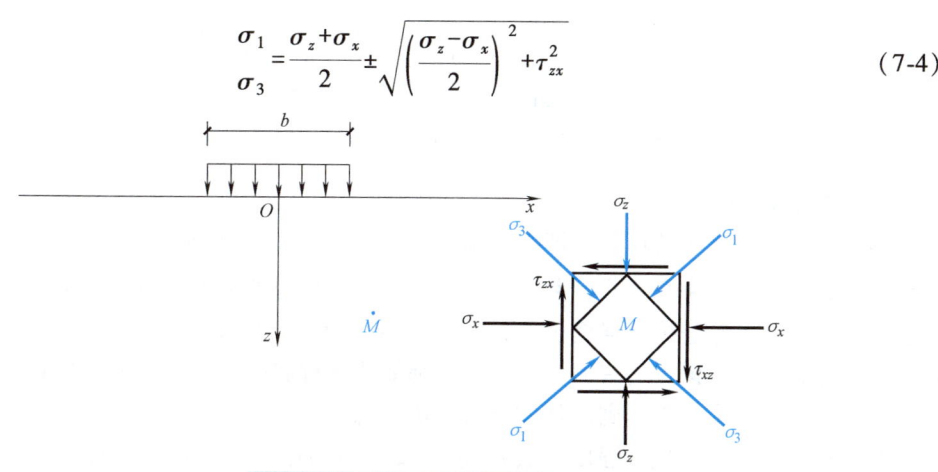

图 7-4　土中一点的应力状态

当土中某一点主应力的方向及大小已知时，则与大主应力面呈 α 角的任一平面上的法向应力和剪应力可由力的平衡条件求得。图 7-5a 所示为受到大、小主应力作用的微单元体，大主应力面与某一斜截面 mn 的夹角为 α。取微三棱柱体为脱离体，如图 7-5b 所示。将各力分别在水平和竖直方向投影，根据静力平衡条件可得

$$\sigma_3 \mathrm{d}s\sin\alpha - \sigma \mathrm{d}s\sin\alpha + \tau \mathrm{d}s\cos\alpha = 0$$

$$\sigma_1 \mathrm{d}s\cos\alpha - \sigma \mathrm{d}s\cos\alpha - \tau \mathrm{d}s\sin\alpha = 0$$

联立求解以上方程可以得到斜截面 mn 法向应力和剪应力

$$\sigma = \frac{\sigma_1+\sigma_3}{2} + \frac{\sigma_1-\sigma_3}{2}\cos2\alpha \tag{7-5}$$

$$\tau = \frac{\sigma_1-\sigma_3}{2}\sin2\alpha \tag{7-6}$$

从式（7-5）和式（7-6）可知，在 σ_1 和 σ_3 已知的情况下，斜截面 mn 上的 σ 和 τ 仅与斜截面倾角 α 有关。将式（7-5）和式（7-6）两边平方并相加，消去含 α 的项，则得

$$\left[\sigma-\frac{1}{2}(\sigma_1+\sigma_3)\right]^2 + \tau^2 = \left[\frac{1}{2}(\sigma_1-\sigma_3)\right]^2 \tag{7-7}$$

式（7-7）为圆的方程，该圆圆心坐标为 [$(\sigma_1+\sigma_3)/2$, 0]，半径为 $(\sigma_1-\sigma_3)/2$。可见，σ、τ 的关系可用图 7-5c 所示的莫尔圆表示。莫尔圆上任一点代表与 σ_1 作用面呈倾角为 α 的斜面，其纵坐标代表该面上的剪应力，横坐标代表该面上的法向应力。当已知土体中某点的大、小主应力时，可以很方便地用莫尔圆求得该点各个不同倾斜面上的法向应力和剪应力。因此，莫尔圆可以表示一点的应力状态。

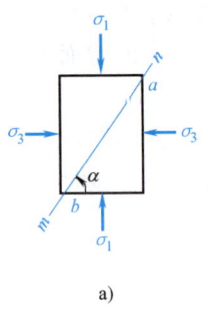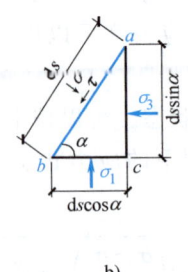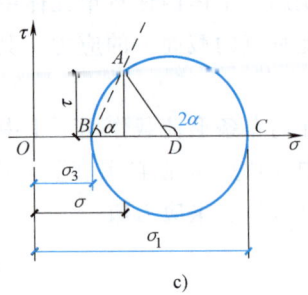

图 7-5 土体中任意点的应力

a) 微单元体上的应力 b) 隔离体上的应力 c) 莫尔圆

2. 土的极限平衡条件

当土单元发生剪切破坏时，即破坏面上剪应力达到其抗剪强度 τ_f 时，称该土单元达到极限平衡状态。根据库仑公式，判别土体单元是否发生剪切破坏，取决于某一平面上作用的剪应力 τ 是否满足库仑抗剪强度公式，即式（7-1）和式（7-2）。也就是说，当土体中的一点发生破坏，并不是该点所有面上的剪应力都能达到抗剪强度，土单元体内只要有一个面发生剪切破坏，该土单元就达到破坏或极限平衡状态。

如果给定了土体的抗剪强度参数 c、φ 以及土中某点的应力状态，则可将抗剪强度包线与莫尔圆画在同一张坐标图上，如图 7-6 所示。

1) 整个应力莫尔圆 Ⅰ 位于抗剪强度包线之下，表示该点任一平面上的剪应力都小于土所能发挥的抗剪强度，即 $\tau < \tau_f$，因此不会发生剪切破坏。

2) 应力莫尔圆 Ⅱ 与抗剪强度包线相切，表示切点 A 所代表的平面上剪应力正好等于土的抗剪强度，即 $\tau = \tau_f$，该点处于极限平衡状态，此时的莫尔圆称为<u>极限应力圆</u>（Limit Stress Circle）。

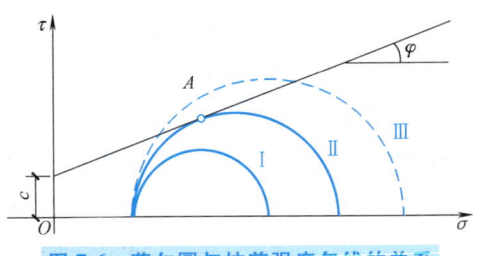

图 7-6 莫尔圆与抗剪强度包线的关系

3) 应力莫尔圆 Ⅲ 与抗剪强度曲线相割，表示该点某些平面上的剪应力已大于土的抗剪强度，即 $\tau > \tau_f$，土体已被剪破。实际上，这种应力状态不可能存在，因为在此之前，该点早已沿某一平面剪破了，剪应力不可能超过土的抗剪强度。

根据极限应力圆与抗剪强度相切于一点的几何关系，可建立下面的极限平衡条件，该条件称为<u>莫尔-库仑强度理论</u>。土中一点的极限平衡条件，是指当该点处于极限平衡状态时，其应力与抗剪强度的关系。土体中一点达极限平衡状态时的莫尔圆如图 7-7 所示。由图 7-7 中所示几何关系可知

$$\sin\varphi = \frac{AD}{RD} = \frac{\frac{1}{2}(\sigma_1 - \sigma_3)}{\frac{1}{2}(\sigma_1 + \sigma_3) + c\cot\varphi}$$

整理得

$$\sin\varphi = \frac{AD}{RD} = \frac{\sigma_1 - \sigma_3}{\sigma_1 + \sigma_3 + 2c\cot\varphi} \tag{7-8a}$$

整理式（7-8a）得

$$\sigma_1(1-\sin\varphi) = \sigma_3(1+\sin\varphi) + 2c\cos\varphi \tag{7-8b}$$

$$\sigma_1 = \sigma_3 \frac{1+\sin\varphi}{1-\sin\varphi} + 2c\frac{\cos\varphi}{1-\sin\varphi} \tag{7-8c}$$

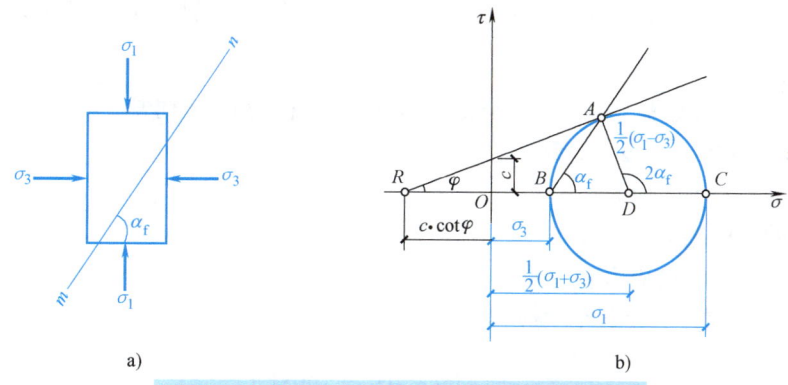

图 7-7 土体中一点达极限平衡状态时的莫尔圆

a) 微单元体　b) 极限平衡状态时的莫尔圆

根据三角函数有

$$\frac{\cos\varphi}{1-\sin\varphi} = \sqrt{\frac{1-\sin^2\varphi}{(1-\sin\varphi)^2}} = \sqrt{\frac{1+\sin\varphi}{1-\sin\varphi}} = \tan\left(45° + \frac{\varphi}{2}\right)$$

将其代入到式（7-8c）则有

$$\sigma_1 = \sigma_3 \tan^2\left(45° + \frac{\varphi}{2}\right) + 2c\tan\left(45° + \frac{\varphi}{2}\right) \tag{7-9}$$

同理可得到

$$\sigma_3 = \sigma_1 \tan^2\left(45° - \frac{\varphi}{2}\right) - 2c\tan\left(45° - \frac{\varphi}{2}\right) \tag{7-10}$$

对于无黏性土，因为 $c=0$，由式（7-8）、式（7-9）和式（7-10）得到

$$\sin\varphi = \frac{\sigma_1 - \sigma_3}{\sigma_1 + \sigma_3} \tag{7-11}$$

$$\sigma_1 = \sigma_3 \tan^2\left(45° + \frac{\varphi}{2}\right) \tag{7-12}$$

$$\sigma_3 = \sigma_1 \tan^2\left(45° - \frac{\varphi}{2}\right) \tag{7-13}$$

当土中一点应力达极限平衡状态时，破裂面与大主应力面的夹角 α_f 可由图 7-7 得到，即

$$\alpha_f = 45° + \frac{\varphi}{2} \tag{7-14}$$

式（7-8）~式（7-14）分别是细粒土和粗粒土达到极限平衡状态时的应力表达式。运用

极限平衡条件,当知道土单元体实际的受力状态和土的抗剪强度指标时,就可以判断土体中任一点是否破坏。具体步骤包括:

1) 确定土单元体在任意面上的应力状态(σ_x,σ_z,τ_{xz})。
2) 计算主应力 σ_1 和 σ_3。
3) 根据极限平衡条件判别土单元体是否发生剪切破坏。

可见,破坏面不发生在最大剪应力作用面($\alpha=45°$)上,因为该面上的抗剪强度更大。土的破坏发生在莫尔圆与抗剪强度曲线相切的切点所代表的斜面上,即与大主应力面成 $45°+\varphi/2$ 夹角的斜面上。

【例 7-1】 砂土地基中某点,其最大剪应力及相应的法向应力分别为 160kPa 和 340kPa。若该点发生剪切破坏,试求:

1) 该点的大、小主应力。
2) 砂土的内摩擦角。
3) 破坏面上的法向应力和剪应力。

【解】 1) 求该点的大、小主应力

$$\tau_{max}=\frac{1}{2}(\sigma_1-\sigma_3)=160\text{kPa}$$

$$\sigma=\frac{1}{2}(\sigma_1+\sigma_3)=340\text{kPa}$$

解得

$$\sigma_1=500\text{kPa},\ \sigma_3=180\text{kPa}$$

2) 当该点发生剪切破坏时,由式(7-11)有

$$\sin\varphi=\frac{\sigma_1-\sigma_3}{\sigma_1+\sigma_3}=\frac{500-180}{500+180}=0.471$$

解得 $\varphi=28°$

3) 破坏面上的法向应力和剪应力

$$\alpha=45°+\frac{\varphi}{2}=45°+\frac{28°}{2}=59°$$

$$\sigma=\frac{\sigma_1+\sigma_3}{2}+\frac{\sigma_1-\sigma_3}{2}\cos 2\alpha=\frac{500\text{kPa}+180\text{kPa}}{2}+\frac{500\text{kPa}-180\text{kPa}}{2}\cos 118°=264.9\text{kPa}$$

$$\tau=\frac{\sigma_1-\sigma_3}{2}\sin 2\alpha=\frac{500\text{kPa}-180\text{kPa}}{2}\sin 118°=141.3\text{kPa}$$

【例 7-2】 地基中某点大主应力 $\sigma_1=450\text{kPa}$,小主应力 $\sigma_3=100\text{kPa}$,土的内摩擦角 $\varphi=30°$,黏聚力 $c=10\text{kPa}$,问该点是否会被剪破?

【解】 方法 1:绘出抗剪强度曲线 $\tau_f=c+\sigma\tan\varphi$ 和莫尔圆,由图 7-8a 知,莫尔圆与抗剪强度曲线相割,说明土体早已被剪破。

方法 2:按式(7-8a)可得

$$\sin\varphi_P=\frac{\sigma_1-\sigma_3}{\sigma_1+\sigma_3+2c\cot\varphi}=\frac{450\text{kPa}-100\text{kPa}}{450\text{kPa}+100\text{kPa}+2\times10\text{kPa}\times\cot 30°}=0.599$$

$$\varphi_P = 36.77° > \varphi = 30°$$

因 $\varphi < \varphi_P$，故抗剪强度直线 $\tau_f = c + \sigma\tan\varphi$ 必与莫尔圆相割，说明土体早已被剪破。图 7-8a 表明，若 $\varphi > \varphi_P$，该点稳定；若 $\varphi < \varphi_P$，则该点被剪破。

方法 3：按式（7-9）得

$$\sigma_{1P} = \sigma_3 \tan^2\left(45° + \frac{\varphi}{2}\right) + 2c\tan^2\left(45° + \frac{\varphi}{2}\right)$$

$$= 100\text{kPa} \times \tan^2\left(45° + \frac{30°}{2}\right) + 2 \times 10\text{kPa} \times \tan^2\left(45° + \frac{30°}{2}\right) = 334.6\text{kPa}$$

计算结果表明，当 $\sigma_3 = 100\text{kPa}$ 时，该点处于极限平衡状态时的最大主应力为 334.6kPa。根据 σ_{1P} 和 σ_3 做出的莫尔圆应是极限应力圆，它必与抗剪强度曲线相切，如图 7-8b 所示。但实际该点的 $\sigma_1 = 450\text{kPa}$，根据 $\sigma_1 = 450\text{kPa}$ 和 $\sigma_3 = 100\text{kPa}$ 做出的莫尔圆（圆Ⅲ）与抗剪强度相割，说明该点被剪破。由此可知，若 $\sigma_1 > \sigma_{1P}$，该点被剪破；若 $\sigma_1 < \sigma_{1P}$，该点稳定。

方法 4：按式（7-10）得

$$\sigma_{3P} = \sigma_1 \tan^2\left(45° - \frac{\varphi}{2}\right) - 2c\tan\left(45° - \frac{\varphi}{2}\right)$$

$$= 450\text{kPa} \times \tan^2\left(45° - \frac{30°}{2}\right) - 2 \times 10\text{kPa} \times \tan\left(45° - \frac{30°}{2}\right) = 138.5\text{kPa}$$

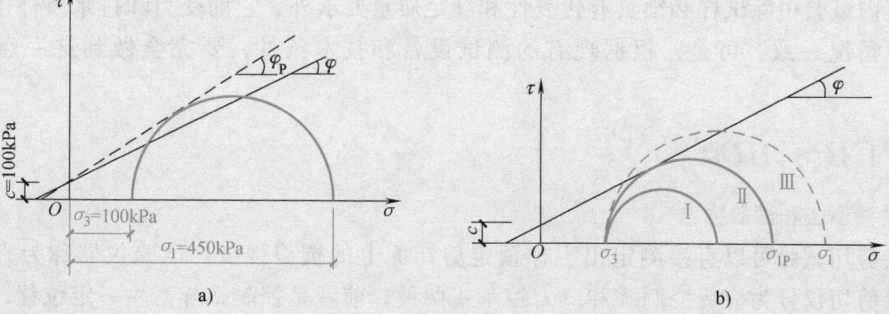

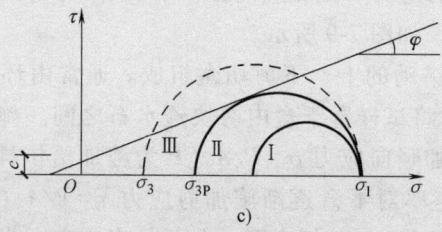

图 7-8 【例 7-2】图

此计算值为，在 $\sigma_1=450\text{kPa}$ 条件下，该点达到极限平衡状态时相应的最小应力值。从图 7-8c 可知，当 σ_1 不变时，σ_3 越小越容易破坏，因为主应力差（$\sigma_1-\sigma_3$）增加。

由计算知 $\sigma_1=100\text{kPa}<\sigma_{3P}=138.5\text{kPa}$，该点已被剪破。故当实际值 $\sigma_1<\sigma_{3P}$ 时，该点被剪破；若 $\sigma_1>\sigma_{3P}$，则该点稳定。

方法 5：由式（7-5）和式（7-6）可计算出破坏面上法向应力和剪应力分别为

$$\sigma=\frac{\sigma_1+\sigma_3}{2}+\frac{\sigma_1-\sigma_3}{2}\cos2\alpha_f=\frac{450\text{kPa}+100\text{kPa}}{2}+\frac{450\text{kPa}-100\text{kPa}}{2}\cos2\times\left(45°+\frac{30°}{2}\right)=187.5\text{kPa}$$

$$\tau=\frac{\sigma_1-\sigma_3}{2}\sin2\alpha_f=\frac{450\text{kPa}-100\text{kPa}}{2}\sin2\times\left(45°+\frac{30°}{2}\right)=151.6\text{kPa}$$

$$\tau_f=c+\tan\varphi=10\text{kPa}+187.5\text{kPa}\times\tan30°=118.3\text{kPa}<\tau=156.1\text{kPa}$$

故也可判断此点破坏。

7.3 土的抗剪强度试验

测定土的抗剪强度指标的试验称为剪切试验。剪切试验可以在室内进行，也可在现场原位进行。本节将介绍室内的直接剪切试验、三轴压缩试验、无侧限抗压强度试验和十字板剪切试验等。

目前，要正确测定土的强度指标是极为困难的，这是因为抗剪强度不仅取决于土的种类，而且在更大程度上取决于土的密度、含水率、初始应力状态、应力历史、试验中的固结程度和排水条件等因素。因此，为了求得可供建筑物地基设计或土坡稳定分析用的土的强度指标，室内试验中除试样必须具有代表性和满足质量要求外，它的受力和排水条件也应尽可能与实际情况一致。可是，根据现有的测试设备和技术条件，要完全做到这一点仍十分困难。

7.3.1 直接剪切试验

1. 试验设备和试验方法

直接剪切试验可以直接测定出土样预定剪切面上的抗剪强度。试验仪器称为直接剪切仪。直接剪切仪分为应变控制式和应力控制式两种，前者是控制试样产生一定位移，如量力环中量表指针不再前进，表示试样已剪损，据此可测定其相应的水平剪应力。后者则是控制对试件分级施加一定的水平剪应力，如相应的位移不断增加，表示试样剪损。目前我国普遍采用的是应变控制式直剪仪，如图 7-9 所示。

直剪仪由两个可以相互错动的上、下剪切盒组成。通常由环刀取样，试样高度一般为 2cm，面积为 30cm^2，试验时将试样置于盒内两块透水石之间。施力前先拔出插销，由杠杆系统通过加压活塞对试样施加竖向应力 $\sigma=P/A$（P 为施加给试样的竖向荷载，A 为试样的横截面面积），然后以规定速率对下盒逐渐施加剪应力 $\tau=V/A$（V 为施加给试样的水平荷载，即剪力，可通过量力环测得）。剪切变形 s 由百分表测定。当剪应力增大到使土样发生剪切破坏时，该剪应力 τ 就是土样的抗剪强度 τ_f。根据试验记录可绘制剪应力与剪切位移关系曲线，如图 7-10 所示。以曲线的剪应力峰值作为该级法向应力下土的抗剪强度。如果剪

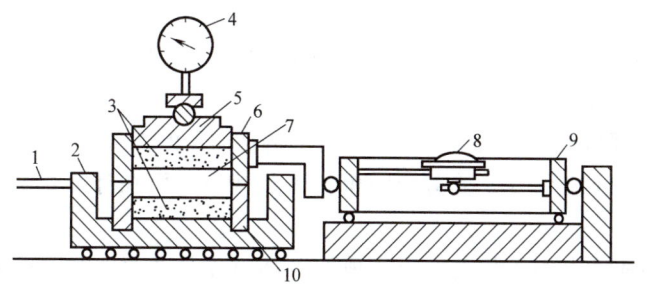

图 7-9 应变控制式直剪仪

1—轮轴 2—底座 3—透水石 4、8—量表 5—活塞
6—上盒 7—土样 9—量力环 10—下盒

应力不出现峰值，则取某一位移（常取上下盒相对错动位移 4mm）对应的剪应力作为它的抗剪强度。为了确定土的抗剪强度指标，通常至少测定 3~4 个土样，使其在不同的 σ 值作用下剪坏，做出 $\sigma\text{-}\tau_f$ 关系曲线。当 σ 变化不大时，$\sigma\text{-}\tau_f$ 关系近似于直线，此即抗剪强度曲线（图 7-11），从图中可得 c、φ 值。

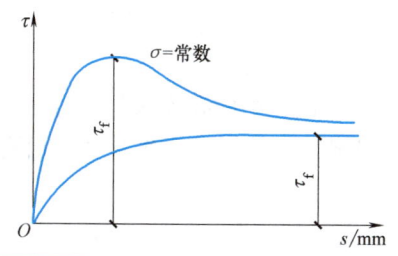

图 7-10 剪应力与剪切位移的关系曲线

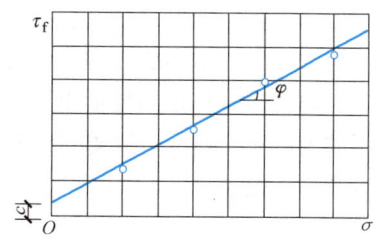

图 7-11 直剪试验成果图

2. 直剪试验的类型

根据固结和剪切过程中的排水条件，直剪试验分为快剪、固结快剪和慢剪 3 种类型。

（1）快剪（Q-Test，Quick-Shear Test）《土工试验方法标准》（GB/T 50123）规定，试验时在试样上施加垂直压力后，拔去固定销钉，宜采用 0.8~1.2mm/min 的速率剪切，4~6 转/min 匀速旋转手轮，使试样在 3~5min 内剪破。当剪应力的读数达到稳定或有显著后退时，表示试样已剪损，宜继续剪至剪切变形达到 4mm。当剪应力读数继续增加时，剪切变形应达到 6mm 为止。手轮每转一转，测记负荷传感器或测力计读数并根据需要测记垂直位移读数，直至剪损为止。该试验所得的强度称为快剪强度，相应的指标称为快剪强度指标，用 c_Q、φ_Q 表示。

（2）固结快剪（Consolidated Quick Shear Test）对试样施加垂直压力后，每小时测读垂直变形一次，直至固结变形稳定。变形稳定标准为变形量每小时不大于 0.005mm。之后拔去固定销开始剪切，剪切过程同快剪试验。通过这种试验得到的强度称为固结快剪强度，相应指标称为固结快剪强度指标，用 c_R、φ_R 表示。

（3）慢剪（S-Test，Slow Shear Test）对试样施加垂直压力后，待固结稳定后拔去固定销，以小于 0.02mm/min 的速度使试样在充分排水的条件下进行剪切，这样得到的强度称为慢剪强度，相应的指标称为慢剪强度指标，用 c_S、φ_S 表示。

3. 试验特点

直剪试验因其设备简单，试样制备及试验操作方便，易于掌握等优点而被工程界广泛采用，但也存在如下一些缺点：

1）剪切面是人为限定在上、下两个剪切盒之间的截面，但该面不一定是土样的最薄弱面。

2）剪切时，上、下盒错开，受剪切面积会逐渐减小，而在计算抗剪强度时，仍按原土样横截面面积计算。

3）剪破面上剪应力分布不均匀，土样剪切破坏时先从边缘开始，会在边缘发生应力集中现象。

4）试验时，不能严格控制排水条件和量测孔隙水压力。

5）应力状态模糊。

7.3.2 三轴压缩试验

三轴压缩试验也称为三轴剪切试验，简称三轴试验，是测定土的抗剪强度的一种较完善的方法。

1. 试验设备和试验方法

三轴试验所用仪器为三轴剪切仪（也称三轴压缩仪），主要工作部分为压力室，并配有施加周围压力、轴向压力和量测孔隙水压力的系统，如图 7-12 所示。

三轴试验采用正圆柱形土样。试样用薄橡皮膜包裹，使试样中的孔隙水与压力室内施加围压的流体完全隔开。孔隙水通过试样下端的透水石与孔隙水压力量测系统连通，由孔隙水压力阀加以控制。

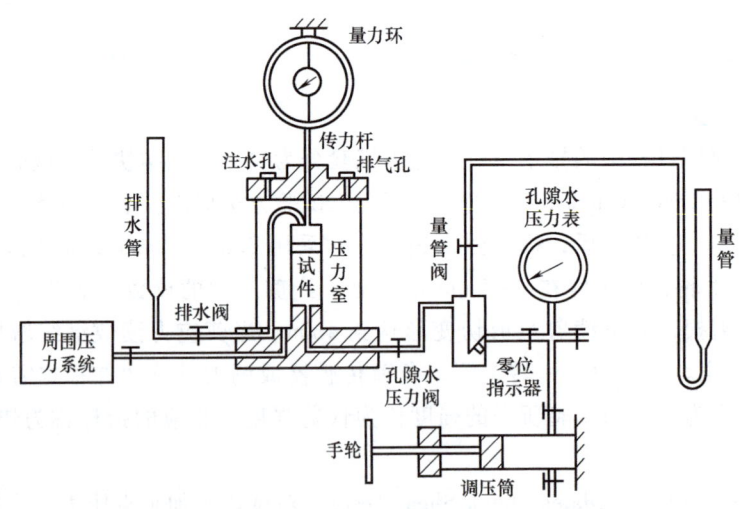

图 7-12 三轴压缩仪

试验时，先通过周围压力系统向压力室内充水加压，使试样受到各向相等的围压 σ_3，这时试样不受剪切。然后，由轴向加压系统通过活塞对试样施加竖向压力增量 $\Delta\sigma_1$。这时试样受到的轴向压力为 $\sigma_1 = \sigma_3 + \Delta\sigma_1$，而水平向主应力 σ_3 保持不变。不断增大 $\Delta\sigma_1$，即不断增大 σ_1，试件最终受剪而破坏。当试样剪破时，可由剪破时试样受到的 σ_1、σ_3 绘出莫尔圆，此时应力圆为极限应力圆。

在给定的围压 σ_3 作用下，一个试样的试验只能得到一个极限应力圆。要得到土的强度指标，通常至少需 3 个平行土样。平行试样在不同 σ_3 下进行剪切，绘出相应的极限应力圆，然后作这些圆的公切线，此即抗剪强度包线，通常近似取为直线。该直线与水平线夹角为土的内摩擦角 φ，与纵轴截距为土的黏聚力 c，如图 7-13c 所示。

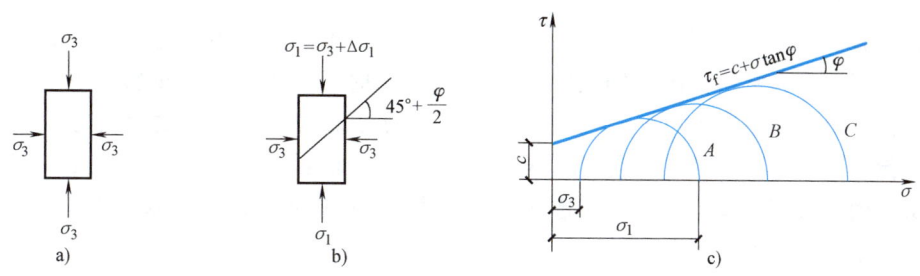

图 7-13　三轴压缩试验原理

a）试件受周围压力　b）破坏时试件上的主应力　c）莫尔破坏包线

2. 三轴试验的类型

三轴试验也可根据剪切前受到周围压力 σ_3 的固结状态和剪切时的排水条件，分为不固结不排水剪切试验、固结不排水剪切试验和固结排水剪切试验 3 种。它们分别对应于直剪试验的快剪、固结快剪和慢剪。

（1）不固结不排水剪切试验（UU-Test，Unconsolidation Undrained Test）　试样在施加周围压力和随后施加轴向压力增量剪切的整个过程中都不允许排水，即试验过程中要自始至终关闭排水阀门，不让试样排水。加于试样的围压由孔隙水压力承担，此时孔隙水压力将升至某一数值 $u_1>0$，而有效应力 $\sigma'_3=\sigma_3-u_1$ 保持不变。再通过活塞加轴向压力增量 $\Delta\sigma_1$ 使试样剪切。此阶段孔隙水压力又有新的变化，其增量为 u_2，有效应力随之发生变化。当试样剪破时，其应力条件为：

总应力表示法：大主应力 $\sigma_1=\sigma_3+\Delta\sigma_1$，小主应力 σ_3，孔隙水压力 $u=u_1+u_2$。

有效应力表示法：$\sigma'_1=\sigma_3+\Delta\sigma_1-u$，$\sigma'_3=\sigma_3-u$。

（2）固结不排水剪切试验（CU-Test，Consolidation Undrained Test）　施加周围压力，打开排水阀，使试样在 σ_3 作用下排水固结，直至 $u_1=0$。然后关闭排水阀，再施加轴向压力增量 $\Delta\sigma_1$ 至试样剪破。在这一剪切过程中，因不允许试样排水，孔隙水压力将上升到某一数值 u_2，有效应力也会随之变化。当试样被剪破时，试样的应力条件为：

总应力表示法：$\sigma_1=\sigma_3+\Delta\sigma_1$，$\sigma_3$，$u=u_2$。

有效应力表示法：$\sigma'_1=\sigma_3+\Delta\sigma_1-u_2$，$\sigma'_3=\sigma_3-u_2$。

（3）固结排水剪切试验（CD-Test，Consolidation Drained Test）　在施加周围压力 σ_3 时，要自始至终打开排水阀门。对试样施加 σ_3 需持续足够的时间，使其充分排水固结。待孔隙水压力消散为零时，此时有效应力 $\sigma'_3=\sigma_3$，再施加轴向压力增量 $\Delta\sigma_1$。施加 $\Delta\sigma_1$ 的速率要以孔隙水压力增量 $u_2=0$ 为准，即剪切过程中没有任何体积变形。若要在受剪过程中量测孔隙水压力，则要打开试样与孔隙水压力量测系统间的管路阀门。当试样被剪破时，试样的应力条件为

$$\sigma_1' = \sigma_3 + \Delta\sigma_1, \quad \sigma_3' = \sigma_3, \quad u = u_1 + u_2 = 0$$

三轴试验的突出优点是能够控制排水条件以及可以测量土样中孔隙水压力的变化。此外，三轴试验中试样的应力状态比较明确，剪切破坏时的破裂面在试件的最弱处，而不像直剪试验那样限定在上下盒之间。一般来说，三轴试验的结果还是比较可靠的。因此，三轴压缩仪是土工试验不可缺少的仪器设备。

三轴试验的缺点是试样的主应力 $\sigma_2 = \sigma_3$，而实际上土体的受力状态未必都属于这种轴对称情况。因此，通常所做的三轴试验当 $\sigma_1 > \sigma_2 = \sigma_3$ 时，称为假三轴试验。现已可在真三轴仪中进行三个不同主应力（$\sigma_1 > \sigma_2 > \sigma_3$）作用下的三轴试验。三轴试验仪与试验操作复杂，但试验结果一般较可靠。所以《建筑地基基础设计规范》（GB 50007）规定：当采用室内剪切试验确定抗剪强度指标时，应选择三轴压缩试验中的不固结不排水试验，经过预压固结的地基可采用固结不排水试验。

7.3.3 无侧限抗压强度试验

无侧限抗压强度试验实际上是三轴剪切试验的一种特殊情况，即周围压力 $\sigma_3 = 0$ 的三轴试验，所以又称单轴试验。试样仍为正圆柱体。试验时只对试样施加轴向压力 σ_1，不施加围压，即 $\sigma_3 = 0$。当试样剪破时，轴向压力 σ_1 以 q_u 表示，即表示试样在试验过程中，侧向不受限制可以任意变形。因此，q_u 称为无侧限抗压强度。由于不能施加周围压力，所以根据试验结果，只能作一个过坐标原点的极限应力圆，如图 7-14 所示。因此，难以做出破坏包线。当试样被剪破时，试样的受力条件为

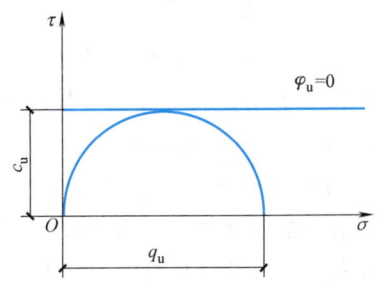

图 7-14 无侧限抗压强度试验

$$\sigma_1 = q_u = 2c \cdot \tan\left(45° + \frac{\varphi}{2}\right), \quad \sigma_3 = 0$$

对于饱和软黏土，根据三轴不固结不排水剪试验结果，强度包线为一水平线，即 $\varphi_u = 0$（φ_u 表示不固结不排水剪试验求得的内摩擦角）。因此，饱和软黏土的抗剪强度为

$$\tau_f = c_u = \frac{q_u}{2} \tag{7-15}$$

式中 c_u——不固结不排水剪的黏聚力（kPa）。

因此，可以根据无侧限抗压强度推求不固结不排水剪的黏聚力 c_u。使用无侧限压缩仪作不固结不排水剪较三轴仪要方便得多。通过无侧限抗压强度试验，还可测定黏性土的灵敏度 S_t。

7.3.4 十字板剪切试验

十字板剪切仪是一种使用方便的原位测试仪器，通常用于测定饱和黏性土的原位不排水抗剪强度，特别适用于均匀饱和软黏土。这种土的天然结构常因取样操作和试样成形过程中不可避免地受到扰动而破坏，致使室内试验测得的强度值低于原位强度。

如图 7-15 所示，十字板剪切仪由板头、加力装置和量测装置 3 部分组成。十字板剪切试验可在现场钻孔内进行，免去了室内试验中试样的采取、运送、保存制备等环节，减少了对试样的扰动。因此，适用于高灵敏度的黏土和难于取样的土。

第7章 土的抗剪强度

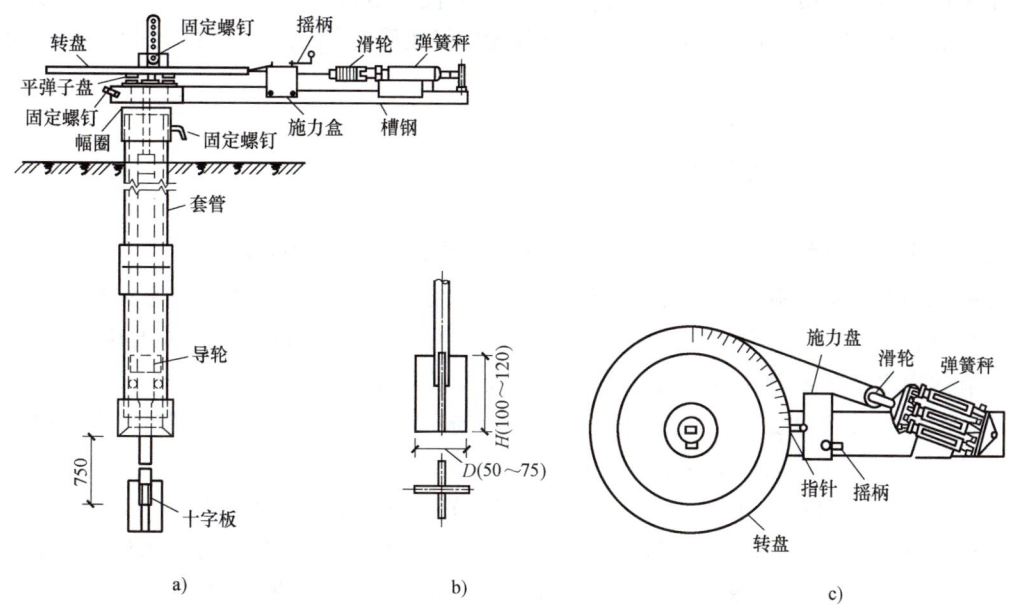

图 7-15 十字板剪切仪
a）剖面图 b）十字板 c）扭力设备

试验时，将套管打到预定深度，然后将套管内的土清除。将装在钻杆下端的十字板通过套管压入土中，压入深度约为 750mm。再在地面上以一定转速对钻杆施加扭力矩，使埋在土中的十字板扭转，直至土剪切破坏。破坏面为十字板旋转所形成的圆柱面。

由于剪破面为一圆柱面，圆柱的直径和高等于十字板的宽度和高度。剪切时所施加的扭矩 M 应与剪切圆柱体侧面、上下端面的抗剪强度所产生的抵抗力矩相等，即

$$M = \pi DH \frac{D}{2}\tau_v + 2\frac{\pi D^2}{4} \cdot \frac{D}{3}\tau_H = \frac{1}{2}\pi D^2 H \tau_v + \frac{1}{6}\pi D^3 \tau_H \tag{7-16}$$

式中　M——剪切破坏时的扭力矩（kN·m）；

τ_v、τ_H——剪切破坏时的圆柱体侧面和上下面土的抗剪强度（kPa）；

H——十字板高度（m）；

D——十字板宽度（m）。

试验结果表明，天然土层的抗剪强度是非等向的，即水平面上的抗剪强度大于垂直面上的抗剪强度。为简化计算，常规试验中仍假设 $\tau_v = \tau_H = \tau_f$，因而由式（7-16）可得土的抗剪强度为

$$\tau_f = \frac{2M}{\pi D^2 \left(H + \dfrac{D}{3}\right)} \tag{7-17}$$

式中　τ_f——由十字板测定的土的抗剪强度（kPa）。

由十字板在现场测定的土的抗剪强度，属于不排水剪切的试验条件，因此其结果一般与无侧限抗压强度试验结果接近，即

$$\tau_f = c_u = \frac{q_u}{2} \tag{7-18}$$

十字板剪切仪适用于饱和软黏土（$\varphi=0$）。它的优点是构造简单、操作方便、不必取土样、对地基土扰动较小。十字板剪切试验被认为能较好地反映土的原位强度，在实际中得到了广泛应用。

7.4 无黏性土的抗剪强度

无黏性土的强度包线为过坐标原点的直线，其表达式为 $\tau_f = \sigma\tan\varphi$。

影响无黏性土抗剪强度的主要因素是初始密实度，而初始密实度可用初始孔隙比的大小表示。同时，土的抗剪强度在一定程度上还受土粒的形状、表面粗糙程度和土粒级配影响。通常，有效内摩擦角 φ' 随土的密实度增大而增大。相对密度相同的无黏性土，其 φ' 值随粒径大小、级配和形状的改变而改变，而含水量的影响较小。初始孔隙比相同时，同一种砂土饱和时的 φ' 值仅比干燥时的 φ' 值低 $1°\sim2°$。

当初始孔隙比不同时，同一种砂土的应力-应变关系和体积变化显著不同。密实砂土的初始孔隙比较小，在剪切过程中，砂粒间咬合力使砂粒产生相对滚动，颗粒之间的位置将重新排列，并导致孔隙比和体积不断增大，这就是密砂在剪切过程中发生的剪胀现象（图 7-16）。

从图 7-17 可以看到，在密砂的 τ-γ 曲线前段剪应力是随剪切变形逐渐增大的，土体中的抗剪强度有一部分发挥出来。当剪应力达到峰值强度后，剪应力随剪切变形的增加逐渐减小。这是由于当剪应力超过峰值强度后，随压力增加，土粒挤碎，且有部分剪切能量消耗在体积变化上，剪胀趋势逐渐消失，强度下降并最终趋于松砂的强度。这一强度基本是常数，称为残余强度。

松砂受剪时，颗粒滚落到平衡位置，将排列得更加紧密。剪切过程中砂粒相互挤紧，它的体积随剪应力增加逐渐减小，这就是松砂在剪切过程中发生的剪缩现象。由于砂粒之间挤紧，孔隙比减小，因而随压力的增加松砂的抗剪强度逐渐增大，但不出现峰值强度（图 7-17）。其破坏强度是以一定剪应变对应的应力值作为标准的。

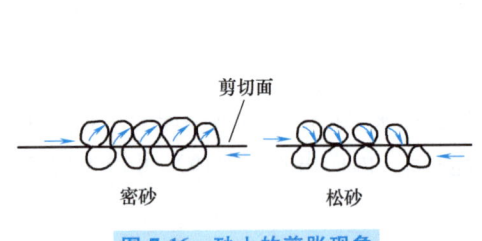

图 7-16 砂土的剪胀现象　　图 7-17 砂土受剪时的应力-应变关系

7.5 饱和黏性土的抗剪强度

7.5.1 应力历史对饱和黏性土抗剪强度的影响

在第 4 章中已介绍过前期固结压力、正常固结土、超固结土和欠固结土的概念。

当饱和黏性土处于不同的固结程度时，其力学性能也不相同。因此，在研究饱和黏性土的强度变化规律时，必须考虑应力历史的影响。

当土体受压时，可能经历初始压缩、卸压及再压缩等不同过程，如图 7-18 所示。图 7-18a 中初始压缩曲线 A 表示土体正常固结情况，卸荷曲线 B 和再压缩曲线 C 则表示超固结情况。

在图 7-18b 中，A_s 表示正常固结土强度包线，B_s、C_s 则为超固结强度包线。由图 7-18 可知，a、b、c 三个点的 σ 值虽然都一样，但因受压经历（即应力历史）不同，b 点的抗剪强度大于 c 点的，更大于 a 点的抗剪强度。A_s、B_s 和 C_s 三线的 c、φ 值也不一样。

一般来说，超固结土强度要比正常固结土的高，这说明，应力历史对黏性土抗剪强度有一定影响。因此，考虑黏性土抗剪强度时，要区分是正常固结土还是超固结土。在三轴试验中，若试样曾经受到的固结压力就是现有固结压力 σ_3，则试样为正常固结。若试样曾经受到的固结压力大于现有的固结压力 σ_3，则试样是超固结。

饱和黏性土固结排水剪 σ-ε 曲线和体积变化如图 7-19 所示。从图 7-19 中可知，饱和黏性土在进行固结排水剪试验时，正常固结土在剪切过程中随轴压增大而体积不断减小，类似松砂在剪切中的性状，出现剪缩现象；而超固结土则是先剪缩，继而主要呈现剪胀特性，类似密砂在剪切中的性状。饱和黏性土固结不排水试验时，正常固结试样剪切时体积有减少趋势（剪缩），但由于不允许排水，故产生正的孔隙水压力；而超固结试样在剪切时体积有增加的趋势（剪胀），故超固结试样在剪切过程中，开始产生正的孔隙水压力，以后转为负值。

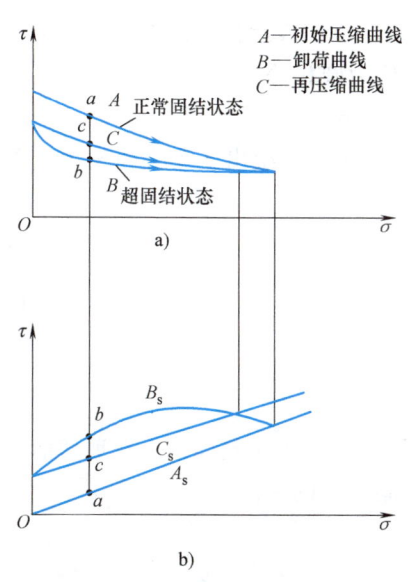

图 7-18 应力历史对抗剪强度的影响

a）正常固结土 b）超固结土

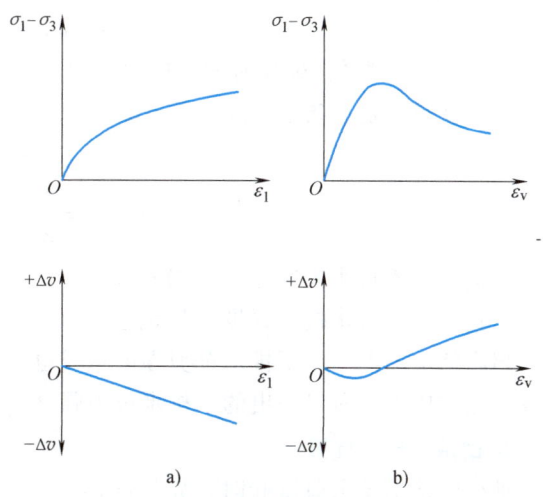

图 7-19 饱和黏性土固结排水剪 σ-ε 曲线和体积变化

a）正常固结土 b）超固结土

7.5.2 排水条件对饱和黏性土抗剪强度的影响

1. 不固结不排水抗剪强度（不排水抗剪强度）

在进行不固结不排水剪试验时，由于不允许排水，在剪切过程中试样的含水量保持不变，体积不变。尽管3个平行试件施加的周围压力 σ_3 不同，但周围压力的增加只能引起孔隙水压力增大，并不会改变试样中的有效应力；同时，在施加竖向压力使试件剪切至破坏的过程中，不允许试件排水，因此试样的含水量、体积以及有效应力仍未改变，所以试样的抗剪强度不随 σ 值的大小而变化。所以，按总应力法表示的所有极限应力圆半径不变，即 $(\sigma_1-\sigma_3)/2$ 为常数，强度包线与 σ 轴平行，如图7-20所示。

如果3个平行饱和黏性土试件都先在某一周围压力下固结至稳定，然后分别在不排水条件下施加周围压力和轴向压力至剪切破坏。3个试样在3个不同围压 σ_3 作用下的总应力圆分别如图7-20中实线半圆 A、B、C 所示。虚线半圆是这3个试样的有效应力圆。对3个试样分别施加不同的 σ_3，由于不排水，增加的 σ_3 只引起饱和黏性土中孔隙水压力的增加，而孔隙水压力又不能消散，故不能使试样的有效应力增加。

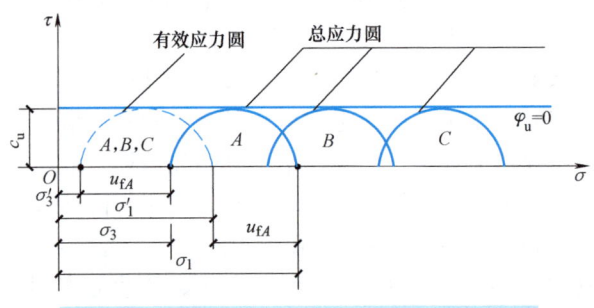

图7-20 饱和黏性土的不固结不排水试验结果

如果分别测得3个试样破坏时的孔隙水压力，用有效应力法表示试验成果，则不论围压 σ_3 如何变化，只能得到一个有效应力圆，且其直径与总应力圆相等。

$$\sigma_1' - \sigma_3' = (\sigma_1 - u) - (\sigma_3 - u) = \sigma_1 - \sigma_3$$

所以，3个试样在破坏时的主应力差相等，因而在 τ-σ 图上可绘出3个直径相等的莫尔圆，其强度包线是一条水平线（图7-20），即

$$\varphi_u = 0 \tag{7-19a}$$

$$\tau_f = c_u = \frac{1}{2}(\sigma_1 - \sigma_3) \tag{7-19b}$$

式中　φ_u——不排水内摩擦角（°）；

　　　c_u——不排水抗剪强度（kPa）。

超固结土的不固结不排水抗剪强度包线也是一条水平线，但由于超固结土在剪切前具有较高的固结压力，所以得出的不排水抗剪强度 c_u 比正常固结土的大。

2. 固结不排水抗剪强度

进行固结不排水剪试验时，先使试样在围压 σ_3 作用下充分排水固结，然后再在不排水条件下在轴向压力增量 $\Delta\sigma_1$ 作用下剪破，试验结果如图7-21所示。

饱和黏性土的固结不排水抗剪强度在一定程度上受到应力历史的影响。这里仅讨论正常固结与超固结黏性土在固结不排

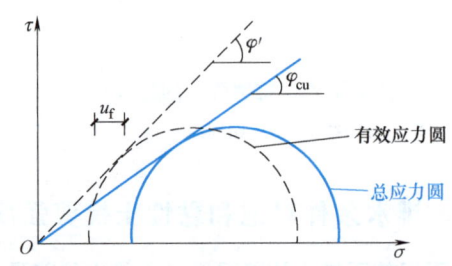

图7-21 正常固结饱和黏性土固结不排水剪试验结果

水条件下的强度特征。在三轴固结不排水试验中,如果试样所受到的周围固结压力 σ_3 大于它曾受到的前期固结压力 σ_c,则试样处于正常固结状态;反之,当 $\sigma_3<\sigma_c$ 时试样处于超固结状态。

对于正常固结土,由于从未受过超过前期固结压力的作用或剪切前固结压力为零,则强度包线大多数为过原点的直线。图 7-22a 表示正常固结土的总应力强度包线。根据试验时量测出的孔隙水压力值,又可绘出有效应力强度包线,如图 7-22b 所示。由于 $\sigma_1'=\sigma_1-u_f$(u_f 为试样剪破时测得的孔隙水压力)和 $\sigma_3'=\sigma_3-u_f$,故有 $\sigma_1'-\sigma_3'=\sigma_1-\sigma_3$,即有效应力圆与总应力圆直径相等,但位置不同,二者之间距离为 u_f。因为正常固结土试样在剪破时产生正的孔隙水压力,故有效应力圆在总应力圆左方。有效内摩擦角 φ' 比 φ_{cu} 大 1 倍左右。φ_{cu} 一般为 $10°\sim20°$,c_{cu} 和 c' 都为零。

对于超固结土,因其曾经受到过的固结压力大于剪切前的有效固结压力,即围压 σ_3 小于试样所曾经受到过的前期固结压力,则强度包线不过坐标原点。图 7-22a 所示为用总应力表示的 3 个极限应力圆,表示 3 个试样都曾经在前期固结压力作用下发生过固结,其初始孔隙比和含水量都相同。将这些试样分别加不同的围压 σ_3,再加竖压力增量 $\Delta\sigma_1$ 直至剪破。过这 3 个圆的总应力强度包线是一条不过原点的平缓曲线(实际应用时简化为直线)并与正常固结土的强度包线相交。从图 7-22 可知,超固结土的固结不排水剪黏聚力 $c_{cu}>0$,前期固结压力越大 c_{cu} 就越大,内摩擦角 φ_{cu} 则比正常固结土的小。图 7-22b 中超固结土的有效应力强度包线也不过原点。由于剪切时孔隙水压力为负值,有效应力圆在总应力圆右方。

总应力表达式为

$$\tau_f=c_{cu}+\sigma\tan\varphi_{cu} \tag{7-20}$$

有效应力表达式为

$$\tau_f=c'+\sigma'\tan\varphi' \tag{7-21}$$

式中 c'、φ'——固结不排水试验得出的有效应力参数。

由图 7-22b 可知,超固结土的 $c'<c_{cu}$,$\varphi'>\varphi_{cu}$。

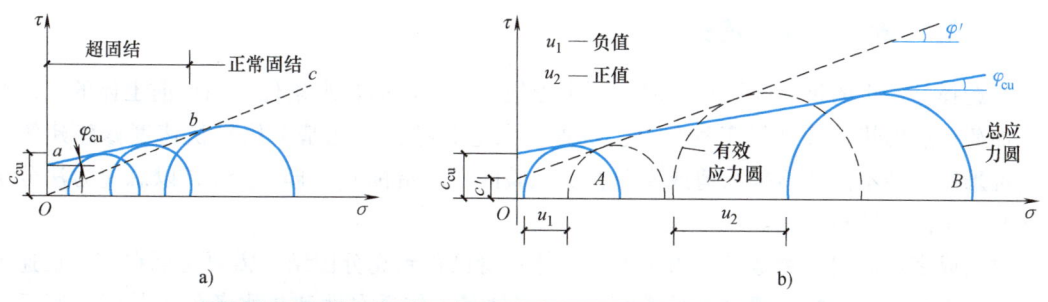

图 7-22 正常固结和超固结饱和黏性土固结不排水剪试验结果
a)正常固结土饱和黏性土 b)超固结土饱和黏性土

工程中为便于实际应用,可根据现场所取试验单元体的 σ_3 是否大于前期固结压力 P_c 选取土的抗剪强度指标。如果 $\sigma_3<p_c$,用 ab 段的抗剪强度;若 $\sigma_3>p_c$,则用 bc 段的抗剪强度。

3. 固结排水剪抗剪强度(排水抗剪强度)

进行固结排水剪试验时,在施加周围压力 σ_3 和竖向应力 $\Delta\sigma_1$ 时均允许试样充分排水固结。因此，在这个试验过程中，试样中的孔隙水压力始终为零（$u=0$），总应力最终全部转化为有效应力，即 $\sigma'=\sigma-u=\sigma$。故总应力圆就是有效应力圆，总应力破坏包线就是有效应力破坏包线。

正常固结土的强度包线也是过原点的直线，如图 7-23a 所示。其原因与固结不排水剪相同，即黏聚力 $c_d=0$，内摩擦角 $\varphi_d=20°\sim40°$。

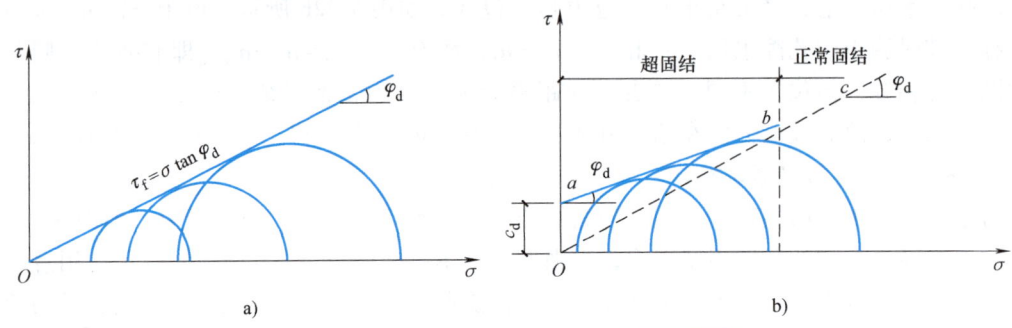

图 7-23 饱和黏性土的固结排水剪试验结果
a）正常固结饱和黏性土 b）超固结饱和黏性土

超固结土强度包线稍有弯曲，实际应用时也是取直线代替。从图 7-23b 知，超固结土比正常固结土的内摩擦角要小，c_d 约为 $5\sim25$kPa，且前期固结压力越大，c_d 就越大。

固结排水剪得到的试验结果 c_d 和 φ_d 与固结不排水剪的 c' 和 φ' 很接近。由于固结排水剪试验要保持超孔隙水压力始终为零，试验时要求剪切速率极慢，使试验所需时间太长，故工程上常用 c'、φ' 代 c_d、φ_d。但是固结不排水剪在剪切过程中试样体积保持不变，而固结排水剪在剪切过程中试样体积一般发生变化，因而两种试验得出的试验结果并非完全相同，一般情况下 c_d、φ_d 略大于 c'、φ'。在直剪仪上进行慢剪试验测得的结果往往偏大，根据经验可将慢剪试验结果乘以 0.9。

7.5.3 抗剪强度指标的选择

在选择黏性土的抗剪强度指标时，要考虑地基或土体的排水条件、加荷前土体的固结情况、加荷速度的快慢等现场工程条件。例如，在饱和黏性土地基上用较快速度修建建筑物时，可采用三轴不固结不排水剪或直剪快剪试验的强度指标 c_u，即 $\varphi_u=0$，以总应力法分析饱和黏性土的短期稳定性。

对建成多年的建筑物地基，由于地基土体本身已得到充分固结，需要考虑在其上快速加载，或对于突然来临的荷载（如地震荷载），当地基土体透水性和排水条件不佳时，则可采用固结不排水剪或固结快剪强度指标。一般认为，由三轴固结不排水试验确定有效应力强度指标 c' 和 φ'，宜用于分析地基的长期稳定性。

表 7-1 列出了按不同排水条件下的饱和黏性土抗剪强度表达式。

由于实际工程的现场条件与测定抗剪强度的试验条件往往有较大差别，由实验室模拟现场条件常会带来误差。因此抗剪强度指标的选择和确定，还要结合工程经验。除此之外，在分析地基和建筑物稳定性时，还必须考虑如何选择合适的试验成果表达方法。

第7章 土的抗剪强度

表 7-1　不同排水条件下的饱和黏性土抗剪强度表达式

类别		排水条件		
		不固结不排水剪	固结不排水剪	固结排水剪
总应力法	正常固结土	$\varphi_u = 0$ $\tau_f = c_u = \dfrac{1}{2}(\sigma_1 - \sigma_3)$	φ_{cu} $\tau_f = \sigma\tan\varphi_{cu}$	φ_d $\tau_f = \sigma\tan\varphi_d$
	超固结土		φ_{cu}，c_{cu} $\tau_f = c_{cu} + \sigma\tan\varphi_{cu}$	φ_{cu}，c_d $\tau_f = c_d + \sigma\tan\varphi_d$
有效应力法	正常固结土	—	φ' $\tau_f = \sigma'\tan\varphi'$	φ_d $\tau_f = \sigma\tan\varphi_d$
	超固结土		φ'，c' $\tau_f = c' + \sigma'\tan\varphi'$	φ_d，c_d $\tau_f = c_d + \sigma\tan\varphi_d$

有效应力法概念明确，能够反映抗剪强度的本质，抗剪强度随有效应力而变化。同一种黏性土分别在3种不同排水条件下的试验结果，都得到近乎同一条有效应力破坏包线，抗剪强度与有效应力有唯一的对应关系。因此，用有效应力法确定地基土加荷后任一时间固结状态的抗剪强度是比较合理的。但用有效应力法必须采用三轴仪来测定土体中的孔隙水压力，这样对有些中小工程来说，常会因条件不具备而无法应用。

由于试验方法（如可采用直剪仪测抗剪强度）和分析方法比较简单，总应力法广泛应用于中、小型工程。可以从3种不同排水条件的试验方法中，选出最能反映现场条件的一种方法来测定抗剪强度。

【例 7-3】　以某饱和黏性土做三轴固结不排水剪试验，测得4个试样的最大主应力、最小主应力和孔隙水压力见表7-2中所列，试用总应力法确定该土体的 φ_{cu} 和 c_{cu}，并用有效应力法确定其 c'、φ'。

表 7-2　【例 7-3】表（一）

σ_1/kPa	145	228	310	401
σ_3/kPa	60	100	150	200
u/kPa	31	55	92	126

【解】　1）根据所测4组 σ_1、σ_3 值，按比例在 σ-τ 坐标中绘出极限应力圆，如图7-24中的实线圆所示，再绘出此4圆的外包线，量得 $\varphi_{cu} = 18°$，$c_{cu} = 15\text{kPa}$。

2）将4个极限应力圆，按各自测得的 u 值分别向左平移相应的 u，见表7-3。绘出4个有效应力极限圆，如图7-24中的虚线圆所示，再绘这4个圆的外包线，量得 $\varphi' = 28°$，$c' = 8\text{kPa}$。

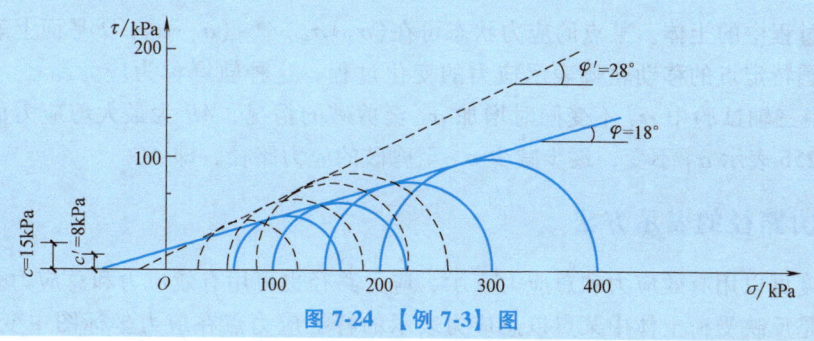

图 7-24　【例 7-3】图

表 7-3 【例 7-3】表（二）

σ'_1/kPa	114	173	218	275
σ'_3/kPa	29	43	58	74

【例 7-4】 某饱和黏土的有效内摩擦角为 30°，有效黏聚力为 12kPa。取该土试样做固结不排水剪切试验，测得土样破坏时 $\sigma_3 = 260\text{kPa}$，$\sigma_1 - \sigma_3 = 135\text{kPa}$。求该土样破坏时的孔隙水压力。

【解】 由 $\sigma_3 = 260\text{kPa}$，$\sigma_1 - \sigma_3 = 135\text{kPa}$，得

$$\sigma_1 = 135\text{kPa} + 260\text{kPa} = 395\text{kPa}$$

当土样破坏时，由式（7-8）有

$$\sin\varphi' = \frac{\sigma'_1 - \sigma'_3}{\sigma'_1 + \sigma'_3 + 2c\cot\varphi'}$$

$$\sigma'_3 = \sigma_3 - u \quad \sigma'_1 = \sigma_1 - u$$

$$\sin\varphi' = \frac{(\sigma_1 - u) - (\sigma_3 - u)}{(\sigma_1 - u) + (\sigma_3 - u) + 2c'\cot\varphi'}$$

$$\sin 30° = \frac{395 - 260}{395 + 260 - 2u + 2 \times 12 \times \cot 30°}$$

解得

$$u = 213.3\text{kPa}$$

7.6 应力路径

7.6.1 应力路径的概念

试验中的土样或土体中的土单元，在外荷载变化过程中，应力将随之发生变化。对于同一种土样，在不同的试验方法和不同的加荷方式下剪破时，所经历的应力变化是不相同的。在二维应力问题中，应力的变化过程可以用若干个莫尔圆表示。但是这种表示方法显然很不方便，尤其当应力不是单调增加（即有时增加有时减小）时，用莫尔圆表示应力变化过程极易混淆。

对加荷过程中的土体，某点的应力状态可在 $(\sigma_1 + \sigma_3)/2 \sim (\sigma_1 - \sigma_3)/2$ 平面上表示。可以用应力莫尔圆特定点的移动轨迹表示应力的变化过程，这种轨迹称为**应力路径**（图 7-25）。图 7-25a 代表三轴试验中 σ_3 不变同时增加 σ_1 至剪破的情况，AB 为最大剪应力面上的应力路径。图 7-25b 表示 σ_1 不变，逐步减少 σ_3 至剪破的应力路径，即 AC。

7.6.2 应力路径的表示方法

土的强度可以用有效应力和总应力表示，应力路径也可用有效应力和总应力表示。所谓**总应力路径**是反映受荷土体中某点以总应力表示的特征应力点在应力坐标图中变化的轨迹。

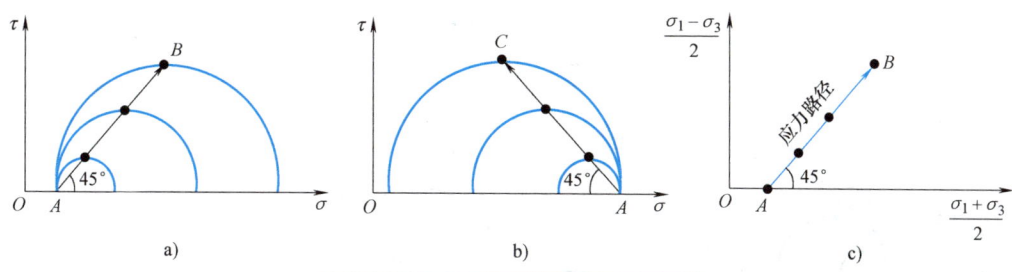

图 7-25 最大剪应力面上的应力路径

a) σ_3 不变, 增加 σ_1 b) σ_1 不变, 减少 σ_3 c) σ_3 不变, 增加 σ_1

有效应力路径则是土体相应点以有效应力表达的特征应力点的轨迹。图 7-26 所示为正常固结土固结不排水剪的总应力路径和有效应力路径。

对于正常固结土,总应力路径为直线 A,而有效应力路径为曲线 B,它们的破坏点分别由 a、b 两点表示。b 与 a 之间的水平距离 u 就是破坏时的孔隙水压力。A、B 两条线上相应各点的水平距离表示加荷过程中孔隙水压力的变化。因此,B 线可简捷地由 A 线上各点法向总应力减去相应的孔隙水压力 u 得到,即 $p'=p-u$。

在直剪试验中,通常把试件剪破面上法向应力和剪应力作为特征应力点,采用 σ-τ 坐标系表示它变化的轨迹。先施加垂直压力 p,而后在 p 不变的条件下逐渐增大剪应力,直至土样被剪破。所以受剪面的应力路径先是一条水平线,达到 p 后变为一条竖直线,至抗剪强度线而终止。所以完整的应力路径如图 7-27 中所示的 OLL'。

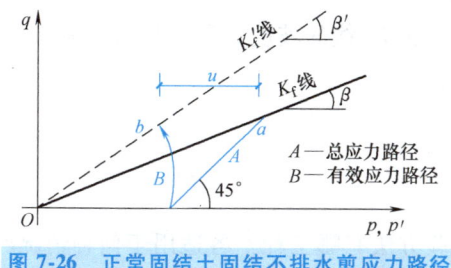

图 7-26 正常固结土固结不排水剪应力路径

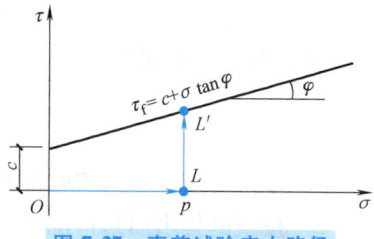

图 7-27 直剪试验应力路径

在图 7-28a 中,AB 线是在 σ-τ 坐标系中表达的莫尔圆顶点的应力路径。显然,在 $(\sigma_1-\sigma_3)/2 \sim (\sigma_1+\sigma_3)/2$ 坐标系中表示的应力路径,其形式更佳。AB 线上各点很直观地表示了土的应力状态,应用也更为方便。

图 7-28b 中的 K_f 线是土样在不同周围压力 σ_3 条件下受剪时,以总应力表示的极限应力圆顶点的连线。它的坡度 β 和它与纵坐标轴的截距 a 值,可由抗剪强度指标 c、φ 通过土体的极限平衡条件推算而得。

当土体处于极限平衡状态时,由式 (7-8) 可知

$$\sin\varphi = \frac{\sigma_1-\sigma_3}{\sigma_1+\sigma_3+2c\cot\varphi}$$

上式可改写为

$$\frac{1}{2}(\sigma_1-\sigma_3) = \frac{1}{2}(\sigma_1+\sigma_3)\sin\varphi + c\cos\varphi$$

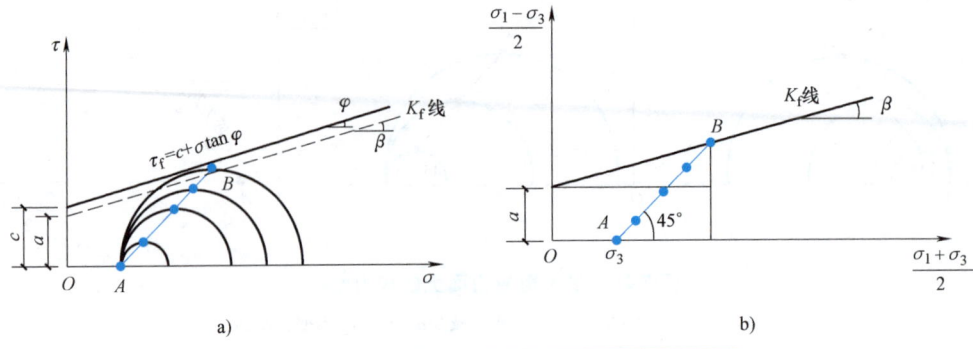

图 7-28 应力路径及 a、β 和 c、φ 之间的关系

a) 以 σ-τ 表达的应力路径 b) 以 p-q 表达的应力路径

而由图 7-28b 知 K_f 线的表达式为

$$\frac{1}{2}(\sigma_1-\sigma_3)=\frac{1}{2}(\sigma_1+\sigma_3)\tan\beta+a$$

上两式相比较，得

$$\tan\varphi=\sin\varphi$$
$$a=c\cos\varphi$$
$$\varphi=\arcsin(\tan\beta) \tag{7-22a}$$
$$c=\frac{a}{\cos\varphi} \tag{7-22b}$$

这样，由试验求得 K_f 线后，可根据式（7-22）由 K_f 线的坡度 β 和它与纵坐标的截距 a，反算土体的抗剪强度指标 φ、c 值。

习　题

7-1　砂土与黏土的抗剪强度规律有何不同？

7-2　按土的排水固结情况不同，三轴剪切试验方法有哪三种？各适用于何种情况？

7-3　设地基中某点的大主应力为 420kPa，小主应力为 180kPa，由试验得土的内摩擦角 $\varphi=30°$，黏聚力 $c=20$kPa，该点土体处于什么状态？该点破坏时，破裂面与大主应力的作用方向夹角是多少？（参考答案：未破坏；60°）

7-4　某干砂进行直剪试验。当 $\sigma=300$kPa，测得 $\tau_f=125$kPa，求：

（1）砂的内摩擦角；

（2）破坏时的大、小主应力；

（3）大、小应力与剪切面所成的角度。

（参考答案：22.6°；$\sigma_1=487.5$kPa，$\sigma_3=216.67$kPa；56.31°）

7-5　以某土样进行三轴剪切试验，剪破时 $\sigma_1=500$kPa，$\sigma_3=100$kPa，破裂面与大主应力面呈 60°，试绘制极限应力圆，求出 c、φ 值，并计算剪破面上的法向应力和剪应力。（参考答案：$c=57.7$kPa，$\varphi=30°$；$\sigma=200$kPa，$\tau_f=173$kPa）

7-6　建筑物地基土某点的应力为 $\sigma_z=300$kPa，$\sigma_x=150$kPa，$\tau_{zx}=35$kPa，并知土的 $\varphi=30°$，$c=0$，问该点是否剪破？又如果 σ_z 和 σ_x 不变，τ_{zx} 增至 30kPa，测该点又如何？（参考

答案：未破坏；未破坏）

7-7 某土的固结不排水剪切试验结果见表 7-4。

（1）用图解法求总应力强度指标 c_{cu}、φ_{cu} 及有效应力强度指标 c'、φ'；

（2）用应力路径求 c_{cu}、φ_{cu} 及 c'、φ'。

（参考答案：$c_{cu} = 21.98\text{kPa}$，$\varphi_{cu} = 23.2°$；$c' = 31.15\text{kPa}$，$\varphi' = 26.52°$）

表 7-4 习题 7-7 数据表

σ_3/kPa	$(\sigma_1-\sigma_3)_f$/kPa	u/kPa
100	200	35
200	320	70
300	460	75

7-8 某正常固结黏土层，其固结不排水剪切强度为 120kPa，同时测得该土的 $c' = 0$，$\varphi' = 31°$。若该土在不排水条件下发生破坏，则有效大、小主应力是多少？（参考答案：$\sigma_1' = 353\text{kPa}$，$\sigma_3' = 113\text{kPa}$）

7-9 对两个饱和正常固结黏土试样分别进行了固结排水和固结不排水三轴试验，测得表 7-5 所列的试验结果。

表 7-5 习题 7-9 数据表

试验类型	σ_3/kPa	破坏时 $(\sigma_1-\sigma_3)_f$/kPa
固结排水	300	650
固结不排水	200	250

试计算：

（1）该黏土的有效应力强度指标；

（2）该黏土的固结不排水强度指标；

（3）固结不排水试验中，试样破坏时的孔隙水压力、破裂面上的法向有效应力、剪应力及法向总应力、剪应力。（参考答案：$c' = 0$，$\varphi' = 31.3°$；$c_{cu} = 0$，$\varphi_{cu} = 22.6°$；$u = 84.4\text{kPa}$，$\sigma' = 192.6\text{kPa}$，$\tau_f' = 115.4\text{kPa}$；$\sigma = 277\text{kPa}$，$\tau_f = 115\text{kPa}$）

第8章 土压力

8.1 概述

土压力是指土对挡土结构物产生的侧向压力，是作用于挡土结构物上的主要荷载。在设计挡土结构物时，首先要确定土压力的大小、方向和作用点。根据结构物承受的力的状态不同，土压力可分为极限状态土压力和非极限状态土压力（位移土压力）。根据挡土结构可能位移的方向不同，土压力分为主动土压力、被动土压力和静止土压力。土压力的大小与土的性质以及挡土结构的形式、刚度等因素有关。挡土结构在房建、桥梁、道路、水利等工程中应用广泛。例如，边坡支挡结构的挡土墙、地下空间外墙、桥台以及基坑开挖支护结构等都属于挡土结构，如图8-1所示。本章以挡土墙为例，主要介绍静止土压力、朗肯土压力、库仑土压力的理论模型、计算方法和工程应用等内容。

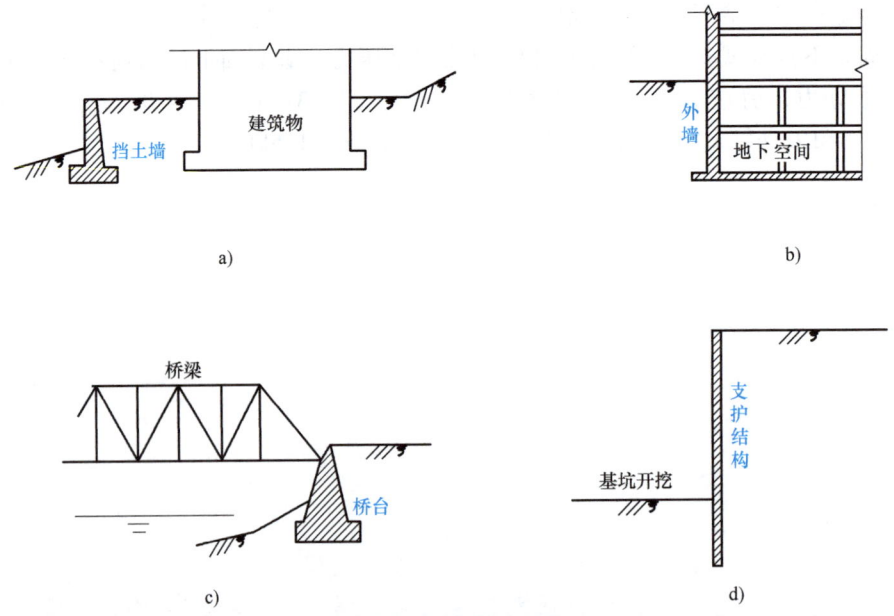

图 8-1 常见的挡土结构

a) 建筑物周围的挡土墙　b) 地下空间外墙　c) 桥梁桥台　d) 基坑的支护结构

挡土结构承受的土压力大小及其分布规律与墙体位移方向和趋势、土的种类、地面倾斜程度、挡土结构截面刚度和地基变形等因素有关。盛装颗粒类材料的仓库，如粮库侧墙承受的侧向压力，也可采用土压力理论计算。

从力学角度讲，支挡结构及其支挡的土体属于平面应变问题，故在土压力计算中，可取一延米的墙长度进行分析研究。

8.2 土压力的种类

根据挡墙位移情况和土体所处的应力状态，土压力可分为特殊状态土压力和位移土压力。

8.2.1 特殊状态土压力

特殊状态土压力包括主动土压力、被动土压力和静止土压力三种。主动土压力和被动土压力是两种极限状态土压力。

1. 主动土压力

当挡土结构向离开土体的方向偏移至土体达到极限平衡状态时，作用在结构上的土压力称为主动土压力（Active Earth Pressure），用 E_a 表示，如图 8-2a 所示。

2. 被动土压力

当挡土结构向着土体方向偏移至土体达到极限平衡状态时，作用在支挡结构上的土压力称为被动土压力（Passive Earth Pressure），用 E_p 表示，如图 8-2b 所示。

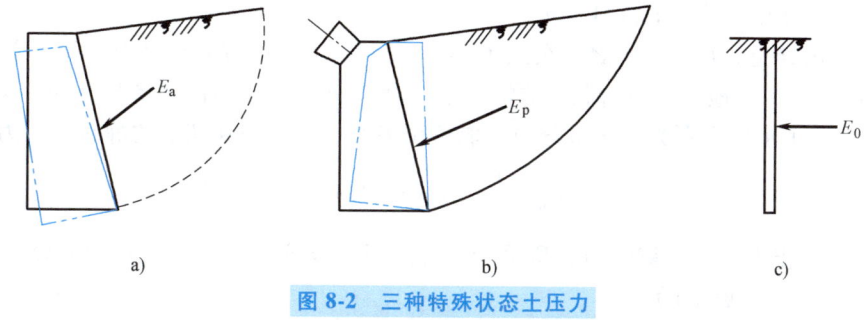

图 8-2　三种特殊状态土压力

a）主动土压力　b）被动土压力　c）静止土压力

3. 静止土压力

当支挡结构静止不动，土体处于弹性平衡状态时，土对墙的压力称为静止土压力（Earth Pressure at Rest），用 E_0 表示。

极限状态土压力计算理论主要有古典朗肯（Rankine, 1875）土压力理论和 C. A. 库仑（Coulomb, 1773）土压力理论。在相同条件下，主动土压力小于静止土压力，而静止土压力小于被动土压力，即 $E_a<E_0<E_p$。需要注意的是，产生被动土压力所需的位移 Δ_p 远远大于产生主动土压力所需的位移 Δ_a，如图 8-3 所示。

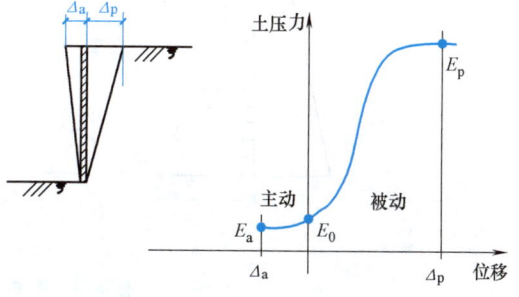

图 8-3　极限状态土压力与位移土压力

8.2.2 位移土压力

实际工程中，只有在破坏或失稳的时候才能达到极限平衡状态，因此极限状态土压力是三种非常特殊的土压力，一般不会出现。当位移达不到极限平衡状态需要的限值时，支挡结构也会受到土体的压力作用，这种土压力被称为位移土压力。当支挡结构远离土体但其数值达不到极限状态需要的限值时，位移土压力的大小介于主动土压力和静止土压力之间。当支挡结构向着土体方向位移但其数值达不到极限状态需要的位移限值时，位移土压力的大小介于静止土压力和被动土压力之间。

8.3 静止土压力

静止土压力强度为

$$\sigma_0 = K_0 \sigma_v \tag{8-1}$$

式中 σ_0——静止土压力强度（kPa）；
σ_v——深度 z 处的竖向压力（kPa）；
K_0——静止土压力系数（Coefficient of Earth Pressure at Rest）。

如果地面作用有均布荷载 q，如图 8-4 所示，则作用在深度 z 处单元体上的竖向应力 σ_v 为

$$\sigma_v = \gamma z + q \tag{8-2}$$

式中 γ——土层重度，地下水位以下用有效重度（kN/m³）；
z——计算点离地面的深度（m）。

对于正常固结土，可以根据经验公式 $K_0 = 1 - \sin\varphi'$（为土的有效内摩擦角）计算 K_0。由式 (8-1) 可知，在有地面均布荷载 q 的情况下，静止土压力沿墙高为梯形分布；如果没有地面荷载 q，静止土压力则为三角形分布。取单位墙长，则作用在墙上的静止土压力为

$$E_0 = \frac{1}{2} K_0 H (\gamma H + 2q) \tag{8-3}$$

式中 E_0——静止土压力（kN/m），E_0 的作用点在土压力分布图形的几何形心处；
H——土层高度（m）；
σ_v——深度 H 处的竖向压力（kPa）；其余符号同前。

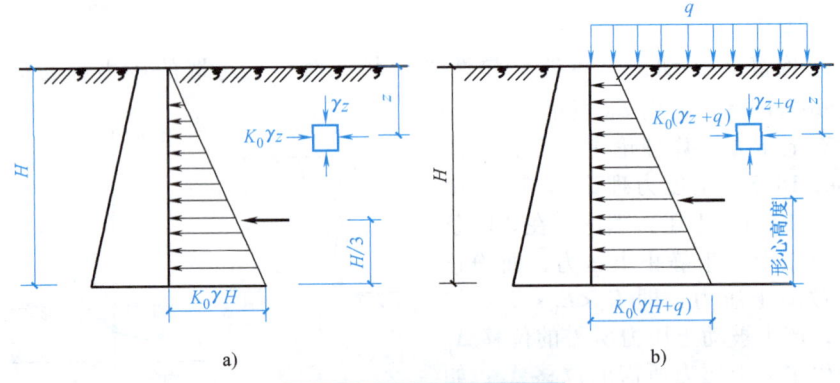

图 8-4 静止土压力的分布
a) 无地面荷载 b) 有地面荷载

8.4 朗肯土压力理论

朗肯土压力理论的假设条件为墙背光滑、直立,墙后地面水平。因此,墙背与土体之间的摩擦力为零。

8.4.1 基本假设

朗肯土压力理论是根据土中单元体的 Mohr-Coulomb 强度理论得出的。

在离地表 z 处取一单元体 M,如图 8-5a 所示。此时,竖向应力 σ_v 和水平应力 σ_h 都是主应力,该应力状态可以用莫尔圆表示为图 8-5b 中的圆Ⅰ。由于处于弹性平衡状态,故莫尔圆没有和 Mohr-Coulomb 抗剪强度包线相切。

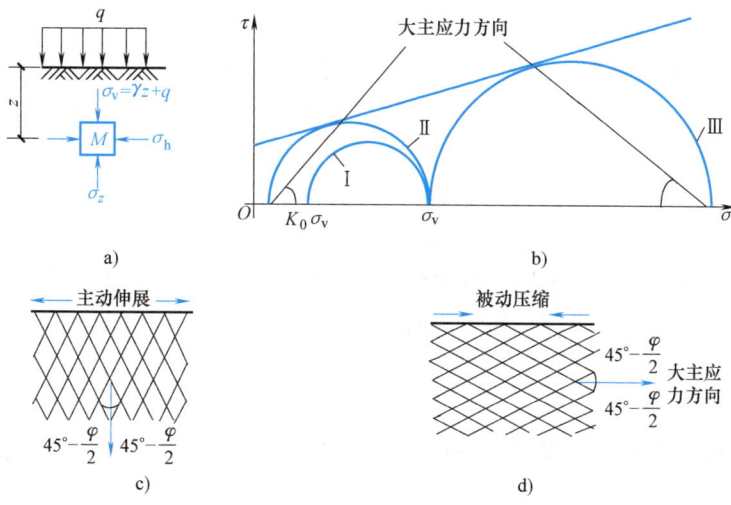

图 8-5 非极限平衡状态和极限平衡状态
a) 单元体的受力状态 b) 用莫尔圆表示主动和被动朗肯状态
c) 半空间内的主动朗肯状态 d) 半空间内的被动朗肯状态

不管挡土结构在水平方向如何位移,作用在竖直方向的应力 σ_v 是不变的,而作用于水平方向的应力则会随着伸展或压缩变小或变大。如果挡土结构远离土体即在水平方向伸展,应力 σ_h 会逐渐变小。当减小至满足 Mohr-Coulomb 强度理论时,σ_h 达到极值即 σ_a。此时莫尔圆与 Mohr-Coulomb 抗剪强度包线相切,应力状态达到主动朗肯状态,如图 8-5b 中的圆Ⅱ所示。反之,如果土体在水平方向压缩,那么 σ_h 将不断增加直至达到被动朗肯极限平衡状态。σ_h 变为最大主应力并达到极值 σ_p,而 σ_v 变为最小主应力 σ_3,莫尔圆为图 8-5b 中的圆Ⅲ。

当处于主动朗肯状态时,如图 8-5c 所示,最大主应力作用在竖直方向,剪切破坏面与竖直面的夹角为 $(45°-\varphi/2)$;当土体处于被动朗肯状态时,如图 8-5d 所示,大主应力作用在水平方向,剪切破坏面与水平面的夹角为 $(45°-\varphi/2)$,而与竖直面的夹角为 $(45°+\varphi/2)$。

8.4.2 主动土压力

当挡土墙向远离土体的方向发生位移时,水平应力 σ_h 将逐渐减少并最终达到主动朗肯状态,根据 Mohr-Coulomb 强度理论可以得到其解答。

1. 无黏性土

对于无黏性土,分别以 σ_v 和 σ_a 代替式(7-13)中的 σ_1 和 σ_3 可以得到

$$\sigma_a = \sigma_v \tan^2\left(45° - \frac{\varphi}{2}\right) \tag{8-4a}$$

或

$$\sigma_a = \sigma_v K_a \tag{8-4b}$$

式中 K_a——朗肯主动土压力系数,$K_a = \tan^2(45° - \varphi/2)$;

φ——土的内摩擦角(°)。

由式(8-4)可知,无黏性土的主动土压力强度与深度 z 成正比。因此,当没有均布荷载 q 作用时,土压力强度沿高度呈三角形分布,如图 8-6b 所示的三角形 abc 所示。合力 E_a 的作用点高度等于该三角形形心的高度,大小等于该三角形的面积,即

$$E_a = \frac{\gamma H^2}{2} \tan^2\left(45° - \frac{\varphi}{2}\right) \tag{8-5a}$$

当有均布荷载 q 作用时,土压力强度沿墙高呈梯形 $abde$ 分布。合力 E_a 作用点高度等于该梯形形心的高度,合力大小等于梯形的面积,即

$$E_a = \frac{q + \gamma H}{2} \tan^2\left(45° - \frac{\varphi}{2}\right) H \tag{8-5b}$$

式中 E_a——主动土压力的合力(kN/m)。

2. 黏性土和粉土

对于黏性土和粉土,分别以 σ_v 和 σ_a 代替式(7-10)中的 σ_1 和 σ_3 可以得到

$$\sigma_a = \sigma_v \tan^2\left(45° - \frac{\varphi}{2}\right) - 2c\tan\left(45° - \frac{\varphi}{2}\right) \tag{8-6a}$$

或

$$\sigma_a = \sigma_v K_a - 2c\sqrt{K_a} \tag{8-6b}$$

式中 c——土的黏聚力(kPa)。

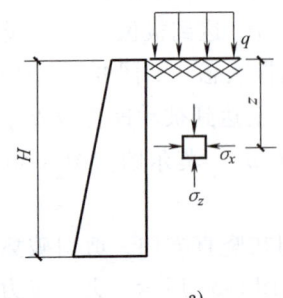
a)
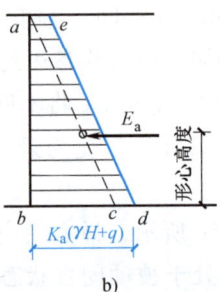
b)
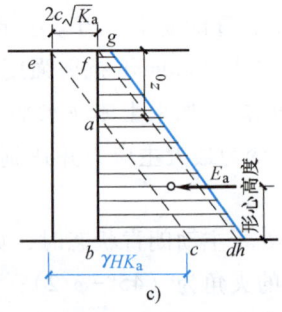
c)

图 8-6 主动土压力强度的分布

a)状态特征 b)无黏性土 c)黏性土

由式（8-6）可知，黏性土和粉土的主动土压力强度包括两部分，一部分由上覆荷载和土的自重 γH 引起，即 $(\gamma z+q)K_a$；另一部分由黏聚力 c 引起，即 $-2c\sqrt{K_a}$。两部分的叠加如图 8-6c 所示。

由式（8-6b）可知，当 $\sigma_v K_a < 2c\sqrt{K_a}$ 时，σ_a 为负值。由于土与挡土结构之间的作用力只能为压力，负值表示的拉力作用实际上是不存在的，这部分拉力作用应该忽略不计。因此，根据 $z=0$ 时 σ_a 计算值的正负性，土压力强度沿高度的分布有三种模式。

当由式（8-6）得到的 σ_a 计算值在 $z=0$ 为负时，黏性土和粉土的土压力分布仅是 abc 部分。

a 点离地面的深度 z_0 称为临界深度。令式（8-6b）为零可求得 z_0，即：

$$\sigma_a = \sigma_v K_a - 2c\sqrt{K_a} = 0 \tag{8-7a}$$

得

$$\sigma_v = \frac{2c}{\sqrt{K_a}} \tag{8-7b}$$

将式（8-2）代入到式（8-7b）得到

$$z_0 = \frac{2c}{\gamma\sqrt{K_a}} - \frac{q}{\gamma} \tag{8-8}$$

如取单位墙长计算，则黏性土、粉土主动土压力 E_a 为

$$E_a = \frac{(H-z_0)}{2}(\sigma_z K_a - 2c\sqrt{K_a}) \tag{8-9}$$

如果没有上覆均布荷载，则式（8-8）退化为

$$z_0 = \frac{2c}{\gamma\sqrt{K_a}} \tag{8-10}$$

式（8-9）退化为

$$E_a = \frac{1}{2}\gamma H^2 K_a - 2cH\sqrt{K_a} + \frac{2c^2}{\gamma} \tag{8-11}$$

显然，合力 E_a 通过三角形 abc 的形心，即作用在离墙底 $(H-z_0)/3$ 高度处。

当由式（8-6）得到的 σ_a 计算值在 $z=0$ 处等于 0 时，黏性土和粉土的土压力分布为三角形 fbd（图 8-6c）。土压力的合力为该三角形的面积，合力作用位置为该三角形的形心高度。

当由式（8-6）得到的 σ_a 计算值在 $z=0$ 处大于 0 时，黏性土和粉土的土压力分布为梯形 $fbhg$（图 8-6c）。土压力的合力为该梯形的面积，合力作用位置为该梯形的形心高度。

8.4.3 被动土压力

1. 无黏性土

当墙受到外力作用而推向土体时，如图 8-7a 所示，土中任意一点的竖向应力 σ_v 仍然不变；而水平应力 σ_h 由 $K_0\sigma_z$ 开始逐渐增大，直至达到最大主应力 σ_1 即达到被动土压力 σ_p，此时 σ_v 为最小主应力，两者一起构成被动朗肯状态。于是由式（7-12）可得无黏性土的被动土压力强度

$$\sigma_p = \sigma_v K_p \tag{8-12}$$

式中 K_p——朗肯被动土压力系数，$K_p = \tan^2(45° + \varphi/2)$；其余符号同前。

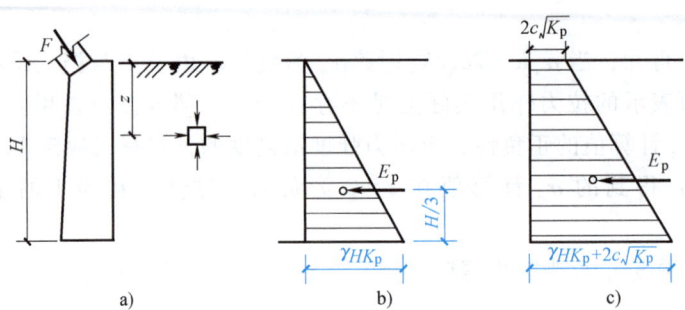

图 8-7 被动土压力强度分布

a) 状态特征 b) 无黏性土 c) 黏性土

由式（8-12）可知，当无上覆荷载作用时，无黏性土的被动土压力强度呈三角形分布（图 8-7b）；当有上覆荷载作用时，无黏性土的土压力强度分布为梯形。

如取单位长度计算，无上覆荷载时的被动土压力合力为

$$E_p = \frac{\gamma H^2}{2} K_p \tag{8-13a}$$

当有上覆均布荷载 q 作用时，被动土压力合力为

$$E_p = \frac{\gamma H + 2q}{2} H K_p \tag{8-13b}$$

同样，被动土压力合力 E_p 通过三角形土压力分布图或梯形土压力分布图的形心。

2. 黏性土或粉土

对于黏性土或粉土，由式（7-9）可得到被动土压力强度为

$$\sigma_p = \sigma_v K_p + 2c\sqrt{K_p} \tag{8-14}$$

由式（8-12）可知，不论是否有上覆压力 q，黏性土的被动土压力强度分布均为梯形。无上覆荷载时的被动土压力合力为

$$E_p = \frac{\gamma H^2}{2} K_p + 2cH\sqrt{K_p} \tag{8-15a}$$

当有上覆均布荷载 q 作用时，被动土压力合力为

$$E_p = \frac{\gamma H + 2q}{2} H K_p + 2cH\sqrt{K_p} \tag{8-15b}$$

同样，合力 E_p 作用位置通过梯形压力分布图的形心。

8.4.4 非均质土层中的土压力

1. 成层土

如图 8-8 所示，挡土墙墙后有几层不同种类的土层，则其主动土压力系数、静止土压力系数和被动土压力系数由于内摩擦角的不同而不同。

需要特别注意的是，计算某点的土压力时，必须采用该点的上覆压力和该点土层的物理力学参数。根据土层参数，得到的第一层土的土压力分布为 abc 部分；第二层土的土压力为

$bdfe$。可见,在土层交界面处土压力发生了突变,土压力分布曲线不连续。类似的,静止土压力和被动土压力分布也有类似特征。

2. 土层中有地下水时

墙后土层常会部分或全部处于地下水位以下。由于地下水的存在将使含水量增加,水压力增大、土的抗剪强度降低,从而大幅度增大水土压力。因此,挡土墙应有良好的排水措施。

当墙后土层有地下水时,作用在墙背上的侧压力有土压力和水压力两部分构成。地下水位以下土的重度应采用浮重度,地下水位以上和以下土的抗剪强度指标也可能不同(地下水对无黏性土的影响可忽略)。因而,当存在地下水时,地下水位上下土的性质是不一样的。根据土层渗透性的不同,有地下水时的挡土结构压力计算包括水土分算和水土合算两种算法。对于渗透性好的粗颗粒土,应将竖向压力分解为有效压力和水压力,采用排水强度指标计算对应的静止土压力、主动土压力和被动土压力,此即水土分算方法。对于渗透性不好的细颗粒土,应直接采用总的竖向压力和不排水强度指标计算侧土压力,此即水土合算方法。

在图 8-9 中,$abdec$ 为土压力分布图,cef 为水压力分布图,总侧压力为土压力和水压力之和。

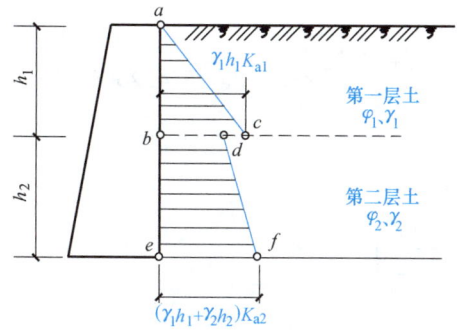

图 8-8　成层无黏性土中的主动土压力

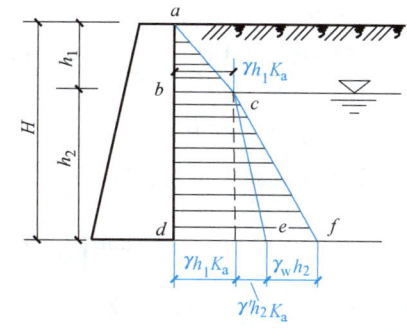

图 8-9　有地下水时无黏性土中的主动土压力

【例 8-1】　某挡土墙墙壁光滑,墙高 7.0m,地下水位在地面下 1.5m 处。墙后第一层土为黏土,第二层土为砂土,性质如图 8-10 所示。地面土有 $q=100$kPa 的连续均布荷载。试用朗肯土压力理论求作用在墙上的主动土压力、被动土压力和水压力,并画出分布图。

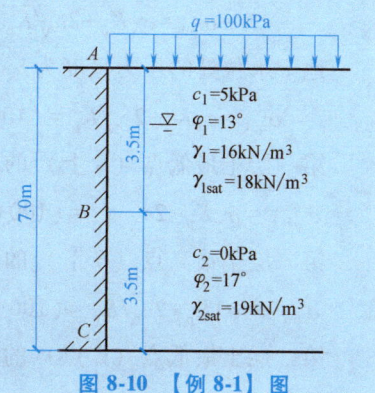

图 8-10　【例 8-1】图

【解】　下面取 1m 宽度计算挡土结构受到的压力

(1) 主动土压力　第 1 层土的主动土压力系数

$$K_{a1} = \tan^2\left(45° - \frac{\varphi_1}{2}\right) = \tan^2\left(45° - \frac{13°}{2}\right) = 0.63$$

第 2 层土的主动土压力系数

$$K_{a2} = \tan^2\left(45° - \frac{\varphi_2}{2}\right) = \tan^2\left(45° - \frac{17°}{2}\right) = 0.55$$

求临界深度 z_0, 即 $z_0 = \dfrac{2c}{\gamma\sqrt{K_a}} - \dfrac{q}{\gamma} = \dfrac{2\times 5}{16\times\sqrt{0.63}}\text{m} - \dfrac{100}{16}\text{m} = -5.46\text{m} < 0$

可见，虽然是黏性土，但从地表开始就存在主动土压力。

地面处（A 点）的压力强度为

$$\sigma_{aA} = \sigma_v K_a - 2c\sqrt{K_a} = 100\times 0.63\text{kPa} - 2\times 5\times\sqrt{0.63}\text{kPa} = 55.06\text{kPa}$$

地下水位处的压力强度为

$$\sigma_{a\text{水位}} = \sigma_v K_a - 2c\sqrt{K_a} = (100+16\times 1.5)\times 0.63\text{kPa} - 2\times 5\times\sqrt{0.63}\text{kPa} = 70.18\text{kPa}$$

第一层土最低点（B 上）的压力强度为

$$\sigma_{aB\text{上}} = \sigma_v K_a - 2c\sqrt{K_a} = (100+16\times 1.5+8\times 2)\times 0.63\text{kPa} - 2\times 5\times\sqrt{0.63}\text{kPa} = 80.26\text{kPa}$$

第二层土最高点（B 下）的压力强度为

$$\sigma_{aB\text{下}} = \sigma_v K_a - 2c\sqrt{K_a} = (100+16\times 1.5+8\times 2)\times 0.55\text{kPa} - 2\times 0\times\sqrt{0.55}\text{kPa} = 77\text{kPa}$$

第二层土最低点（C 点）的压力强度为

$$\sigma_{aC} = \sigma_v K_a - 2c\sqrt{K_a} = (100+16\times 1.5+8\times 2+9\times 3.5)\times 0.55\text{kPa} - 2\times 0\times\sqrt{0.55}\text{kPa}$$
$$= 94.33\text{kPa}$$

主动土压力合力为

$$E_a = \dfrac{55.06+70.18}{2}\times 1.5\text{kPa} + \dfrac{70.18+80.26}{2}\times 2\text{kPa} + \dfrac{77+94.33}{2}\times 3.5\text{kPa} = 544.20\text{kPa}$$

（2）被动主动土压力

第 1 层土的被动土压力系数

$$K_{p1} = \tan^2\left(45°+\dfrac{\varphi_1}{2}\right) = \tan^2\left(45°+\dfrac{13°}{2}\right) = 1.58$$

第 2 层土的主动土压力系数

$$K_{p2} = \tan^2\left(45°+\dfrac{\varphi_2}{2}\right) = \tan^2\left(45°+\dfrac{17°}{2}\right) = 1.83$$

地面处（A 点）的压力强度为

$$\sigma_{pA} = \sigma_v K_p + 2c\sqrt{K_p} = 100\times 1.58\text{kPa} + 2\times 5\times\sqrt{1.58}\text{kPa} = 170.57\text{kPa}$$

地下水位处的压力强度为

$$\sigma_{pA} = \sigma_v K_p + 2c\sqrt{K_p} = (100+16\times 1.5)\times 1.58\text{kPa} + 2\times 5\times\sqrt{1.58}\text{kPa} = 208.49\text{kPa}$$

第一层土最低点（B 上）的压力强度为

$$\sigma_{pB\text{上}} = \sigma_v K_p + 2c\sqrt{K_p} = (100+16\times 1.5+8\times 2)\times 1.58\text{kPa} + 2\times 5\times\sqrt{1.58}\text{kPa} = 233.77\text{kPa}$$

第二层土最高点（B 下）的压力强度为

$$\sigma_{pB\text{下}} = \sigma_v K_p + 2c\sqrt{K_p} = (100+16\times 1.5+8\times 2)\times 1.83\text{kPa} + 2\times 0\times\sqrt{1.83}\text{kPa} = 256.20\text{kPa}$$

第二层土最低点（C 点）的压力强度为

$$\sigma_{pC} = \sigma_v K_p + 2c\sqrt{K_p} = (100+16\times 1.5+8\times 2+9\times 3.5)\times 1.83\text{kPa} + 2\times 0\times\sqrt{1.83}\text{kPa}$$
$$= 313.85\text{kPa}$$

被动土压力合力为

$$E_a = \frac{170.57+208.49}{2}\times1.5\text{kPa}+\frac{208.49+233.77}{2}\times2\text{kPa}+\frac{256.20+313.85}{2}\times3.5\text{kPa}$$
$$= 284.30\text{kPa}+442.26\text{kPa}+997.59\text{kPa}=1724.15\text{kPa}$$

（3）水压力

地下水位处为水压力的 0 点。水压力沿深度满足线性分布。

C 点的水压力为

$$\sigma_w \gamma_w h = 10\times(2+3.5)\text{kPa}=55\text{kPa}$$

水压力合力为

$$E_w = \frac{1}{2}\times55\times5.5\text{kN/m}=151.25\text{kN/m}$$

（4）压力沿深度的分布图

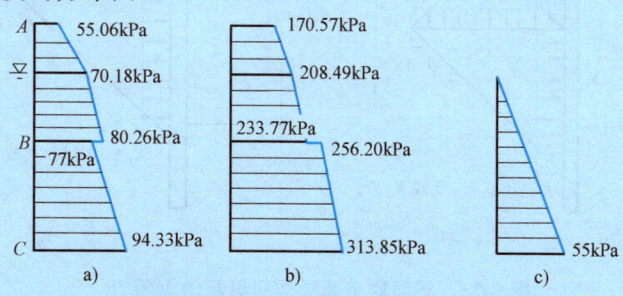

图 8-11 【例 8-1】压力的分布

a）主动土压力　b）被动土压力　c）水压力

8.4.5 局部均布荷载作用时的土压力

1.《建筑边坡工程技术规范》（GB 50330）推荐的方法

当土层表面的均布荷载从墙背后某一距离开始，如图 8-12a 所示，在这种情况下的土压力计算可按以下方法进行。自均布荷载起点 O 作两条辅助线 OD 和 OE，分别与水平面的夹角为 φ 和 θ。φ 为土的内摩擦角，θ 为地面附加荷载的扩散角，宜取 $45°+\varphi/2$。假设 D 点以上的土压力不受地面荷载的影响，E 点以下完全受地面荷载影响，D 点和 E 点间的土压力用

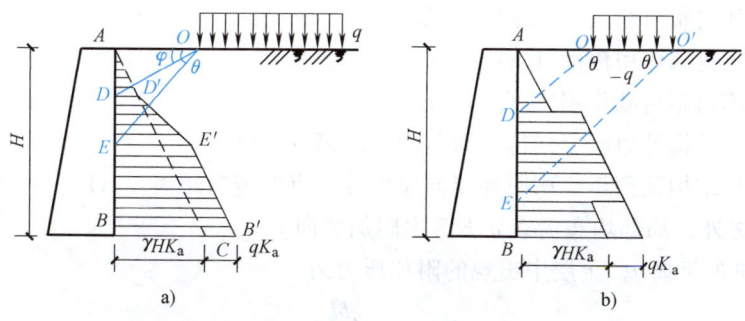

图 8-12 地表有局部均布荷载作用时的主动土压力

a）局部荷载分布至无限远处　b）局部荷载分布在一定宽度内

直线连接。因此，墙背 AB 上的土压力为图中阴影部分。

若地面荷载作用在一定宽度范围内，如图 8-12b 所示，则从荷载的两端 O 点及 O' 点作两条辅助线 OD 和 $O'E$，都与水平面成 θ 角。并且认为 D 点以上和 E 点以下的土压力都不受地面荷载的影响，D、E 之间的土压力按均布荷载计算，则 AB 墙面上的主动土压力如图 8-12b 中的阴影部分所示。

2.《建筑基坑支护技术规程》（JGJ 120）推荐的方法

条形均布荷载和矩形均布荷载是常见的两种局部荷载形式，如条形基础和独立基础作用。局部均布荷载作用引起的土压力可按照图 8-13 的方法确定。

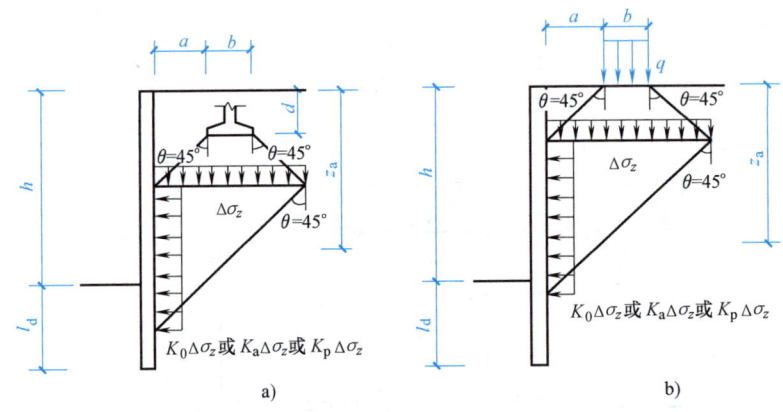

图 8-13 局部均布荷载作用引起的土压力

a) 在地面下 b) 在地面上

自均布荷载 q 起点和终点作两条与竖向方向成 θ 角的辅助线。内侧辅助线与支挡结构交点和经过该交点的水平线与外侧辅助线的交点之间的距离，为均布荷载在该方向扩散后的尺寸。因此，由均布荷载 q 在土层中引起的压力大小为

$$\Delta\sigma_z = \frac{qb}{b+2a} \tag{8-16}$$

其作用范围为

$$d + \frac{a}{\tan\theta} \leq z_a \leq d + \frac{3a+b}{\tan\theta} \tag{8-17}$$

式中　q——局部均布荷载（kPa）；

　　　d——均布荷载作用深度（m）；

　　　b——局部均布荷载作用宽度（m）；

　　　a——支挡结构外边缘至局部均布荷载的距离（m）；

　　　z_a——支护结构顶面至土中附加竖向应力计算点的竖向距离（m）。

在 z_a 范围之外，局部均布荷载 q 不产生附加竖向力。

对于矩形均布荷载 q，土层中出现的附加压力为

$$\Delta\sigma_z = \frac{qbl}{(b+2a)(l+2a)} \tag{8-18}$$

矩形均布荷载作用下，侧土压力的分布范围仍然是式（8-17）。

显然，当局部均布荷载作用在地面时，式（8-17）中的 $d=0$，而其余各式保持不变。将式（8-1）改为

$$\sigma_z = \gamma z + \Delta\sigma_z \tag{8-19}$$

至此，就得到了局部荷载作用下土体中的附加压力。再根据朗肯土压力求解方法，就可以得到主动和被动土压力了。

8.5 库仑土压力理论

8.5.1 基本假设

朗肯土压力理论是根据 Mohr-Coulomb 强度理论得出的，是一个古典土压力理论。另一个古典土压力理论是库仑土压力理论，该理论是以整个滑动土体力系的平衡条件来求解主动和被动土压力的。

库仑土压力理论是根据墙后土体处于极限平衡状态并形成一滑动楔体时，从静力平衡条件出发得出的土压力计算方法。其基本假设包括

1) 墙后土体是理想的散粒体（黏聚力 $c=0$）。
2) 滑动破坏面为一平面。
3) 滑动土楔体为刚体。

如果支挡结构后土体是干的无黏性土，或挡墙墙后的储存料是干的粒料，当墙体向远离土体的方向移去时，干土或粒料将沿一平面滑动，如图 8-14 中的 BC 面。根据极限平衡理论，BC 面与水平面的倾角等于粒料的内摩擦角 φ。若墙体仅向前发生一微小位移，在墙背面 AB 与 BC 面之间将产生一个接近平面的滑动面。只要确定出该滑动破坏面的形状和位置，就可以根据滑动楔体的静力平衡条件得出作用在墙上的主动土压力。相反，若墙体向土体方向推压，在 BC 面与水平面之间将会产生另一个近似平面的滑动面。根据滑动楔体的静力平衡条件也可以得出土层作用在墙上的被动土压力。

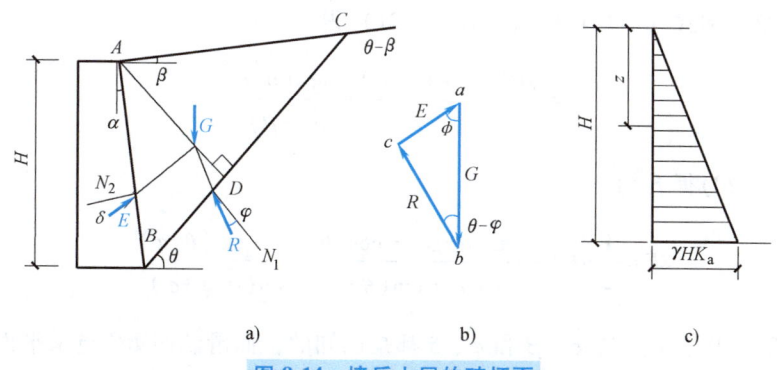

图 8-14　墙后土层的破坏面
a) 挡土墙与滑动土楔　b) 力矢三角形　c) 土压力分布图

8.5.2 主动土压力

当墙向前移动或转动而使墙后土体沿某一破坏面 BC 破坏时，土楔 ABC 向下滑动而处于

主动极限平衡状态。此时，作用于土楔 ABC 上的力有：

1) 土楔的自重 $G = \Delta ABC \cdot \gamma$，$\gamma$ 为土的重度，只要破坏面 BC 的位置确定，G 的大小就是已知的，且其方向向下。

2) 破坏面 BC 上的反力 R，其大小是未知的，R 与破坏面 BC 的法线 N_1 之间的夹角等于土的内摩擦角 φ。

3) 墙背对土楔体的反力 E，与它大小相等、方向相反的作用力就是墙背上的土压力。

反力 E 的方向必与墙背的法线 N_2 成 δ 角，δ 角为墙背与土层之间的摩擦角，称为**外摩擦角**。当土楔体下滑时，墙对土楔体的阻力是向上的。

土楔体在以上三力作用下处于静力平衡状态，因此构成一个闭合的力矢三角形，见图 8-14b，按正弦定律可得

$$E = \frac{G\sin(\theta-\varphi)}{\sin(\theta-\varphi+\phi)} \tag{8-20}$$

式中，$\phi = 90°-\alpha-\delta$，其余符号如图 8-14 所示。土楔重 G 为

$$G = \gamma \cdot \Delta ABC = \frac{1}{2}\gamma \cdot \overline{BC} \cdot \overline{AD} \tag{8-21}$$

在三角形 ABC 中，利用正弦定律得 $\overline{BC} = \overline{AB} \cdot \sin(90°-\alpha+\beta)/\sin(\theta-\beta)$。因为 $\overline{AB} = H/\cos\alpha$，故

$$\overline{BC} = \frac{H \cdot \cos(\alpha-\beta)}{\cos\alpha \cdot \sin(\theta-\beta)} \tag{8-22}$$

再通过 A 点作 BC 线的垂线 AD，由 ΔADB 得

$$\overline{AD} = \overline{AB} \cdot \cos(\theta-\alpha) = \frac{H\cos(\theta-\alpha)}{\cos\alpha} \tag{8-23}$$

将式（8-22）和式（8-23）代入到式（8-21）得

$$G = \frac{\gamma H^2}{2} \cdot \frac{\cos(\alpha-\beta) \cdot \cos(\theta-\alpha)}{\cos^2\alpha \cdot \sin(\theta-\beta)}$$

代入到式（8-20）得 E 为

$$E = \frac{1}{2}\gamma H^2 \cdot \frac{\cos(\alpha-\beta) \cdot \cos(\theta-\alpha) \cdot \sin(\theta-\varphi)}{\cos^2\alpha \cdot \sin(\theta-\beta) \cdot \sin(\theta-\varphi+\phi)} \tag{8-24}$$

在式（8-24）中，γ、H、α、β 和 φ、δ 都是已知的，而滑动面 BC 与水平面的倾角 θ 则是任意假定的。因此，假定不同的滑动面可以得出一系列相应的土压力 E 值，也就是说，E 是 θ 的函数。E 的最大值 $E_{\max}$ 即为墙背的主动土压力。其所对应的滑动面即是土楔最危险的滑动面。为求主动土压力，可用微分学中求极值的方法求最大值，为此可令 $dE/d\theta = 0$，从而解得使 E 为极大值时土层的破坏角 θ_{cr}。这就是真正滑动面的倾角，将 θ_{cr} 代入式（8-20），整理后可得库仑主动土压力的一般表达式为

$$E_a = \frac{1}{2}\gamma H^2 \cdot \frac{\cos^2(\varphi-\alpha)}{\cos^2\alpha \cdot \cos(\alpha+\delta)\left[1+\sqrt{\frac{\sin(\varphi+\delta)\cdot\sin(\varphi-\beta)}{\cos(\alpha+\delta)\cdot\cos(\alpha-\beta)}}\right]^2} \quad (8\text{-}25)$$

或

$$E_a = \frac{1}{2}\gamma H^2 K_a \quad (8\text{-}26)$$

式中 δ ——土对挡土墙墙背的外摩擦角，可查表 8-1 确定；

　　　K_a ——库仑主动土压力系数，可查表 8-2 确定；

　　　H ——挡土墙高度（m）；

　　　γ ——墙后土层重度（kN/m³）；

　　　φ ——墙后土层的内摩擦角（°）；

　　　α ——墙背的倾斜角（°），俯斜时取正号（如图 8-14 所示），仰斜时取负号；

　　　β ——墙后土层的倾角（°）。

当墙背垂直（$\alpha=0$）、光滑（$\delta=0$）、土层水平时，式（8-25）可写为

$$E_a = \frac{\gamma H^2}{2}\tan^2\left(45°-\frac{\varphi}{2}\right) \quad (8\text{-}27)$$

可见，在上述条件下，库仑公式和朗肯公式相同。

由式（8-26）可知，主动土压力强度沿墙高的平方成正比，为求得离墙顶任意深度 z 处的主动土压力强度 σ_a，可将 E_a 对 z 取导数，即

$$\sigma_a = \frac{dE_a}{dz} = \frac{d}{dz}\left(\frac{1}{2}\gamma z^2 K_a\right) = \gamma z K_a \quad (8\text{-}28)$$

由式（8-28）可见，主动土压力强度沿墙高呈三角形分布。主动土压力的作用点在离墙底 $H/3$ 处，方向与墙背法线的夹角为 δ。必须注意，图 8-14c 所示的土压力分布图只表示大小，而不代表其作用方向。

表 8-1　土对挡土墙墙背的外摩擦角

条件	墙背平滑、排水不良	墙背粗糙、排水良好	墙背很粗糙、排水良好	墙背与土层间、不可能滑动
外摩擦角	$(0\sim0.33)\varphi$	$(0.33\sim0.5)\varphi$	$(0.5\sim0.67)\varphi$	$(0.67\sim1)\varphi$

表 8-2　库仑主动土压力系数

δ	α	β	φ							
			15°	20°	25°	30°	35°	40°	45°	50°
0°	−20°	0°	0.497	0.380	0.287	0.212	0.153	0.106	0.070	0.043
		10°	0.595	0.439	0.323	0.234	0.166	0.114	0.074	0.045
		20°		0.707	0.401	0.274	0.188	0.125	0.080	0.047
		30°				0.498	0.239	0.090	0.090	0.051
		40°						0.301	0.116	0.060

（续）

δ	α	β	φ							
			15°	20°	25°	30°	35°	40°	45°	50°
0°	−10°	0°	0.540	0.433	0.344	0.270	0.209	0.158	0.117	0.083
		10°	0.644	0.500	0.389	0.301	0.229	0.171	0.125	0.088
		20°		0.785	0.482	0.353	0.261	0.190	0.136	0.094
		30°				0.614	0.331	0.226	0.155	0.104
		40°						0.433	0.200	0.123
	0°	0°	0.589	0.490	0.406	0.333	0.271	0.217	0.172	0.132
		10°	0.704	0.569	0.462	0.374	0.300	0.238	0.186	0.142
		20°		0.883	0.573	0.441	0.344	0.267	0.204	0.154
		30°				0.750	0.436	0.318	0.235	0.172
		40°						0.587	0.303	0.206
	10°	0°	0.652	0.560	0.478	0.407	0.343	0.288	0.238	0.194
		10°	0.784	0.655	0.550	0.461	0.384	0.318	0.261	0.211
		20°		1.015	0.685	0.548	0.444	0.360	0.291	0.231
		30°				0.925	0.566	0.433	0.337	0.262
		40°						0.785	0.437	0.316
	20°	0°	0.736	0.648	0.569	0.498	0.434	0.375	0.322	0.274
		10°	0.896	0.768	0.663	0.572	0.492	0.421	0.358	0.302
		20°		1.205	0.834	0.688	0.576	0.484	0.405	0.337
		30°				1.169	0.740	0.586	0.474	0.385
		40°						1.064	0.620	0.469
5°	−20°	0°	0.457	0.352	0.267	0.199	0.144	0.101	0.067	0.041
		10°	0.557	0.410	0.302	0.220	0.157	0.108	0.070	0.043
		20°		0.688	0.380	0.259	0.178	0.119	0.076	0.045
		30°				0.484	0.228	0.140	0.085	0.049
		40°						0.293	0.111	0.058
	−10°	0°	0.503	0.406	0.324	0.256	0.199	0.151	0.112	0.080
		10°	0.612	0.474	0.369	0.286	0.219	0.164	0.120	0.085
		20°		0.776	0.463	0.339	0.250	0.183	0.131	0.091
		30°				0.607	0.321	0.218	0.149	0.100
		40°						0.428	0.195	0.120
	0°	0°	0.556	0.465	0.387	0.319	0.260	0.210	0.166	0.129
		10°	0.680	0.547	0.444	0.360	0.289	0.230	0.180	0.138
		20°		0.886	0.558	0.428	0.333	0.259	0.199	0.150
		30°				0.753	0.428	0.311	0.229	0.168
		40°						0.589	0.299	0.202
	10°	0°	0.622	0.536	0.460	0.393	0.333	0.280	0.233	0.191
		10°	0.767	0.636	0.534	0.448	0.374	0.311	0.255	0.207
		20°		1.035	0.676	0.538	0.436	0.354	0.286	0.228
		30°				0.943	0.563	0.428	0.333	0.259
		40°						0.801	0.436	0.314

（续）

δ	α	β	φ							
			15°	20°	25°	30°	35°	40°	45°	50°
5°	20°	0°	0.709	0.627	0.553	0.485	0.424	0.368	0.318	0.271
		10°	0.887	0.775	0.650	0.562	0.484	0.416	0.355	0.300
		20°		1.250	0.835	0.684	0.571	0.480	0.402	0.335
		30°				1.212	0.746	0.587	0.474	0.385
		40°						1.103	0.627	0.472
10°	−20°	0°	0.427	0.330	0.252	0.188	0.137	0.096	0.064	0.039
		10°	0.529	0.388	0.286	0.209	0.149	0.103	0.068	0.041
		20°		0.675	0.364	0.248	0.170	0.114	0.073	0.044
		30°				0.475	0.220	0.135	0.082	0.047
		40°						0.288	0.108	0.056
	−10°	0°	0.477	0.385	0.309	0.245	0.191	0.146	0.109	0.078
		10°	0.590	0.455	0.354	0.275	0.221	0.159	0.116	0.082
		20°		0.773	0.450	0.328	0.242	0.177	0.127	0.088
		30°				0.605	0.313	0.212	0.146	0.098
		40°						0.426	0.191	0.117
	0°	0°	0.533	0.447	0.373	0.309	0.253	0.204	0.163	0.127
		10°	0.664	0.531	0.431	0.350	0.282	0.225	0.177	0.136
		20°		0.897	0.549	0.420	0.326	0.254	0.195	0.148
		30°				0.762	0.423	0.306	0.226	0.166
		40°						0.596	0.297	0.201
	10°	0°	0.603	0.520	0.448	0.384	0.326	0.275	0.230	0.189
		10°	0.759	0.626	0.524	0.440	0.369	0.307	0.253	0.206
		20°		1.064	0.674	0.534	0.432	0.351	0.284	0.227
		30°				0.969	0.564	0.427	0.332	0.258
		40°						0.823	0.438	0.315
	20°	0°	0.695	0.615	0.543	0.478	0.419	0.365	0.316	0.271
		10°	0.890	0.752	0.646	0.558	0.482	0.414	0.354	0.300
		20°		1.308	0.844	0.687	0.573	0.481	0.403	0.337
		30°				1.268	0.758	0.594	0.478	0.388
		40°						0.155	0.640	0.480
15°	−20°	0°	0.405	0.314	0.180	0.240	0.132	0.093	0.062	0.038
		10°	0.509	0.372	0.201	0.201	0.144	0.100	0.066	0.040
		20°		0.667	0.352	0.239	0.164	0.110	0.071	0.042
		30°				0.470	0.214	0.131	0.080	0.046
		40°						0.284	0.105	0.055
	−10°	0°	0.458	0.371	0.298	0.237	0.186	0.142	0.106	0.076
		10°	0.576	0.442	0.344	0.267	0.205	0.155	0.114	0.081
		20°		0.776	0.441	0.320	0.237	0.174	0.125	0.087
		30°				0.607	0.308	0.209	0.143	0.097
		40°						0.428	0.189	0.116

(续)

δ	α	β	φ							
			15°	20°	25°	30°	35°	40°	45°	50°
15°	0°	0°	0.518	0.434	0.363	0.301	0.248	0.201	0.160	0.125
		10°	0.656	0.522	0.423	0.343	0.277	0.222	0.174	0.135
		20°		0.914	0.546	0.415	0.323	0.251	0.194	0.147
		30°				0.777	0.422	0.305	0.225	0.165
		40°						0.608	0.298	0.200
	10°	0°	0.592	0.511	0.441	0.378	0.323	0.273	0.228	0.189
		10°	0.760	0.623	0.520	0.437	0.366	0.305	0.252	0.206
		20°		1.103	0.679	0.535	0.432	0.351	0.284	0.228
		30°				1.005	0.571	0.430	0.334	0.260
		40°						0.853	0.445	0.319
	20°	0°	0.690	0.611	0.540	0.476	0.419	0.366	0.317	0.273
		10°	0.904	0.757	0.649	0.560	0.484	0.416	0.357	0.303
		20°		1.383	0.862	0.697	0.579	0.486	0.408	0.341
		30°				1.341	0.778	0.606	0.487	0.395
		40°						1.221	0.659	0.492
20°	−20°	0°			0.231	0.174	0.128	0.090	0.061	0.038
		10°			0.266	0.195	0.140	0.097	0.064	0.039
		20°			0.344	0.233	0.160	0.108	0.069	0.042
		30°				0.468	0.210	0.129	0.079	0.045
		40°						0.283	0.104	0.054
	−10°	0°			0.291	0.232	0.182	0.140	0.105	0.076
		10°			0.337	0.262	0.202	0.153	0.113	0.080
		20°			0.437	0.316	0.233	0.171	0.124	0.086
		30°				0.614	0.306	0.207	0.142	0.096
		40°						0.433	0.188	0.115
	0°	0°			0.357	0.297	0.245	0.199	0.160	0.125
		10°			0.419	0.340	0.275	0.220	0.174	0.135
		20°			0.547	0.414	0.322	0.251	0.193	0.147
		30°				0.798	0.425	0.306	0.225	0.166
		40°						0.625	0.300	0.202
	10°	0°			0.438	0.377	0.322	0.273	0.229	0.190
		10°			0.521	0.438	0.367	0.306	0.254	0.208
		20°			0.690	0.540	0.436	0.354	0.286	0.230
		30°				1.015	0.582	0.437	0.338	0.264
		40°						0.893	0.456	0.325
	20°	0°			0.543	0.479	0.422	0.370	0.321	0.277
		10°			0.659	0.568	0.490	0.423	0.363	0.309
		20°			0.891	0.715	0.592	0.496	0.417	0.349
		30°				1.434	0.807	0.624	0.501	0.406
		40°						1.305	0.685	0.509

(续)

δ	α	β	φ							
			15°	20°	25°	30°	35°	40°	45°	50°
25°	-20°	0°				0.170	0.125	0.089	0.060	0.037
		10°				0.191	0.137	0.096	0.063	0.039
		20°				0.229	0.157	0.106	0.069	0.041
		30°				0.470	0.207	0.127	0.078	0.045
		40°					0.284	0.103	0.053	
	-10°	0°				0.228	0.180	0.139	0.104	0.075
		10°				0.259	0.200	0.151	0.112	0.080
		20°				0.314	0.232	0.170	0.123	0.086
		30°				0.620	0.307	0.207	0.142	0.96
		40°					0.441	0.189	0.116	
	0°	0°				0.296	0.245	0.199	0.160	0.126
		10°				0.340	0.275	0.221	0.175	0.136
		20°				0.417	0.324	0.252	0.195	0.148
		30°				0.828	0.432	0.309	0.228	0.168
		40°					0.647	0.306	0.205	
	10°	0°				0.379	0.325	0.276	0.232	0.193
		10°				0.443	0.371	0.311	0.258	0.211
		20°				0.551	0.443	0.360	0.292	0.235
		30°				1.112	0.600	0.448	0.346	0.270
		40°					0.944	0.471	0.335	
	20°	0°				0.488	0.430	0.377	0.329	0.284
		10°				0.582	0.502	0.433	0.372	0.318
		20°				0.740	0.612	0.512	0.430	0.360
		30°				1.553	0.846	0.650	0.520	0.421
		40°					1.414	0.721	0.532	

8.5.3 被动土压力

当墙受外力作用推向土体,直至土体沿某一破坏面 BC 破坏时,土楔 ABC 向上滑动,体系处于被动极限平衡状态,如图 8-15a 所示。此时土楔 ABC 在其自重 G 和反力 R 和 E 的作用下平衡,如图 8-15b 所示,R 和 E 的方向分别在 BC 和 AB 法线的上方。根据平衡条件和微分方法,同样可求得被动土压力库仑公式,即

$$E_p = \frac{1}{2}\gamma H^2 \cdot \frac{\cos^2(\varphi+\alpha)}{\cos^2\alpha \cdot \cos(\alpha-\delta)\left[1-\sqrt{\dfrac{\sin(\varphi+\delta)\cdot\sin(\varphi+\beta)}{\cos(\alpha-\delta)\cdot\cos(\alpha-\beta)}}\right]^2} \tag{8-29}$$

或

$$E_p = \frac{1}{2}\gamma H^2 K_p \tag{8-30}$$

式中　K_p——库仑被动土压力系数；

其余符号同前。

如果墙背直立（$\alpha=0$）、光滑（$\delta=0$）、墙后土层水平（$\beta=0$），则式（8-29）变为

$$E_p = (1/2)\gamma H^2 \tan^2(45°+\varphi/2) \tag{8-31}$$

可见，库仑被动土压力公式也与朗肯被动土压力相通。被动土压力强度 σ_p 可按下式计算，即

$$\sigma_p = \frac{dE_p}{dz} = \frac{d}{dz}\left(\frac{1}{2}\gamma z^2 K_p\right) = \gamma z K_p \tag{8-32}$$

被动土压力强度沿墙高也呈三角形分布，如图8-15c所示。土压力作用点在距离墙底 $H/3$ 处，方向与墙背法线的夹角为 δ。同样，图8-15c所示的阴影只表示土压力的分布特征，而不代表其作用方向。

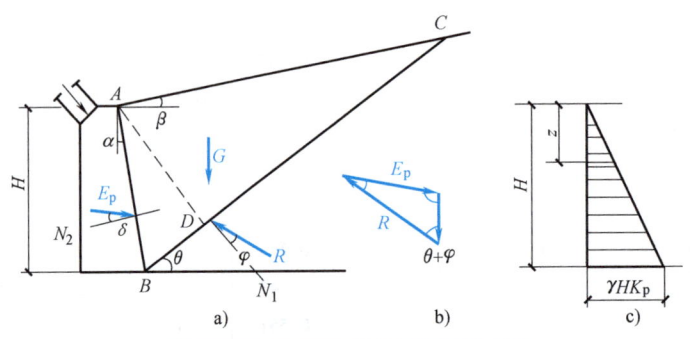

图8-15　按库仑理论求被动土压力

a）土楔上的作用力　b）力矢三角形　c）被动土压力分布

【例8-2】 挡土墙高6m，墙背倾斜角 $\alpha=-10°$（仰斜），地面坡角 $\beta=20°$，土重度 $\gamma=18\text{kN/m}^3$，$\varphi=30°$，$c=0$，土与墙背的摩擦角 $\delta=15°$。试按库仑理论求主动土压力 E_a 及其作用点。

【解】 取1m宽度计算挡土结构受到的主动土压力

由 $\delta=15°$、$\alpha=-10°$、$\beta=20°$、$\varphi=30°$，根据式（8-25）或查表8-2得库仑主动土压力系数 $K_a=0.320$。因此

$$E_a = \frac{1}{2}\gamma H^2 K_a = \frac{1}{2}\times 18\times 6^2 \times 0.320 \text{kN/m} = 103.68 \text{kN/m}$$

E_a 作用点的位置在墙高1/3处，即作用在2m高度处。

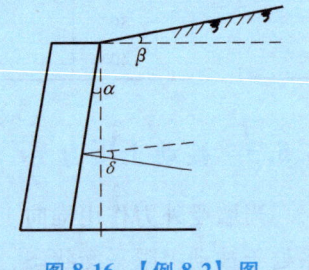

图8-16　【例8-2】图

8.6　朗肯理论与库仑理论的比较

朗肯理论和库仑理论分别根据不同的假设，以不同分析方法计算土压力，只有在最简单的情况下（$\alpha=0°$，$\beta=0°$，$\delta=0°$），用这两种古典理论计算的结果才相同，否则将得出不同的结果。

朗肯土压力理论应用极限平衡理论，概念明确、公式简单、便于记忆，对于黏性土和无

黏性土都可以用该公式直接计算，故在工程中得到广泛应用。由于该理论忽略了墙背与土层之间的摩擦，计算的主动土压力偏大，而被动土压力偏小。

库仑土压力理论根据墙后滑动土楔的静力平衡条件得到计算公式，考虑了墙背与土之间的摩擦力，并可用于墙背倾斜，土层倾斜情况。但由于该理论假设土层是无黏性土，因此不能用库仑理论的原始公式直接计算黏性土的土压力。库仑理论假设墙后土层破坏时，破坏面是一平面，而实际上却是一曲面。试验证明，在计算主动土压力时，只有当墙背的坡度不大，墙背与土层间的摩擦角较小时，破坏面才接近于平面。因此，计算结果与按曲线滑动面计算有出入。库仑理论可以用数解法也可以用图解法。用图解法时，土层表面可以是任何形状，可以有任意分布荷载，还可以推广应用于黏性土、粉土以及有地下水的情况。用数解法时，也可以推广应用于黏性土、粉土土层以及墙后有限土体情况（有较陡峻的稳定岩石坡面）。

8.7 土应力测试

土体中应力的测试是一项基础性工作，是进行力学分析和工程安全评价的前提，具有不可替代的作用。钢筋的应力大小可以通过钢筋计测量出来，土压力的大小可以用土压力盒测量，如图8-17所示。但钢筋计和土压力盒都是单向的，即只能测量一个方向上的应力。

土体中的应力状态一般是三维的，包括三个正应力和三个剪应力。只认识一个方向上的应力是非常片面的，因其无法全面揭示土体的应力状态。如果能获得岩土体内部的三维应力状态，并据此进一步得到最大主应力、最大剪应力、球应力、偏应力以及其他应力组合，对评估工程健康状况和安全储备是非常重要的，对岩土体强度和本构模型的研究也必将产生巨大促进作用。

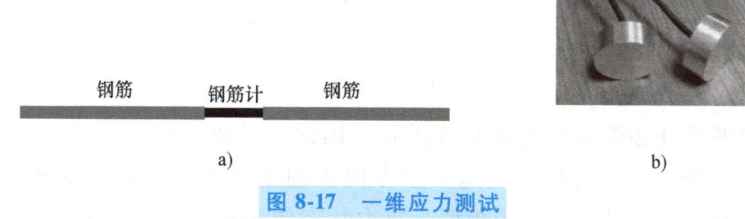

图 8-17　一维应力测试

a）钢筋计　b）土压力盒

根据材料力学，如果已知三维空间中一点的应力状态 $\sigma = \{\sigma_{xx}, \sigma_{yy}, \sigma_{zz}, \sigma_{xy}, \sigma_{yz}, \sigma_{zx}\}$，就可以确定任一法线方向的法向应力 σ_n，如图8-18所示，即

$$\sigma_n = \sigma_{xx}l^2 + \sigma_{yy}m^2 + \sigma_{zz}n^2 + 2\tau_{xy}lm + 2\tau_{yz}mn + 2\tau_{zx}nl \quad (8\text{-}33)$$

式中　l、m、n——应力 σ_n 的单位向量。

设6个不同方向上的正应力分别是 σ_i（$i=1,2,3,4,5,6$），则式（8-33）可以扩展为

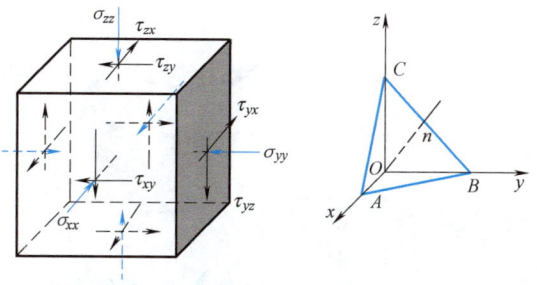

图 8-18　任意方向的法线应力

$$\begin{pmatrix} \sigma_1 \\ \sigma_2 \\ \sigma_3 \\ \sigma_4 \\ \sigma_5 \\ \sigma_6 \end{pmatrix} = \begin{pmatrix} l_1^2 & m_1^2 & n_1^2 & 2l_1m_1 & 2m_1n_1 & 2n_1l_1 \\ l_2^2 & m_2^2 & n_2^2 & 2l_2m_2 & 2m_2n_2 & 2n_2l_2 \\ l_3^2 & m_3^2 & n_3^2 & 2l_3m_3 & 2m_2n_2 & 2n_3l_3 \\ l_4^2 & m_4^2 & n_4^2 & 2l_4m_4 & 2m_4n_4 & 2n_4l_4 \\ l_5^2 & m_5^2 & n_5^2 & 2l_5m_5 & 2m_5n_5 & 2n_5l_5 \\ l_6^2 & m_6^2 & n_6^2 & 2l_6m_6 & 2m_6n_6 & 2n_6l_6 \end{pmatrix} \begin{pmatrix} \sigma_x \\ \sigma_y \\ \sigma_z \\ \sigma_{xy} \\ \sigma_{yz} \\ \sigma_{zx} \end{pmatrix} \quad (8\text{-}34)$$

式中 l_i、m_i、n_i——第 i 个正应力的单位方向向量。

若令

$$T = \begin{pmatrix} l_1^2 & m_1^2 & n_1^2 & 2l_1m_1 & 2m_1n_1 & 2n_1l_1 \\ l_2^2 & m_2^2 & n_2^2 & 2l_2m_2 & 2m_2n_2 & 2n_2l_2 \\ l_3^2 & m_3^2 & n_3^2 & 2l_3m_3 & 2m_2n_2 & 2n_3l_3 \\ l_4^2 & m_4^2 & n_4^2 & 2l_4m_4 & 2m_4n_4 & 2n_4l_4 \\ l_5^2 & m_5^2 & n_5^2 & 2l_5m_5 & 2m_5n_5 & 2n_5l_5 \\ l_6^2 & m_6^2 & n_6^2 & 2l_6m_6 & 2m_6n_6 & 2n_6l_6 \end{pmatrix} \quad (8\text{-}35)$$

则

$$\sigma_i = T\sigma_j \quad (8\text{-}36)$$

其中 $j = x, y, z, xy, yz, zx$。

定义 T 为转换矩阵，如果

$$R(T) = 6 \quad (8\text{-}37)$$

则转换矩阵 T 可逆，那么

$$\sigma_j = T^{-1}\sigma_i \quad (8\text{-}38)$$

矩阵 T 可逆的充分必要条件是该矩阵满秩。因此，只要合理设置 6 个单位向量，使其满足矩阵 T 的可逆条件，就可以利用这 6 个方向上的正应力完整的表示该点的应力状态。因此，与其他物理量有不同表示方法相似，应力状态的表示也可以有多种形式。图 8-19 所示的两种常用三维土压力测试装置，具有结构合理、精度高、使用方便等优势，已经广泛应用于路基、基坑、边坡等工程的应力测试。

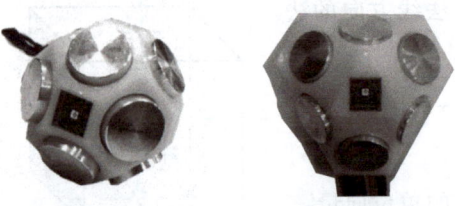

图 8-19　两种常用的三维土压力测试装置

如图 8-20 所示，某地铁盾构隧道下穿建筑物掘进过程中的土体三维应力响应。

第8章 土压力

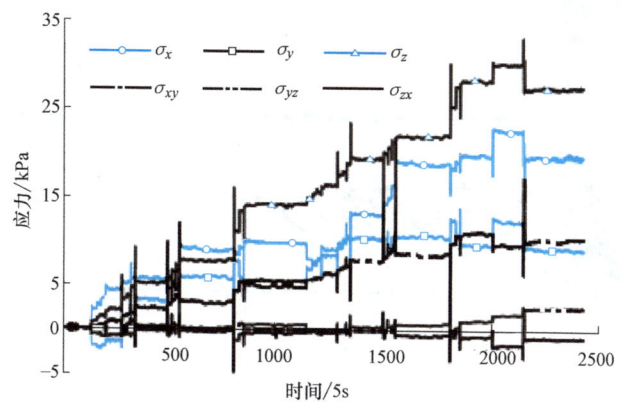

图 8-20 盾构隧道下穿建筑物掘进时土体的三维应力响应

习 题

8-1 三个特殊的土压力是什么？它们之间的大小关系是什么？

8-2 位移和变形对土压力有何影响？

8-3 朗肯土压力和库仑土压力的适用条件各是什么？

8-4 如图 8-21 所示，一挡土墙高度为 4.2m，墙背垂直光滑，墙后地面水平，地面上作用有均布荷载 25kPa，土重度为 17.5kN/m³，内摩擦角为 18°，黏聚力为 0kPa，试计算作用在墙背的主动土压力及其合力大小。（参考答案：$E_a = 136.9$kN/m）

8-5 高度为 6m 的挡土墙，墙背直立和光滑，墙后填土面水平，填土面上有均布荷载 $q = 30$kPa，填土情况如图 8-22 所示，试计算墙背被动土压力及其分布图。（参考答案：$E_p = 1208.4$kN/m，总水压力 80kN/m）

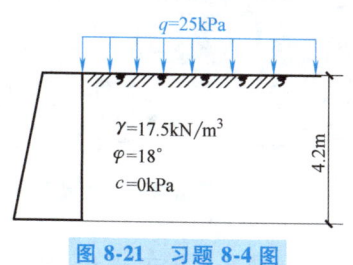

图 8-21 习题 8-4 图

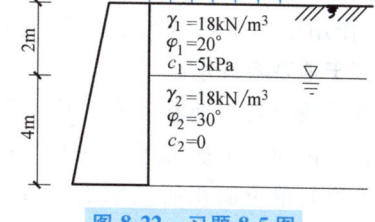

图 8-22 习题 8-5 图

8-6 某挡土墙高 $H = 5$m，墙后填土分两层，第一层为砂土，$\varphi_1 = 32°$，$c_1 = 0$，$\gamma_1 = 17$kN/m³，厚度 2m。其下为黏性土，$\varphi_2 = 18°$，$c_2 = 10$kN/m²，$\gamma_2 = 19$kN/m³，厚度 3m。若填土面水平，墙背垂直且光滑，求作用在墙背上的主动土压力和分布。（参考答案：$E_a = 65.8$kN/m）

8-7 某挡土墙高 5m，墙背倾斜角 $\alpha = 20°$，土面倾角 $\beta = 10°$，土重度 $\gamma = 20$kN/m³，$\varphi = 30°$，$c = 0$，土与墙背的摩擦角 $\delta = 15°$，如图 8-14 所示。试按库仑理论求：

（1）主动土压力强度沿墙高的分布；

（2）主动土压力大小、作用点位置。（参考答案：$E_a = 140$kN/m）

第 9 章 地基承载力

9.1 概述

当上部建筑物荷重超过地基的承载力时,地基将发生破坏。地基发生破坏有以下两种形式:

1) 地基产生过大沉降量或沉降差,致使建筑物严重下沉、上部结构开裂、倾斜,这就是常说的地基变形问题,如意大利比萨斜塔、苏州虎丘塔的严重倾斜。

2) 建筑物荷重超过了地基持力层的承载能力而使地基失稳破坏,也就是地基的强度和稳定性问题,如加拿大特朗斯康谷仓地基破坏(图 9-1)等。地基设计必须满足下列两个基本条件:

1) 建筑物基础在荷载作用下,可能产生的最大沉降量或沉降差应该控制在该建筑物所容许的范围内。

2) 作用于建筑物基础底面的压力,应该小于或等于地基容许承载力。

地基承载力是指地基土在强度和变形允许范围内,单位面积上所能承受荷载的能力。将地基不失稳时单位面积所能承受的最大荷载称为地基极限承载力。可见,地基承载力是考虑一定安全储备后的地基容许承载力。在工程中,按地基承载力设计时,还应考虑不同建筑物对地基变形的要求,即需要进行地基变形验算。

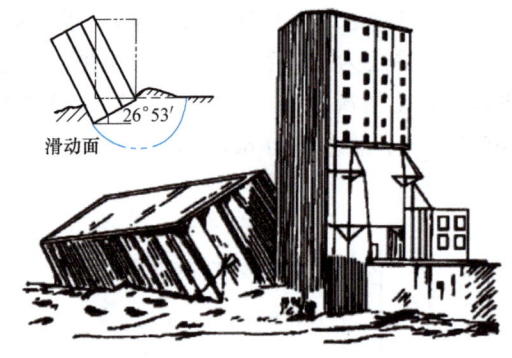

图 9-1 加拿大特朗斯康谷仓地基破坏

关于地基变形计算在本书前面有关章节已有介绍。本章主要从强度和稳定性角度出发,研究地基破坏模式、荷载对地基承载力的影响和地基承载力的确定等。

9.2 浅基础地基的破坏模式

9.2.1 三种破坏模式

荷载作用下地基因承载力不足引起的破坏,一般由剪切破坏引起。试验研究表明,浅基础的地基破坏模式有整体剪切破坏、局部剪切破坏和冲切剪切破坏三种，如图 9-2 所示。

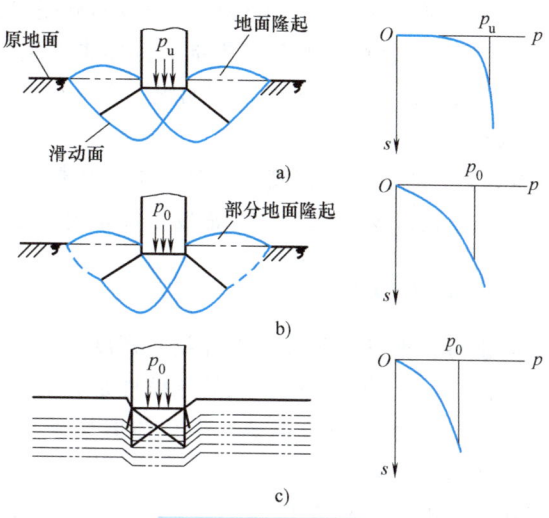

图 9-2 地基破坏模式

a）整体剪切破坏 b）局部剪切破坏 c）冲切剪切破坏

1. 整体剪切破坏

整体剪切破坏是一种浅基础在荷载作用下地基发生连续剪切滑动面的地基破坏模式，其概念最早由 L. 普朗德尔（Prandtl，1920）提出。其破坏特征为：

1）当荷载较小时，地基在荷载作用下产生近似线弹性（p-s 曲线的首段呈线性）的变形。

2）当荷载达到一定数值时，在基础的边缘点下土体首先发生剪切破坏。

3）随着荷载的继续增加，剪切破坏区（或称塑性变形区）逐渐扩大，p-s 曲线由线性开始向非线性变化。当剪切破坏区在地基中连成一片成为连续滑动面时，基础急剧下沉并向一侧倾斜、倾倒，基础两侧地面向上隆起，地基发生整体剪切破坏，地基失去了继续承载的能力。

描述这种破坏模式的荷载-沉降曲线（p-s 曲线）具有明显的转折点，如图 9-2a 所示。破坏前，建筑物一般不会发生过大沉降，破坏有一定的突然性，因此是一种典型的强度破坏问题。整体剪切破坏一般在密砂和坚硬的黏土中最有可能发生。

2. 局部剪切破坏

局部剪切破坏是一种浅基础在荷载作用下地基某一范围土体发生剪切破坏的破坏形式，其概念最早由太沙基提出。其破坏特征是：

1）在荷载作用下，在基础边缘以下开始发生剪切破坏。

2）随着荷载的继续增大，地基变形增大，剪切破坏区继续扩大。

3）基础两侧土体有部分隆起，但剪切破坏滑动面没有发展到地面。

4）基础没有明显的倾斜和倒塌。基础由于产生过大沉降而丧失继续承载能力。

描述这种破坏模式的 p-s 曲线一般没有明显的转折点，其直线段范围较小，是一种以变形较快发展为主要特征的破坏模式，如图 9-2b 所示。

3. 冲切剪切破坏

在荷载作用下，浅基础地基发生垂直剪切破坏，基础产生较大沉降的一种地基破坏模式，也称刺入剪切破坏。冲切剪切破坏的概念由德贝尔和魏锡克提出，其破坏特征为：

1) 在荷载作用下基础产生较大沉降，基础周围部分土体也产生下陷。
2) 破坏时基础好像"刺入"地基土中，不出现明显的破坏区和滑动面。
3) 基础没有明显的倾斜。

其 $p\text{-}s$ 曲线没有转折点，是一种典型的以变形为特征的破坏模式，如图 9-2c 所示。在压缩性较大的松砂、软土地基或基础埋深较大时，经常发生冲切剪切破坏。

9.2.2 破坏模式的影响因素和判别

影响地基破坏模式的因素有：地基土条件，如种类、密度、含水量、压缩性、抗剪强度等；基础条件，如型式、埋深、尺寸等。其中，土的压缩性是影响破坏模式的主要因素。如果土的压缩性低，土体相对比较密实，一般容易发生整体剪切破坏。反之，如果土比较疏松，压缩性高，则会发生冲切剪切破坏。

地基压缩性对破坏模式的影响也会随着其他因素的变化而变化。密实土层中的基础，如果埋深大或受到瞬时冲击荷载，会发生冲切剪切破坏；如果在密实砂层下卧有可压缩的软弱土层，也可能发生冲切剪切破坏。饱和正常固结黏土上的基础，若地基土在加载时不发生体积变化，将会发生整体剪切破坏；如果加荷很慢，地基土在固结的同时发生体积变化，则有可能发生刺入破坏。对于具体工程可能会发生何种破坏模式，需考虑各方面的因素后综合确定。

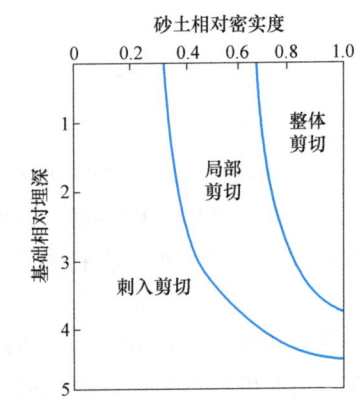

图 9-3　砂土上模型基础下的地基破坏模式

图 9-3 所示给出了魏锡克在砂土上的模型基础试验结果，该图说明了地基破坏模式与基础相对埋深和砂土相对密实度的关系。

9.3 地基临界荷载

9.3.1 地基塑性变形区边界方程

1. 地基土应力状态的三个阶段

根据载荷试验，可得到荷载与沉降的关系曲线，即 $p\text{-}s$ 曲线。还可得到各级荷载作用下沉降与时间的关系曲线，即 $s\text{-}t$ 曲线。在某一瞬间内，载荷板沉降与该瞬时时间之比（ds/dt）称为土的变形速度。根据荷载增大过程中的变形速度变化特点，可得到应力状态的三个阶段：压缩阶段、剪切阶段和隆起阶段，如图 9-4 所示。

（1）压缩阶段　压缩阶段又称直线变形阶段，对应 $p\text{-}s$ 曲线的 Oa 段。这个阶段的外加荷载较小，地基土以压缩变形为主，压力与变形之间基本呈线性关系，地基中的应力处在弹性平衡状态,地基中任一点的剪应力均小于该点的抗剪强度。该阶段的应力状态一般可近似采用弹性理论进行分析。

（2）剪切阶段　剪切阶段又称塑性变形阶段,对应 $p\text{-}s$ 曲线的 ab 段。在这一阶段,从基础两侧底边缘开始,局部区域土中剪应力等于该处土的抗剪强度,土体处于塑性极限平衡状态,宏观上 $p\text{-}s$ 曲线呈现非线性变化。随着荷载的增大,基础下土的塑性变形区扩大,荷载-变形曲线斜率增大。在这一阶段,虽然地基土的部分区域达到了塑性极限平衡,但塑性变形区并未在地基中连成一片,地基仍有一定的稳定性。地基的安全系数随塑性变形区的扩大而降低。

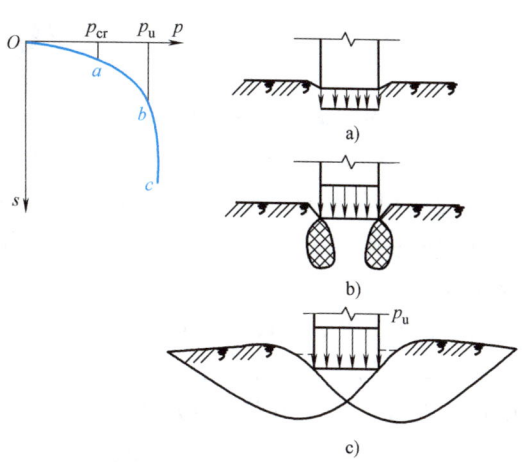

图 9-4　地基土应力状态的三个阶段
a）压缩阶段　b）剪切阶段　c）隆起阶段

（3）隆起阶段　隆起阶段又称塑性流动阶段,对应 $p\text{-}s$ 曲线的 bc 段。在该阶段,基础以下两侧的地基塑性变形区贯通并连成一片,基础两侧土体隆起,很小的荷载增量都会引起大的沉降。这个变形主要不是由土的压缩引起,而是由地基土的塑性流动引起,是一种随时间不稳定的变形。其结果是基础向比较薄弱一侧倾倒,地基整体失去稳定性。

对应于地基土中应力状态的三个阶段有两个界限荷载：前一个相当于从压缩阶段过渡到剪切阶段的界限荷载,称为比例界限荷载或临塑荷载,一般记为 p_{cr},它是 $p\text{-}s$ 曲线上 a 点所对应的荷载；后一个是相应于从剪切阶段过渡到隆起阶段的界限荷载,称为极限荷载,记为 p_u,它是 $p\text{-}s$ 曲线上 b 点所对应的荷载。可根据 p_{cr} 或 p_u/K（K 为安全系数）确定浅基础的地基承载力。

2. 地基塑性变形区边界方程

假设在均质地基表面上,作用一竖向均布条形荷载 p,如图 9-5a 所示。实际工程中基础一般都有埋深 d,如图 9-5b 所示。则条形基础两侧荷载 $q=\gamma_m d$,γ_m 为基础埋置深度范围内土层的加权平均重度,地下水位以下取浮重度。因此,均布条形荷载 p 应替换为基底平均附加压力 p_0。

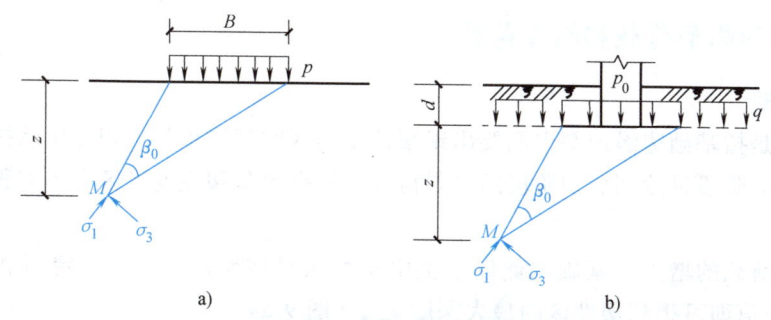

图 9-5　均布条形荷载作用下地基中的主应力
a）无埋置深度　b）有埋置深度

根据弹性理论,它在地表下任一点 M 处产生的大、小主应力可按下式表达

$$\begin{cases} \sigma_1 \\ \sigma_3 \end{cases} = \frac{p_0}{\pi}(\beta_0 \pm \sin\beta_0) \tag{9-1}$$

式中 p_0——均布条形荷载（kPa）；

β_0——任意点 M 到均布条形荷载两端点的夹角（rad）。

σ_1 是作用在 M 点的应力，其作用方向与 β_0 角的平分线一致。除了由基底平均附加压力 p_0 引起的地基附加应力外，还有土的自重应力 $q+\gamma z$，γ 为持力层土的重度，地下水位以下取浮重度。

为了推导方便，假设地基土原有自重应力场的静止侧压力系数 $K_0=1$，即具有静水压力性质。因此，自重应力场不会改变 M 点附加应力场的大小及主应力的作用方向。所以，地基中任意点 M 的大、小主应力分别为

$$\begin{cases} \sigma_1 \\ \sigma_3 \end{cases} = \frac{p_0}{\pi}(\beta_0 \pm \sin\beta_0) + q + \gamma z \tag{9-2}$$

式中 p_0——基底平均附加压力；

q——基础两侧荷载，$q=\gamma_m d$（d 为基础埋深）；

γ——基础底面以下土层重度，地下水位以下用浮重度。

其余符号的意义如图 9-5 所示。根据莫尔-库仑理论可知，当 M 点应力达到极限平衡状态时，该点的大、小主应力应满足下式

$$\sin\varphi = \frac{\sigma_1 - \sigma_3}{\sigma_1 + \sigma_3 + 2c\cot\varphi} \tag{9-3}$$

将式（9-2）代入式（9-3）得

$$z = \frac{p_0}{\gamma\pi}\left(\frac{\sin\beta_0}{\sin\varphi} - \beta_0\right) - \frac{1}{\gamma}(c\cot\varphi + q) \tag{9-4}$$

式（9-4）即为满足平衡条件的<u>地基塑性变形区边界方程</u>，它给出了边界上任意一点的坐标 z 与 β_0 角的关系，如图 9-6 所示。如果荷载 p_0、基础两侧超载 q 以及土的 γ、c、φ 已知，则根据式（9-4）可绘出塑性变形区的边界线。

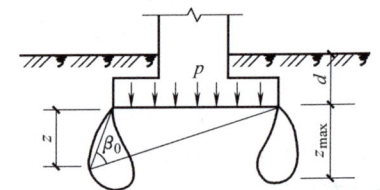

图 9-6 条形基础底面边缘的塑性区

9.3.2 地基的临塑荷载和临界荷载

1. 临塑荷载

临塑荷载是指基础边缘地基中刚要出现塑性变形区时基底单位面积上所承担的荷载，是应力状态从压缩阶段过渡到剪切阶段的界限荷载。根据地基塑性变形区边界方程即可得到地基临塑荷载。

随着基础荷载的增大，基础两侧以下土中塑性区对称地扩大。在一定荷载作用下，求式（9-4）的极值即可得到塑性区的最大深度 z_{max}（图 9-5）

$$\frac{dz}{d\beta_0} = \frac{p_0}{\pi\gamma}\left(\frac{\cos\beta_0}{\sin\varphi} - 1\right) = 0 \tag{9-5}$$

则有

$$\beta_0 = \frac{\pi}{2} - \varphi$$

将它代入到式（9-4）得出 $z_{\max}$ 为

$$z_{\max} = \frac{p_0}{\gamma\pi}\left(\cot\varphi + \varphi - \frac{\pi}{2}\right) - \frac{1}{\gamma}(c\cot\varphi + q) \tag{9-6}$$

当荷载 p_0 增大时，塑性区就发展扩大，塑性区的最大深度也增大。根据定义，临塑荷载为地基刚要出现塑性区时的荷载，即 $z_{\max}=0$ 时的荷载。因此令式（9-6）右侧为零，可得临塑荷载 p_{cr} 的公式如下

$$p_{\mathrm{cr}} = \frac{\pi(c\cot\varphi + q)}{\cot\varphi + \varphi - \frac{\pi}{2}} + q \tag{9-7a}$$

或

$$p_{\mathrm{cr}} = cN_c + qN_q \tag{9-7b}$$

式中 N_c、N_q——承载力系数，均为 φ 的函数，即

$$N_c = \frac{\pi\cot\varphi}{\cot\varphi + \varphi - \frac{\pi}{2}}$$

$$N_q = \frac{\cot\varphi + \varphi + \frac{\pi}{2}}{\cot\varphi + \varphi - \frac{\pi}{2}}$$

从式（9-7a）、式（9-7b）可看出，临塑荷载 p_{cr} 由两部分组成，第一部分为地基土黏聚力 c 的作用，第二部分为基础两侧超载 q 或基础埋深 d 的影响。这两部分都是内摩擦角 φ 的函数。另外，p_{cr} 随 φ、c、q 的增大而增大。

2. 临界荷载

临界荷载是指允许地基产生一定范围塑性变形区所对应的荷载。工程实践表明，如果采用不允许地基产生塑性区的临塑荷载 p_{cr} 作为地基容许承载力，往往不能充分发挥地基的承载能力，取值偏于保守。对于中等强度以上的地基土，将控制地基中塑性区在一定深度范围内的临界荷载作为地基容许承载力，使地基既有足够的安全度，又能比较充分发挥地基的承载能力，从而达到优化设计，节约投资的目的。允许塑性区开展深度的范围大小与建筑物的重要性、荷载性质和大小、基础形式和特性、地基土的物理力学性质等有关。

根据工程实践经验，在中心荷载作用下，控制塑性区最大开展深度 $z_{\max}=b/4$，在偏心荷载下控制 $z_{\max}=b/3$，对一般建筑物来说是安全的。$p_{1/4}$ 和 $p_{1/3}$ 分别是允许地基产生 $z_{\max}=b/4$ 和 $b/3$ 范围塑性区所对应的两个临界荷载。在这两个临界荷载作用下，地基变形会有所增加，因此必须验算地基变形值不超过容许值。

根据定义，分别将 $z_{\max}=b/4$ 和 $z_{\max}=b/3$ 代入到式（9-6）得

$$p_{1/4} = \frac{\pi\left(c\cot\varphi + q + \frac{\gamma b}{4}\right)}{\cot\varphi + \varphi - \frac{\pi}{2}} + q \tag{9-8a}$$

$$p_{1/4} = cN_c + qN_q + \gamma b N_{1/4} \tag{9-8b}$$

$$p_{1/3} = \frac{\pi\left(c\cot\varphi + q + \dfrac{\gamma b}{3}\right)}{\cot\varphi + \varphi - \dfrac{\pi}{2}} + q \qquad (9\text{-}9a)$$

$$p_{1/3} = cN_c + qN_q + \gamma b N_{1/3} \qquad (9\text{-}9b)$$

式中 $N_{1/4}$、$N_{1/3}$——承载力系数，均为 φ 的函数，且

$$N_{1/4} = \frac{\pi}{4\left(\cot\varphi + \varphi - \dfrac{\pi}{2}\right)}$$

$$N_{1/3} = \frac{\pi}{3\left(\cot\varphi + \varphi - \dfrac{\pi}{2}\right)}$$

从式（9-8b）、式（9-9b）可以看出，两个临界荷载均由三部分组成。第一、二部分分别反映地基土黏聚力和基础埋深对承载力的影响，这两部分组成了临塑荷载；第三部分表现为基础宽度和地基土重度的影响，实际上受塑性区开展深度的影响。这三部分都随内摩擦角 φ 的增大而增大，其值可从公式计算得到。以上各式表明，临界荷载随 c、φ、q、γ、b 的增大而增大。

【例 9-1】 某条形基础置于一均质地基上，宽 2m，埋深 1m，地基土天然重度 19.0kN/m³，天然含水量 18%，土粒相对密度为 2.7，抗剪强度指标 c = 13kPa，φ = 15°。试问该基础的临塑荷载 p_{cr}、临界荷载 $p_{1/4}$、$p_{1/3}$ 各为多少？若地下水位上升至基础底面，假定土的抗剪强度指标不变，其 p_{cr}、$p_{1/4}$、$p_{1/3}$ 有何变化？

【解】 根据 φ = 15°，算得 N_c = 4.84，N_q = 2.30，$N_{1/4}$ = 0.32，$N_{1/3}$ = 0.43；计算 $q = \gamma_m d$ = 19.0×1.0kPa = 19.0kPa。按式（9-7b）、式（9-8b）、式（9-9b）分别计算如下

$p_{cr} = cN_c + qN_q = 13×4.84\text{kPa} + 19.0×2.30\text{kPa} = 106.62\text{kPa}$

$p_{1/4} = cN_c + qN_q + \gamma b N_{1/4}$
    $= 13×4.84\text{kPa} + 19.0×2.30\text{kPa} + 19.0×2.0×0.32\text{kPa} = 118.78\text{kPa}$

$p_{1/3} = cN_c + qN_q + \gamma b N_{1/3}$
    $= 13×4.84\text{kPa} + 18.0×1.94\text{kPa} + 19.0×2.0×0.43\text{kPa} = 122.96\text{kPa}$

地下水位上升到基础底面，此时 γ 需取浮重度 γ'，即

$$\gamma' = \frac{(d_s - 1)\gamma}{d_s(1+w)} = \frac{(2.7-1)×19}{2.7×(1+0.18)}\text{kN/m}^3 = 10.14\text{kN/m}^3，则$$

$p_{cr} = 13×4.84\text{kPa} + 19.0×2.30\text{kPa} = 106.62\text{kPa}$

$p_{1/4} = 13×4.84\text{kPa} + 19.0×2.30\text{kPa} + 10.14×2.0×0.32\text{kPa} = 113.11\text{kPa}$

$p_{1/3} = 13×4.84\text{kPa} + 19.0×2.30\text{kPa} + 10.14×2.0×0.43\text{kPa} = 115.34\text{kPa}$

可见，当地下水位上升到基底时，地基的临塑荷载没有变化，地基的临界荷载降低了，其减小量达 6.1%~7.6%。不难看出，如果地下水位上升到基底以上时，临塑荷载还将降低。由此可知，对工程而言，做好排水工作，防止地表水渗入地基对地基承载力和稳定性具有重要意义。

9.4 地基极限承载力

地基极限承载力是指地基剪切破坏发展到即将失稳时所能承受的极限荷载,也称地基极限荷载。它相当于地基土中应力状态从剪切阶段过渡到隆起阶段时的界限荷载。其确定方法有两种:

1) 按照极限平衡理论求解。这类方法是通过在土中任取一微分体,以一点的静力平衡条件满足极限平衡条件建立微分方程,计算地基土中各点达到极限平衡时的应力及滑动面方向,由此求解基底极限荷载。此方法由于存在数学上的困难,仅能对某些边界条件比较简单的情况得出解析解。

2) 按照假定滑动面求解。通过模型试验研究地基整体剪切破坏模式的滑动面形状,并简化为假定滑动面,根据滑动土体的静力平衡条件求解极限承载力。

本节介绍按极限平衡理论求解的普朗德尔和赖斯纳极限承载力,按假定滑动面求解的太沙基等极限承载力公式,并对不同方法进行比较。

9.4.1 普朗德尔和赖斯纳极限承载力

L. 普朗德尔(Prandtl,1920)根据极限平衡理论对刚性模子压入半无限刚塑性体的问题进行了研究。主要假定包括:

1) 假定条形基础具有足够大的刚度,等同于条形刚性模子。
2) 基础底面光滑,地基材料是刚塑性材料。
3) 地基土重度为零,基础置于地基表面。

当作用在基础上的荷载足够大时,基础陷入地基中,地基产生如图 9-7 所示的整体剪切破坏。

图 9-7 所示的塑性极限平衡区可分为三个区:

1) Ⅰ 区是位于基础底面下的中心楔体,又称主动朗肯区,该区的大主应力 σ_1 作用方向为竖向,小主应力 σ_3 作用方向为水平向。根据极限平衡理论,小主应力作用方向应该与破坏面成 $(45°+\varphi/2)$ 角,此即中心区两侧面与水平面的夹角。

2) Ⅱ 区为与中心区相邻的两个辐射向剪切区,又称普朗德尔区。由一组对数螺线和一组辐射向直线组成,该区形似以对数螺旋线 $r_0 e^{\theta\tan\varphi}$ 为弧形边界的扇形,其中心角为直角。

3) Ⅲ 区为与普朗德尔区另一侧相邻的被动朗肯区,该区大主应力作用方向为水平方向,小主应力 σ_3 作用方向为竖向,破裂面与水平面的夹角为 $(45°-\varphi/2)$。

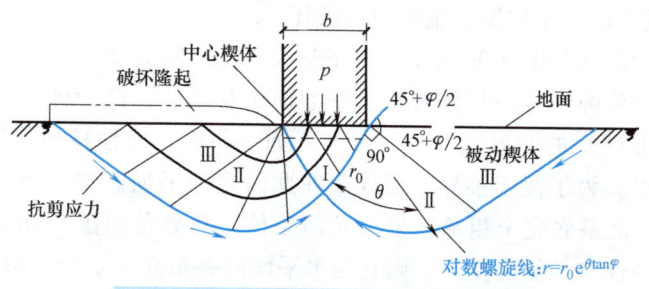

图 9-7 普朗德尔地基整体剪切破坏模式

普朗德尔导出在图 9-7 所示情况下作用在基底的极限荷载，即

$$\begin{cases} p_u = cN_c \\ N_\varphi = \cot\varphi \ [e^{\pi\tan\varphi}\tan^2(45°+\varphi/2) - 1] \end{cases} \quad (9-10)$$

式中　N_c——承载力系数；

　　　c、φ——土的抗剪强度指标。

H. 赖斯纳（Ressiner, 1924）在普朗德尔理论解的基础上考虑了基础埋深的影响，如图 9-8 所示，即把基底以上土仅仅视同作用在基底水平面上的柔性超载 q （$q = \gamma_m d$），地基极限承载力计算公式如下

$$\begin{cases} p_u = cN_c + qN_q \\ N_q = e^{\pi\tan\varphi}\tan^2(45°+\varphi/2) \end{cases} \quad (9-11)$$

式中　N_c、N_q——承载力系数；

其余符号与式（9-10）相同。

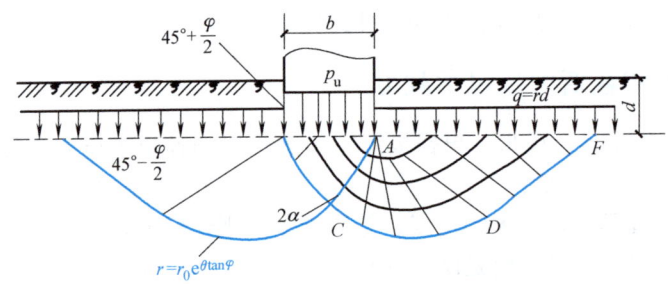

图 9-8　基础有埋置深度时的赖斯纳解

虽然赖斯纳的修正比普朗德尔理论公式有了进步，但由于没有考虑地基土的重力，没有考虑基础埋深范围内侧面土的抗剪强度等影响，其结果与实际工程仍有较大差距。为此，许多学者如 K. 太沙基（Terzaghi, 1943）、G.G. 迈耶霍夫（Meyerhoff, 1951）、J.B. 汉森（Hansen, 1961）、A.S. 魏锡克（Vesic, 1963）等先后进行了研究并取得了进展。

9.4.2　太沙基极限承载力

K. 太沙基（Terzaghi）对普朗德尔理论进行了修正，主要假定包括：

1）地基土有重力，即 $\gamma \neq 0$。

2）基底粗糙。

3）不考虑基底以上填土的抗剪强度，把土仅看成作用在基底水平面上的超载。

4）在极限荷载作用下基础发生整体剪切破坏。

地基中滑动面的形状如图 9-9a 所示。由于基底与土之间的摩擦阻止了剪切位移发生，故基底以下的Ⅰ区就像弹性核一样随着基础一起向下移动，因此为弹性区。由于 $\gamma \neq 0$，弹性Ⅰ区与过渡区（Ⅱ区）的交界面（ab 和 a_1b）为一曲面，弹性核的尖端 b 点是左右两侧的曲线滑动面的切点。为了便于推导，交界面在此假定为平面。如果弹性核的两个侧面 ab 和 a_1b 也是滑动面，而基底完全粗糙，根据几何条件，其夹角如图 9-9b 所示。基底的摩擦力不足以完全限制弹性核的侧向变形，则它与水平面的夹角介于 φ 与（$45°+\varphi/2$）之间。Ⅱ区的滑动面假定由对数螺旋线和直线组成。除弹性核外，在滑动区域范围Ⅱ、Ⅲ区内的所有

土体均处于塑性极限平衡状态。取弹性核为脱离体，考虑竖直方向力的平衡条件（单位长基础）得到

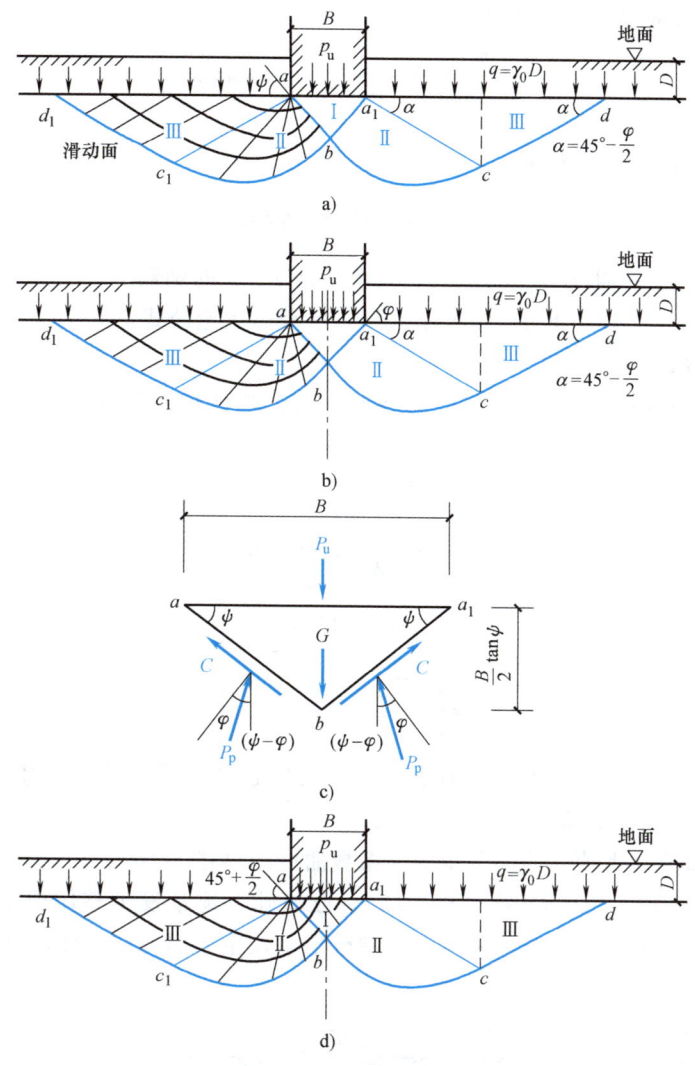

图 9-9　太沙基承载力

a) 粗糙基底　b) 完全粗糙基底　c) 弹性楔体受力状态　d) 完全光滑基底

$$P_u = p_u b = 2P_p \cos(\psi - \varphi) + cb\tan\psi - G \tag{9-12a}$$

或

$$p_u = \left(2\frac{P_p}{b}\right)\cos(\psi - \varphi) + \left(c - \frac{\gamma b}{4}\right)\tan\psi \tag{9-12b}$$

式中　b——基础宽度；

γ——地基土重度；

ψ——弹性楔体与水平面的夹角，$45°+\varphi/2 > \psi > \varphi$；

c——地基土的黏聚力；

φ——地基土的内摩擦角；

P_p——作用于弹性核边界面 ab（或 a_1b）的被动土压力合力，即 $P_p = P_{pc} + P_{pq} + P_{p\gamma}$。三项分别是 c、q、γ 项的被动土压力系数 K_{pc}、K_{pq}、$K_{p\gamma}$ 的函数。太沙基建议采用下式简化方法（图 9-9），即

$$P_p = \frac{b}{2\cos^2\varphi}\left(cK_{pc} + qK_{pq} + \frac{1}{4}\gamma b\tan\varphi K_{p\gamma}\right) \tag{9-13}$$

将式（9-13）代入式（9-12），可得

$$p_u = cN_c + qN_q + \frac{1}{2}\gamma bN_\gamma \tag{9-14}$$

式中　N_c、N_q、N_γ——粗糙基底的承载力系数，是 φ、ψ 的函数。

式（9-14）即基底不完全粗糙情况下太沙基承载力理论公式。其中弹性核两侧对称边界面与水平面的夹角 ψ 为待定值。

太沙基给出了基底完全粗糙情况的解答。此时，弹性核两侧面与水平面的夹角 $\psi = \varphi$。其值承载力系数为

$$N_c = (N_q - 1)\cot\varphi \tag{9-15}$$

$$N_q = \frac{e^{\left(\frac{3\pi}{2} - \varphi\right)\cdot\tan\varphi}}{2\cos^2\left(45° + \frac{\varphi}{2}\right)} \tag{9-16}$$

$$N_\gamma = \left(\frac{K_{p\gamma}}{2\cos^2\varphi} - 1\right)\cdot\tan\frac{\varphi}{2} \tag{9-17}$$

从式（9-17）可知，承载力系数为土的内摩擦角 φ 的函数，表示土重影响的承载力系数 N_γ 包含相应被动土压力系数 $K_{p\gamma}$，需由试算确定。

对完全粗糙情况，太沙基给出了承载力系数曲线图（图 9-10），由内摩擦角 φ 直接从图中可查得 N_c、N_q、N_γ。式（9-14）为在假定条形基础下地基发生整体剪切破坏时得到的，对于实际工程中存在的方形、圆形和矩形基础或地基发生局部剪切破坏情况，太沙基给出了相应的经验公式。

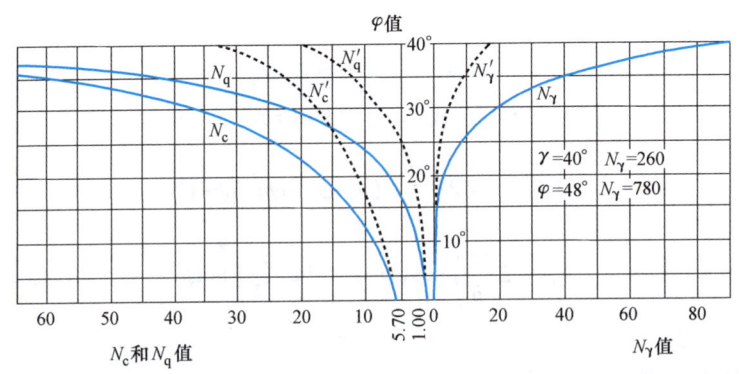

图 9-10　太沙基公式承载力系数（基底完全粗糙）

对于地基发生局部剪切破坏的情况，太沙基建议对土的抗剪强度指标进行折减，即取 $c^* = 2c/3$，$\tan\varphi^* = 2\tan\varphi/3$ 或 $\varphi^* = \arctan(2\tan\varphi/3)$。根据调整后的 φ^*，由图 9-10 查得

N_c、N_q、N_γ,按式(9-14)计算局部剪切破坏极限承载力,或者根据 φ 由图 9-10 查得 N'_c、N'_q、N'_γ,再按下式计算极限承载力。

$$p_u = \frac{2}{3}cN'_c + qN'_q + \frac{1}{2}\gamma b N'_\gamma \tag{9-18}$$

对于圆形或方形基础,太沙基建议按下列半经验公式计算地基极限承载力。

1) 对方形基础(边长为 b):

整体剪切破坏 $p_u = 1.2cN_c + qN_q + 0.4\gamma b N_\gamma$ (9-19)

局部剪切破坏 $p_u = 0.8cN'_c + qN'_q + 0.4\gamma b N'_r$ (9-20)

2) 对圆形基础(半径为 b):

整体剪切破坏 $p_u = 1.2cN_c + qN_q + 0.6\gamma b N_\gamma$ (9-21)

局部剪切破坏 $p_u = 0.8cN'_c + qN'_q + 0.6\gamma b N'_r$ (9-22)

对宽度 b、长度 l 的矩形基础,可按 b/l 值在条形基础($b/l=0$)和方形基础($b/l=1$)的计算极限承载力之间用插值法求得。

根据太沙基理论求得的是地基极限承载力,在此一般取它的 1/2~1/3 作为地基容许承载力,即对太沙基理论的安全系数一般取 $K=2\sim3$。安全系数取值大小与结构类型、建筑物重要性、荷载的性质等有关。

【例 9-2】 某条形基础置于一均质地基上,宽 2m,埋深 1m,地基土天然重度 19.0kN/m³,天然含水量 18%,土粒相对密度为 2.70,抗剪强度指标 $c=13$kPa,$\varphi=15°$。

(1) 按太沙基理论求地基整体剪切破坏和局部剪切破坏时的极限承载力,取安全系数 K 为 2,求相应的地基容许承载力。

(2) 若地下水位上升到基础底面,问极限承载力和容许承载力各为多少?

【解】 根据题 $c=13$kPa,$\varphi=15°$,$\gamma=19$kN/m³,$b=2$m,$d=1$m,$q=19$kPa,查得:$N_c=14.9$,$N_q=5$,$N_r=1.12$。

(1) 条形基础整体剪切破坏按式(9-14)计算。

$p_u = cN_c + qN_q + (1/2)\gamma b N_\gamma = 13\times14.9kPa+19\times5kPa+1/2\times19\times2\times1.12kPa=309.98$kPa

地基容许承载力 $[\sigma] = \dfrac{p_u}{K} = \dfrac{309.98}{2} = 154.99$kPa

局部剪切破坏用 c^*、φ^* 代入式(9-14)计算

$c^* = 2/3c = 8.7$kPa,$\varphi^* = \arctan(2/3\tan\varphi) = 10.13$

查图 9-10 得 $N_c=9.35$,$N_q=2.67$,$N_r=0.713$

$p_u = c^*N_c + qN_q + (1/2)\gamma b N_\gamma = (8.7\times9.35 + 19\times2.67 + 1/2\times19\times2\times0.713)kPa=145.622$kPa

$[\sigma] = \dfrac{p_u}{K} = \dfrac{145.62}{2}kPa=72.81$kPa

(2) 若地下水位上升到基础底面,公式中的 γ 应由 γ' 代替,$\gamma'=10.14$kN/m³,则

$p_u = (13\times14.9 + 19\times5 + 1/2\times10.14\times2\times1.12)kPa=300$kPa

$$[\sigma] = \frac{p_u}{K} = 150\text{kPa}$$

将 c^*、φ^* 代入式（9-14），得

$p_u = (8.7 \times 9.35 + 19 \times 2.67 + 1/2 \times 10.14 \times 2 \times 0.713)\text{kPa} = 110.24\text{kPa}$

$$[\sigma] = \frac{p_u}{K} = 55.12\text{kPa}$$

9.4.3 汉森和魏锡克极限承载力

在实际工程中，理想中心荷载作用的情况不是很多，在许多时候荷载是偏心的甚至是倾斜的。这时情况相对复杂一些，基础可能会整体剪切破坏，也可能水平滑动破坏，其理论破坏模式如图 9-11 所示。与中心荷载不同的是，有水平荷载作用时地基的整体剪切破坏沿水平荷载作用方向一侧发生滑动，弹性区的边界面也不对称，滑动方向一侧为平面另一侧为圆弧，其圆心为基础转动中心，图（9-11a）所示。随着荷载偏心距的增大，滑动面明显缩小（图 9-11b）。

J. B. 汉森（Hansen）和 A. S. 魏锡克（Vesic）在太沙基理论基础上假定基底光滑，考虑基础形状、荷载倾斜与偏心、基础埋深、地面倾斜、基底倾斜等的影响，对承载力计算公式提出了修正。

$$p_u = cN_c S_c i_c d_c g_c b_c + qN_q S_q i_q d_q g_q b_q + \frac{1}{2}\gamma b N_\gamma S_\gamma i_\gamma d_\gamma g_\gamma b_\gamma \tag{9-23}$$

式中 N_c、N_q、N_γ——承载力系数，见表 9-1；
  S_c、S_q、S_γ——基础形状修正系数，见表 9-2；
  i_c、i_q、i_γ——荷载倾斜修正系数，见表 9-3；
  d_c、d_q、d_γ——基础埋深修正系数，见表 9-4；
  g_c、g_q、g_γ——地面倾斜修正系数，见表 9-5；
  b_c、b_q、b_γ——基底倾斜修正系数，见表 9-6。

式（9-23）是一个普遍表达式，各修正系数可查表 9-2~表 9-6。

汉森和魏锡克承载力系数 N_c、N_q、$N_{\gamma(H)}$、$N_{\gamma(V)}$ 见表 9-1。

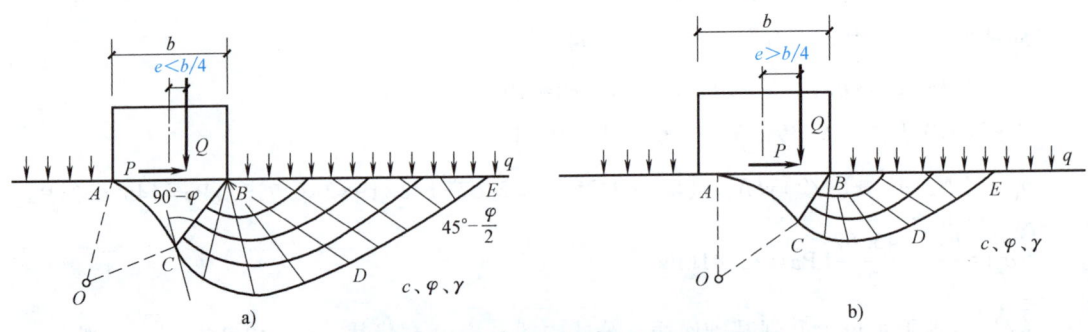

图 9-11 偏心和倾斜荷载下的理论滑动模式

a) 偏心距较小时（$e<b/4$）   b) 偏心距较大时（$e>b/4$）

表 9-1 承载力系数 N_c、N_q、N_γ

$\varphi°$	N_c	N_q	$N_{\gamma(H)}$	$N_{\gamma(V)}$	$\varphi°$	N_c	N_q	$N_{\gamma(H)}$	$N_{\gamma(V)}$
0	5.14	100	0	0	24	1933	961	690	944
2	5.69	120	0.01	0.15	26	2225	1183	953	1254
4	6.17	143	0.05	0.34	28	2580	1471	1313	1672
6	682	172	0.14	0.57	30	3015	1840	1809	2240
8	7.52	206	0.27	0.86	32	3550	2318	2495	3022
10	8.35	247	0.47	1.22	34	4218	2945	3454	4106
12	929	297	0.76	1.69	36	5061	3777	4808	5631
14	1037	358	1.16	2.29	38	6136	4892	6743	7803
16	1162	433	1.72	3.06	40	7536	6423	9551	10941
18	1309	525	2.49	4.07	42	9369	8536	13672	15555
20	1483	640	354	5.39	44	11841	11535	19877	22464
22	1689	782	496	7.13	45	13386	13486	24095	27176

注:$N_{\gamma(H)}$、$N_{\gamma(V)}$ 分别为汉森和魏锡克承载力系数 N_γ。

表 9-2 基础形状修正系数 S_c、S_q、S_γ

公式来源	S_c	S_q	S_γ
汉森	$1+0.2i_c(b/l)$	$1+i_q(b/l)\sin\varphi$	$1+0.4i_\gamma$,$(b/l)\geqslant 0.6$
魏锡克	$1+(b/l)(N_q/N_c)$	$1+(b/l)\tan\varphi$	$1+0.4(b/l)$

注:1. b、l 分别为基础的宽度和长度。
   2. i 为荷载倾斜修正系数,见表 9-3。

表 9-3 荷载倾斜修正系数 i_c、i_q、i_γ

公式来源	i_c	i_q	i_γ
汉森	$\varphi=0°, 0.5+0.5\sqrt{1-\dfrac{H}{cA}}$ $\varphi>0°, i_q-\dfrac{1-i_q}{N_c\tan\varphi}$	$\left(1-\dfrac{0.5H}{Q+cA\cot\varphi}\right)^5 > 0$	水平基底: $\left(1-\dfrac{0.7H}{Q+cA\cot\varphi}\right)^5 > 0$ 倾斜基底: $\left(1-\dfrac{(0.7-\eta/450°)H}{Q+cA\cot\varphi}\right)^5 > 0$
魏锡克	$\varphi=0°, 1-mH/cAN_c$ $\varphi>0°, i_q-1-i_q/N_c\tan\varphi$	$\left(1-\dfrac{H}{Q+cA\cot\varphi}\right)^m$	$\left(1-\dfrac{H}{Q+cA\cot\varphi}\right)^{m+1}$

注:1. 基底面积 $A=bl$,当荷载偏心时,则用有效面积 $A_e=b_e l_e$。
   2. H 和 Q 分别为倾斜荷载在基底上的水平分力和垂直分力。
   3. η 为基础底面与水平面的倾斜角。
   4. 当荷载在短边倾斜时,$m=2+(b/l)/[1+(b/l)]$;在长边倾斜时,$m=2+(b/l)/[1+(l/b)]$;对于条形基础 $m=2$。
   5. 当进行荷载倾斜修正时,必须满足 $H\leqslant c_a A+Q\tan\delta$,$c_a$ 为基底与土之间的黏聚力,可取土的不排水剪切强度 c_u,δ 为基底与土之间的摩擦角。

表 9-4 基础埋深修正系数 d_c、d_q、d_γ

公式来源	d_c	d_q	d_γ
汉森	$1+0.4(d/b)$	$1+2\tan\varphi(1-\sin\varphi)^2(d/b)$	1.0
魏锡克	$\varphi=0°, d\leqslant b: 1+0.4(d/b)$ $\varphi=0°, d>b: 1+0.4\arctan(d/b)$ $\varphi>0°, d_q-\dfrac{1-d_q}{N_c\tan\varphi}$	$d\leqslant b$, $1+2\tan\varphi(1-\sin\varphi)^2(d/b)$ $d>b$, $1+2\tan\varphi(1-\sin\varphi)^2\arctan(d/b)$	1.0

表 9-5　地面倾斜修正系数 g_c、g_q、g_γ

公式来源	g_c	$g_q = g_\gamma$
汉森	$1-\beta/147°$	$(1-0.5\tan\beta)^5$
魏锡克	$\varphi=0°, 1-2\beta/(2+\pi)$ $\varphi>0°, d_q - \dfrac{1-g_q}{N_c \tan\varphi}$	$(1-\tan\beta)^2$

注：1. β 为倾斜地面与水平面的夹角。
　　2. 魏锡克公式规定，当基础放在 $\varphi=0°$ 倾斜地面上时，承载力公式中的 N_γ 项应为负值，其值为 $N_\gamma=-2\sin\beta$ 并且应满足 $\beta<45°$ 和 $\beta<\varphi$ 的条件。

表 9-6　基底倾斜修正系数 b_c、b_q、b_γ

公式来源	b_c	b_q	b_γ
汉森	$1-\eta/147°$	$e^{-2\eta\tan\varphi}$	$e^{-2\eta\tan\varphi}$
魏锡克	$\varphi=0°, 1-2\eta/5.14$ $\varphi>0°, b_q - \dfrac{1-b_q}{N_c\tan\varphi}$	$(1-\eta\tan\varphi)^2$	$(1-\eta\tan\varphi)^2$

注：η 为倾斜基底与水平面之间的夹角，应满足 $\eta<45°$。

汉森公式和魏锡克公式适用安全系数见表 9-7、表 9-8。

表 9-7　汉森公式安全系数表

土或荷载条件	K
无黏性土	2.0
黏性土	3.0
瞬时荷载（如风、地震和相当的活荷载）	2.0
静荷载或者长期活荷载	2 或 3（视土样而定）

表 9-8　魏锡克公式安全系数表

种类	典型建筑物	所属的特征	土的查勘 完全、彻底的	土的查勘 有限的
A	铁路桥、仓库、高炉、水工建筑、土工建筑	最大设计荷载极可能经常出现，破坏的结果是灾难性的	3.0	4.0
B	公路桥、轻工业和公共建筑	最大设计荷载可能偶然出现，破坏的结果是严重的	2.5	3.5
C	房屋和办公室建筑	最大设计荷载不可能出现	2.0	3.0

注：1. 对于临时性建筑物，可以将表中数值降低至 75%，但不得使安全系数低于 2.0。
　　2. 对于非常高的建筑物，如烟囱、塔或者随时可能发展成为承载力破坏的建筑物，表中数值将增加 20%~50%。
　　3. 如果基础设计是由沉降控制，必须采用高的安全系数。

9.4.4　极限承载力公式的比较

太沙基极限承载力不考虑基底以上填土的抗剪强度，把它仅看成作用在基底平面上的超载，由此将引起误差。G.G. 迈耶霍夫（Meyerhoff, 1951）为此开展了研究，提出了考虑地基土塑性平衡区随着基础埋置深度不同而扩展到最大可能的到达程度及基础两侧土体抗剪强度对承载力影响的地基承载力计算方法。图 9-12 所示为条形基础滑动面形状，图 9-13 所示为条形浅基础承载力确定方法。

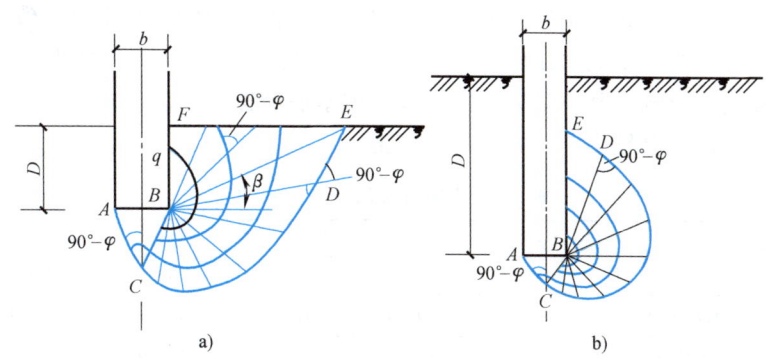

图 9-12　迈耶霍夫条形基础滑动面形状
a) 浅基础　b) 深基础

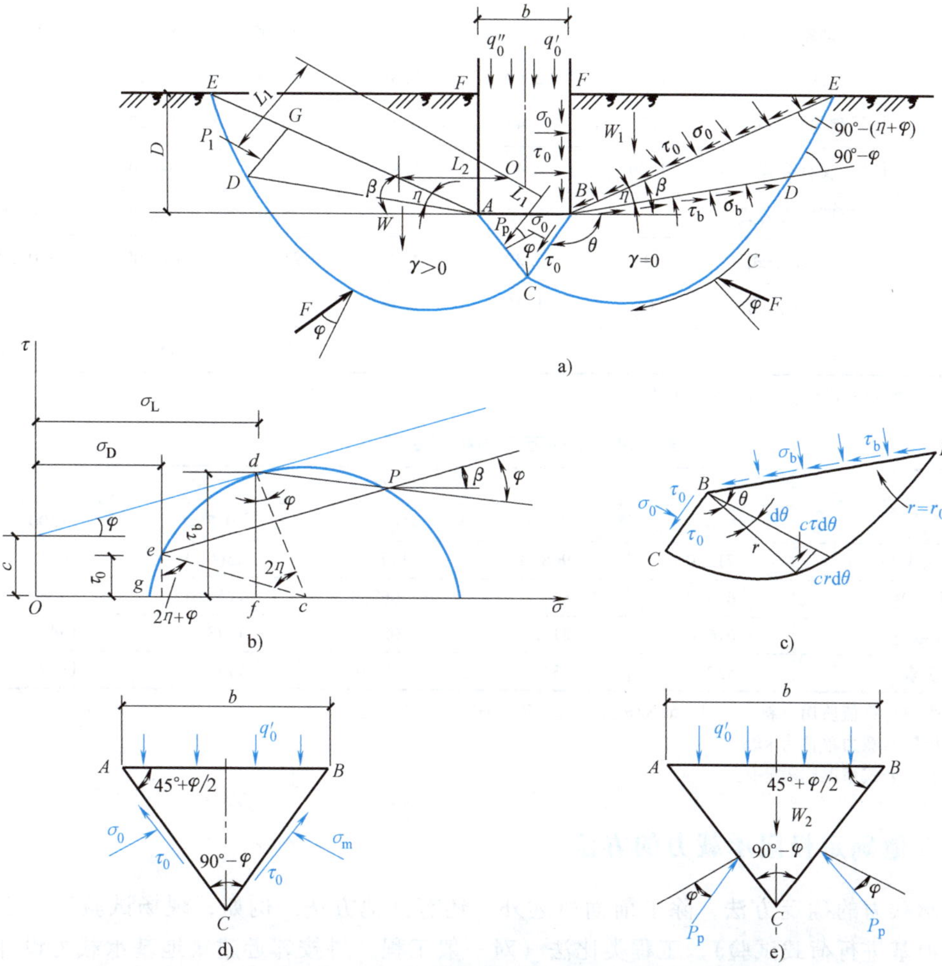

图 9-13　迈耶霍夫条形浅基础承载力确定方法示意图
a) 迈耶霍夫条形浅基础承载力分析法　b) η 角的图解法　c) 过渡区受力分析
d) 弹性区受力分析　e) 弹性区与过渡区相互作用

鉴于数学推导上的困难，迈耶霍夫在提出方法时仍然引入了一些假定。尽管如此，其极限承载力的计算仍然相当复杂，在此仅作简单介绍。

各种承载力理论都是在一定假设前提下导出的，它们之间的结果不尽一致，各公式承载力系数和特定条件下极限承载力比较见表9-9、表9-10。从表可知，迈耶霍夫考虑到基础两侧超载土抗剪强度的影响，其值最大；太沙基考虑基底摩擦，其值相对较大；魏锡克和汉森假定基底光滑，其值相对较小，计算结果偏安全。

表9-9 不同方法的承载力系数

N值		φ					
		0°	10°	20°	30°	40°	45°
N_c	迈耶霍夫公式	—	10.00	18.00	39.00	100.00	185.00
	太沙基公式	5.70	9.10	17.30	36.40	91.20	169.00
	魏锡克公式	5.14	8.35	14.83	30.14	75.32	133.87
	汉森公式	5.14	8.35	14.83	30.14	75.32	133.87
N_q	迈耶霍夫公式	—	3.0	8.0	27.00	85.00	190.00
	太沙基公式	1.00	2.60	7.30	22.00	77.50	170.00
	魏锡克公式	1.00	2.47	6.40	18.40	64.20	134.87
	汉森公式	1.00	2.47	6.40	18.40	64.20	134.87
N_γ	迈耶霍夫公式	—	0.75	5.50	25.50	135.00	330.00
	太沙基公式	0	1.20	4.70	21.00	130.00	330.00
	魏锡克公式	0	1.22	5.39	22.40	109.41	271.76
	汉森公式	0	0.47	3.54	18.08	95.45	241.00

注：表中太沙基公式指基底完全粗糙的情况。

表9-10 不同方法的极限承载力 q_u

计算公式	d/b				
	0	0.25	0.50	0.75	1.00
迈耶霍夫公式	712.0	908.0	1126.5	1360.0	1612.0
太沙基	673.0	868.0	1063.0	1258.0	1453.0
魏锡克	616.0	811.0	1029.0	1273.0	1541.5
汉森	532.0	731.0	844.0	1185.0	1389.0

注：1. 表中计算值所用资料：$\gamma = 19.5 \text{kN/m}^3$，$c = 20 \text{kPa}$，$\varphi = 22°$，$b = 4\text{m}$。
2. 极限承载力单位为 kPa。
3. 表中公式情况同表9-9。

9.4.5 其他确定极限承载力的方法

地基承载力的确定方法，除了前面所述外，还有其他方法。例如，现场试验法（在现场直接对地基进行荷载试验）、工程类比法（对一般工程，可按邻近建筑地基承载力设计值类比确定），以及利用《建筑地基基础设计规范》（GB 50007）、《公路桥涵地基与基础设计规范》（JTGD 63）进行确定等。在采用规范法时，应注意结合工程情况，选择对应的行业部门规范。

1. 现场试验法

现场试验也称原位试验，包括：载荷试验、静力触探试验、标准惯入试验、旁压试验等。这些试验可以根据以上相关规范和《岩土工程勘察规范》（GB 50021）进行。根据试验成果的整理可以获得地基承载力特征值。下面仅就载荷试验确定地基承载力作一简单介绍。

地基承载力最直接的确定方法是现场载荷试验，现场载荷试验实质上是一种基础受荷与变形的模拟试验。该方法是在现场挖一个试坑，深度至基底，其上放置一块刚性载荷板（面积约为 $0.5m^2$），然后在载荷板上逐级施加竖向荷载，同时测定载荷板的稳定沉降量，并观察载荷板周围土的位移情况，直到地基土破坏失稳为止。试验标准参考规范。

根据试验结果可绘出载荷试验的 p-s 曲线。如果 p-s 曲线能明显区分承载过程的 3 个阶段，即直线段、曲线段和陡降段，则可以较方便地定出该地基的比例界限荷载 p_{cr} 和极限承载力 p_u。若 p-s 曲线上没有明显的 3 个阶段，根据《建筑地基基础设计规范》（GB 50007）或其他规范，地基承载力基本值可按载荷板沉降与载荷板宽度或直径之比即 s/b 确定。对低压缩性土和砂土可取 $s/b=0.01\sim0.015$；对中、高压缩性土可取 $s/b=0.02$。

2. 规范法

（1）地基承载力计算公式　当基础宽度大于 3m 或埋置深度大于 0.5m 时，从载荷试验或其他原位测试、经验值等方法确定的地基承载力特征值，尚应按下式修正

$$f_a = f_{ak} + \eta_b \gamma (b-3) + \eta_d \gamma_m (d-0.5) \tag{9-24}$$

式中　f_a——修正后的地基承载力特征值；

　　　f_{ak}——地基承载力特征值；

　　　γ——基底以下土的重度，地下水以下取浮重度；

　　　γ_m——基底以下土的加权平均重度，地下水以下取浮重度；

　　　b——基底宽度（m），当宽度小于 3m 按 3m 取值，大于 6m 按 6m 取值；

　　　d——基础埋置深度（m）；

η_b、η_d——基础宽度和埋置深度的地基承载力修正系数，按基底下土的类别查表 9-11。

表 9-11　承载力修正系数

土的类别		η_b	η_d
淤泥和淤泥质土		0	1.0
人工填土 e 或 I_L 大于等于 0.85 的黏性土		0	1.0
红黏土	含水比 $a_w>0.8$	0	1.2
	含水比 $a_w \leq 0.8$	0.15	1.4
大面积压实填土	压实系数大于 0.95、黏粒含量 $\rho_c \geq 10\%$ 的粉土	0	1.5
	最大干密度大于 $2100kg/m^3$ 的级配砂石	0	2.0
粉土	黏粒含量 $\rho_c \geq 10\%$ 的粉土	0.3	1.5
	黏粒含量 $\rho_c < 10\%$ 的粉土	0.5	2.0
e 及 I_L 均小于 0.85 的黏性土		0.3	1.6
粉砂、细砂（不包括很湿与饱和时的稍密状态）		2.0	3.0
中砂、粗砂、砾砂和碎石土		3.0	4.4

注：1. 强风化和全风化的岩石，可参照所风化成的相应土类取值，其他状态下的岩石不修正。
　　2. 地基承载力特征值按深层平板载荷试验确定时，η_d 取 0。

（2）承载力特征值的确定 当基础的偏心距 e 小于或等于 0.033 倍基础底面宽度时，根据土的抗剪强度指标确定地基承载力特征值可按下式计算，并应满足变形要求

$$f_a = M_b \gamma_b + M_d \gamma_m d + M_c c_k \tag{9-25}$$

式中 f_a——土的抗剪强度指标确定的地基承载力特征值；

M_b、M_d、M_c——承载力系数，按表 9-12 确定；

d——基础埋置深度（m）；

c_k——基底下 1 倍短边宽度内土的黏聚力标准值。

表 9-12 承载力系数 M_b、M_d、M_c

土的内摩擦角标准值 φ_k	M_b	M_d	M_c	土的内摩擦角标准值 φ_k	M_b	M_d	M_c
0	0	1.00	3.14	22	0.61	3.44	6.04
2	0.03	1.12	3.32	24	0.80	3.87	6.45
4	0.06	1.25	3.51	26	1.10	4.37	6.90
6	0.10	1.39	3.71	28	1.40	4.93	7.40
8	0.14	1.55	3.93	30	1.90	5.59	7.95
10	0.18	1.73	4.17	32	2.60	6.35	8.55
12	0.23	1.94	4.42	34	3.40	7.21	9.22
14	0.29	2.17	4.69	36	4.20	8.25	9.97
16	0.36	2.43	5.00	38	5.00	9.44	10.80
18	0.43	2.72	5.31	40	5.80	10.84	11.73
20	0.51	3.06	5.66				

注：φ_k 为基底下 1 倍短边宽度内土的内摩擦角标准值。

（3）土的抗剪强度指标 c、φ 标准值的确定

1）根据室内 n 组三轴压缩试验结果，按下式计算某一土性指标的变异系数、试验平均值和标准差

$$\delta = \frac{\sigma}{\mu} \tag{9-26}$$

$$\mu = \frac{\sum_{i=1}^{n} \mu_i}{n} \tag{9-27}$$

$$\sigma = \sqrt{\frac{\sum_{i=1}^{n} \mu_i - n\mu}{n-1}} \tag{9-28}$$

式中 δ——变异系数；

σ——标准差；

μ——试验平均值；

μ_i——某种指标的第 i 个实测值。

2）按下列公式计算内摩擦角和黏聚力的统计修正系数 ψ_φ、ψ_c

$$\psi_\varphi = 1 - \left(\frac{1.704}{\sqrt{n}} + \frac{4.678}{n^2}\right)\delta_\varphi \quad (9\text{-}29\text{a})$$

$$\psi_c = 1 - \left(\frac{1.704}{\sqrt{n}} + \frac{4.678}{n^2}\right)\delta_c \quad (9\text{-}29\text{b})$$

式中 ψ_φ——内摩擦角的统计修正系数；
ψ_c——黏聚力的统计修正系数；
δ_φ——内摩擦角的变异系数；
δ_c——黏聚力的变异系数。

3) 土的内摩擦角标准值 φ_k 和黏聚力标准值 c_k

$$c_k = \psi_c c_m \quad (9\text{-}30\text{a})$$

$$\varphi_k = \psi_\varphi \varphi_m \quad (9\text{-}30\text{b})$$

式中 φ_m——内摩擦角试验平均值；
c_m——黏聚力试验平均值。

9.5 地基容许承载力和地基承载力特征值

所有建筑物和土工建筑物的地基基础设计，均应满足地基承载力和变形要求。对经常受水平荷载作用的高层建筑、高耸结构、高路堤和挡土墙以及建造在斜坡上或边坡附近的建筑物，尚应验算地基稳定性。通常地基计算时，首先应限制基底压力小于等于基础深宽修正后的地基容许承载力或地基承载力特征值，以便确定基础或路基的埋置深度和底面尺寸；然后验算地基变形，必要时验算地基稳定性。

地基容许承载力是指地基稳定有足够安全度的承载能力，它相当于地基极限承载力除以一个安全系数 K；另外，必须验算地基变形不超过允许变形值。因此，地基容许承载力也可定义为在保证地基稳定条件下，建筑物基础或土工建筑物路基的沉降量不超过允许值的地基承载能力。地基承载力特征值是指地基稳定有保证可靠度的承载能力，它作为随机变量是以概率论为基础的，以分项系数表达的实用极限状态设计法确定的地基承载力；同时也要验算地基变形不超过允许变形值。按《建筑地基基础设计规范》（GB 50007），地基承载力特征值定义为由载荷试验测定的地基土压力-变形曲线线性变形段内规定的变形对应的压力值，其最大值为比例界限值。

地基临塑荷载、临界荷载和地基极限荷载理论公式，都属于地基承载力表达方式，均为基底接触面的地基抗力。地基承载力是土的黏聚力 c、内摩擦角 φ、重度 γ、基础埋深 d 和基础宽度 b 的函数。其中土的抗剪强度指标 c、φ 值可根据现场条件采用不同仪器和方法测定，试验数据剔除异常值后，承载力定值法应取平均值或最小平均值（其中一个最大值舍去后的平均值）；承载力概率极限状态法应取特征值。

按照承载力定值法计算时，基底压力 p 不得超过修正后的地基容许承载力 $[\sigma]$，按照承载力概率极限状态法计算时，基底荷载效应 p_k 不得超过修正后的地基承载力特征值 f_a。所谓修正后的地基容许承载力和承载力特征值均指所确定的承载力包含了基础埋深和宽度两个因素。如理论公式法直接得出修正后的地基容许承载力 $[\sigma]$ 或修正后的地基承载力特征值 f_a；而原位试验法和规范表格法确定的地基承载力均未包含基础埋深和宽度两个因素，先求得地基容许承载力基本值$[\sigma_0]$，再经过深宽修正得出修正后的地基容许承载力$[\sigma]$；或先求得地基承载力特征值f_{ak}，再经过深宽修正得出修正后的地基承载力特征值f_a。

理论公式法确定地基容许承载力，可选取$[\sigma]=p_{cr}$、$p_{1/4}$、$p_{1/3}$或(p_u/K)。当地基塑性区发展速度较慢时（如$p_u/p_{cr}>3$），宜取$[\sigma]\geq p_{1/4}$或$p_{1/3}$；相反，地基塑性区发展速度较快时（如$p_u/p_{cr}<2$），则应取$[\sigma]\leq p_u/2$或$p_{1/3}$理论公式法确定地基承载力特征值。在《建筑地基基础设计规范》(GB 50007)中采用地基临界荷载$p_{1/4}$的修正公式如下

$$f_a = C_k M_c + q M_d + \gamma b M_b$$

式中　　f_a——由土的抗剪强度指标确定的修正后的地基承载力特征值；

C_k——基底下一倍短边宽度的深度内土的黏聚力标准值（kPa）；

b——基础底面宽度，大于6m时，按6m考虑，对于砂土小于3m按3m考虑；

q——基础两侧超载$q=\gamma_m d$（为基础埋深d范围内土层的加权平均重度，地下水位以下取浮重度）；

M_c、M_d、M_b——承载力系数，按土的内摩擦角标准值(φ_k)由表9-13查取，φ_k为基底下一倍短边宽度的深度内土的内摩擦角标准值(°)。

表9-13　承载力系数M_c、M_d、M_γ

土的内摩擦角标准值	M_c	M_d	M_γ
0	3.14	1.00	0
2	3.32	1.12	0.03
4	3.51	1.25	0.06
6	3.71	1.39	0.10
8	3.93	1.55	0.14
10	4.17	1.73	0.18
12	4.42	1.94	0.23
14	4.69	2.17	0.29
16	5.00	2.43	0.36
18	5.31	2.72	0.43
20	5.66	3.06	0.51
22	6.04	3.44	0.61
24	6.45	3.87	0.80
26	6.90	4.37	1.10
28	7.40	4.93	1.40
30	7.95	5.59	1.90
32	8.55	6.35	2.60
34	9.22	7.21	3.40
36	9.97	8.25	4.20
38	10.80	9.44	5.00
40	11.73	10.84	5.80

第9章 地基承载力

浅层平板载荷试验确定地基容许承载力，通常 $[\sigma]$ 取 p-s 曲线上的比例界限荷载值或极限荷载值的一半。浅层平板载荷试验确定地基承载力特征值，《建筑地基基础设计规范》（GB 50007）规定如下：

1) 当 p-s 曲线上有比例界限时，取该比例界限所对应的荷载值。
2) 当极限荷载小于对应比例界限的荷载值的 2 倍时，取极限荷载值的一半。
3) 不能按上两点要求确定时，当压板面积为 $0.25 \sim 0.50 \mathrm{m}^2$ 时，可取 $s/b = 0.01 \sim 0.015$ 所对应的荷载，但其值不应大于最大加载量的一半。
4) 同一土层参加统计的试验点不应少于三点，各试验实测值的极差不得超过其平均值的 30%，取此平均值作为土层的地基承载力特征值再经过深宽修正，得出修正后的地基承载力特征值 f_a。
5) 根据深层平板载荷试验成果确定地基承载力特征值 f_{ak}，方法同浅层平板载荷试验，但仅作宽度修正。
6) 旁压试验确定地基承载力特征值，可参见《高层建筑岩土工程勘察规程》（JGJ 72）。

习 题

9-1 浅基础的地基破坏模式包括哪些？其对应的 p-s 曲线有何特征？

9-2 比较地基临塑荷载和临界荷载的区别？

9-3 何谓地基极限承载力（或极限荷载）？比较各种 p_u 公式的异同点。

9-4 根据式（9-14），当地基土内摩擦角为 0°时，地基极限承载力可简化为何种表达形式？

9-5 某一条形基础，宽 1.5m，埋深 1.0m。地基土层分布：第一层素填土，厚 0.8m，密度 $1.80 \mathrm{g/cm}^3$，含水量 35%；第二层黏性土，厚 6m，密度 $1.82 \mathrm{g/cm}^3$，含水量 38%，土粒相对密度 2.72，土的黏聚力 10kPa，内摩擦角 13°。求该基础的临塑荷载 p_a，临界荷载 $p_{1/3}$ 和 $p_{1/4}$。若地下水位上升到基础底面，假定土的抗剪强度指标不变，其 p_a，$p_{1/3}$，$p_{1/4}$ 相应为多少？据此可得到何种规律？

9-6 某条形基础宽 2.0m，埋深 1.0m，地基为黏性土，密度 $1.90 \mathrm{g/cm}^3$，饱和密 $1.88 \mathrm{g/cm}^3$，土的黏聚力 12kPa，内摩擦角 15°，试按太沙基理论计算：
1) 整体破坏时地基极限承载力。
2) 分别加大基础埋深至 1.5m、3.0m 的承载力。
3) 分别加大基础宽度至 2.5m、3.0m 的承载力。
4) 地基土内摩擦角为 20°黏聚力为 12kPa 的承载力。
（参考答案：1）$p_u = 295.08 \mathrm{kPa}$；2）$p_{u1} = 342.58 \mathrm{kPa}$，$p_{u2} = 485.08 \mathrm{kPa}$；3）$p_{u1} = 300.4 \mathrm{kPa}$，$p_{u2} = 305.72 \mathrm{kPa}$；4）$p_u = 437.3 \mathrm{kPa}$）

9-7 一方形基础受垂直中心荷载作用，基础宽度 2m，埋深 2.0m，土的重度 $17.0 \mathrm{kN/m}^3$，$c = 20 \mathrm{kPa}$，$\varphi = 0$。试按魏锡克承载力公式计算地基极限承载力。若取安全度为 2.5，求相应的地基容许承载力。（参考答案：$p_u = 205.26 \mathrm{kPa}$；$[\sigma] = 82.10 \mathrm{kPa}$）

第10章 土坡稳定性

10.1 概述

土坡是指具有临空倾斜坡面的土体。根据其形成原因可以分为天然土坡和人工土坡。山坡、江河岸坡是在地质作用下天然形成的土坡，称为天然土坡。在天然土体中开挖或填筑而成的如基坑、渠道、土坝、路堤等称为人工土坡。土质均匀、坡度不变、顶面和底面水平的土坡称为简单土坡。简单土坡各部分名称如图10-1所示。

在建筑、道路及桥梁工程中常常会遇到基坑开挖、路堑或路堤等土坡稳定性问题。土坡在自重及外部荷载作用下，存在自上而下的滑动趋势，如图10-2所示。土坡中一部分土体在外因作用下相对于另一部分土体滑动的现象称为滑坡。在工程实践中，如果设计、施工或管理不当，或者受到不可预估的外来因素（地震、暴雨、水流冲刷等），将可能诱发土坡滑坡。

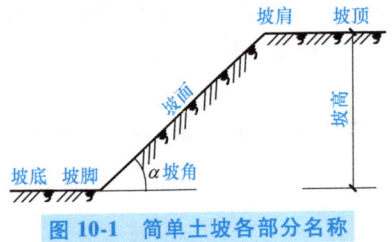

图10-1 简单土坡各部分名称　　　　图10-2 土坡滑动破坏示意

因此，土坡稳定性分析是土木工程中十分重要的问题，同时也是一个比较复杂的问题。土坡失稳的根本原因是土体内部某个面上的剪应力达到了抗剪强度。土坡稳定性常用稳定安全系数 K 来衡量，它表示土坡在预计的最不利条件下具备的安全保障，常用土的抗剪强度 τ_f 与土坡中可能滑动面上产生的剪应力 τ 之比表示，即

$$K = \frac{\tau_f}{\tau} \tag{10-1}$$

还可用滑动面上抗滑力矩 M_R 与滑动力矩 M_S 的比值表示，即

$$K = \frac{M_R}{M_S} \tag{10-2}$$

当 $K>1$ 时土坡稳定，当 $K \leq 1$ 时土坡失稳。由式（10-1）可知，土坡失稳可以从两方面

分析：

1）剪应力增加，比如堤坝施工中上部填土荷重的增加，降雨使土体重度增加，水库蓄水或水位降落产生渗透力，土坡上施加过量荷载或由于地震、打桩等引起动力荷载都会使土体内部剪应力增大。

2）由于土体本身抗剪强度减小，如孔隙水压力升高，气候变化产生的干裂、冻融，黏土夹层因浸水软化以及蠕变引起的强度降低。

为了有效防止滑坡，除了在稳定分析基础之上合理设置边坡尺寸外，还应加强工程管理以消除某些不利因素的影响。

10.2 无黏性土坡稳定性分析

10.2.1 均质干燥或完全浸水的简单土坡

图 10-3 所示为均质无黏性土简单土坡。坡体及其地基为同一种土，并且完全干燥或完全浸水，即不存在渗流作用。已知土坡高度为 H，坡角为 β，土的重度为 γ。若假定滑动面是通过坡脚 A 的平面 AC，AC 的倾角为 α，则可计算滑动土体 ABC 沿 AC 面上滑动的稳定安全系数 K。

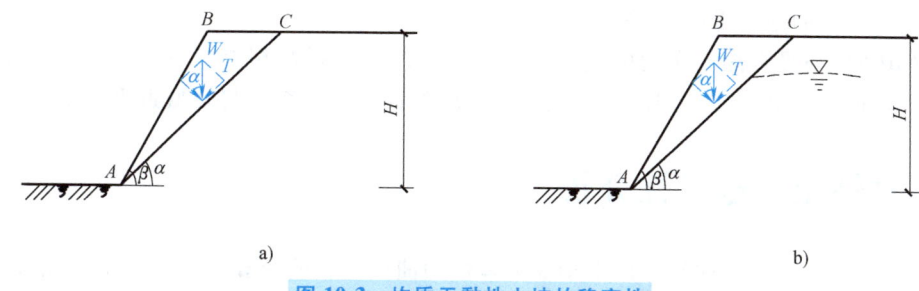

图 10-3 均质无黏性土坡的稳定性

a）均质干燥或完全浸水情况 b）有顺坡渗流情况

沿土坡长度方向截取单位长度土坡作为平面应变问题分析。已知滑动土体 ABC 的重力为

$$W = \gamma \cdot S_{\triangle ABC} \tag{10-3a}$$

W 在滑动面 AC 上的平均法向分力 N 及由此产生的抗滑力 T_f 为

$$N = W\cos\alpha \tag{10-3b}$$

$$T_f = N\tan\varphi = W\cos\alpha\tan\varphi \tag{10-3c}$$

W 在滑动面 AC 上产生的平均下滑力 T 为

$$T = W\sin\alpha \tag{10-3d}$$

土坡的滑动稳定安全系数 K 为

$$K = \frac{T_f}{T} = \frac{W\cos\alpha\tan\varphi}{W\sin\alpha} = \frac{\tan\varphi}{\tan\alpha} \tag{10-3e}$$

安全系数 K 随 α 而变化，当 $\varphi = \alpha$ 时滑动稳定安全系数最小。据此，无黏性土土坡的滑动稳定系数可取为

$$K = \frac{\tan\varphi}{\tan\beta} \tag{10-4}$$

式（10-4）表明，当坡角 β 等于土的内摩擦角 φ 时（稳定安全系数 $K=1$），土坡处于极限平衡状态。为了保证土坡具有足够的安全储备，工程中一般要求 $K \geq 1.3 \sim 1.5$。因此，无黏性土坡所能形成的最大坡角就是其内摩擦角，只要坡角 $\beta < \varphi$（$K>1$），土坡就是稳定的。根据这一原理，工程上可以通过堆砂锥体的方法确定砂土的内摩擦角，也称为砂土的自然休止角。可见，无黏性土土坡的稳定性取决于 β 和 φ 而与坡高无关。

10.2.2 渗流情况下的简单土坡

当无黏性土坡受到一定的渗流力作用时，土坡的安全系数将降低。若水流为顺坡流出，坡面上渗流逸出处的单元体除了受本身重力作用外，还受渗流力作用。此时土体的下滑力为

$$T + J = \gamma' \sin\beta + \gamma_w \sin\beta \tag{10-5a}$$

土体下滑的抗剪力为

$$T_f = \gamma' \cos\beta \tan\varphi \tag{10-5b}$$

则土坡的安全系数为

$$K = \frac{T_f}{T+J} = \frac{\gamma'\cos\beta\tan\varphi}{(\gamma'+\gamma_w)\sin\beta} = \frac{\gamma'\tan\varphi}{\gamma_{sat}\tan\beta} \tag{10-6}$$

式中 γ_{sat}——土的饱和重度（kN/m^3）。

式（10-6）与没有渗流作用的式（10-4）相比，安全系数相差 γ'/γ_{sat} 倍，此值接近于 0.5。故当坡面有顺坡渗流作用时，无黏性土土坡的稳定安全系数将降低近乎一半。

10.3 黏性土坡稳定性分析

黏性土土坡由于剪切而破坏的滑动面大多数为曲面。在研究黏性土土坡稳定性时，常假定滑动面为圆弧面。黏性土土坡常用的分析方法有整体圆弧滑动法和条分法。

10.3.1 瑞典圆弧法

瑞典圆弧法适用于均质简单土坡。如图 10-4 所示，一均质黏性土坡，它可能沿圆弧面 AD 滑动。土坡失去稳定就是滑动土体绕圆心 O 发生转动，滑动圆弧半径为 R。这里把滑动土体 $ABCD$ 看成一个刚体，滑动土体的自重 W 为滑动力，将使土体绕圆心 O 旋转。沿滑动面 AD 上分布的抗剪强度 τ_f 将形成抗滑力 T_f。

采用式（10-2）表示滑动稳定安全系数，则有

$$K = \frac{M_R}{M_S} = \frac{\tau_f \hat{L} R}{Wa} \tag{10-7}$$

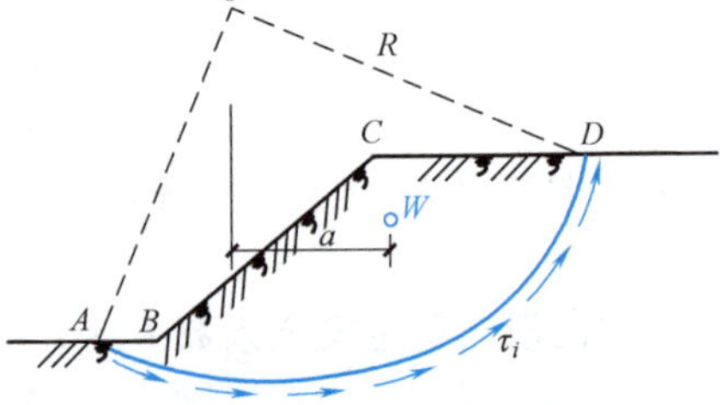

式中 a——W 对 O 点的力臂；

$\hat{L}$——滑动圆弧 AD 的长度。

图 10-4 均质土坡的圆弧滑动

由土的抗剪强度理论可知，黏性土的抗剪强度由黏聚力 c 和摩擦力 $\sigma\tan\varphi$ 两部分组成。

对饱和黏性土来说，不排水条件下 $\varphi_u=0$，故 $\tau_f=c_u$。因此，式（10-7）可写为

$$K=\frac{M_R}{M_S}=\frac{c_u\hat{L}R}{Wa} \qquad (10\text{-}8)$$

在式（10-7）中，滑动面 AD 是任意假定的。因此需要试算多个可能的滑动面，然后找出相应于最小稳定安全系数 K_{min} 的滑动面即为最危险滑动面。

对于均质黏性土坡，当土的内摩擦角 $\varphi=0$ 时，其最危险滑动面常通过坡脚。其圆心位置可由图 10-5a 中 CO 和 BO 两线的交点确定，图中 β_1 和 β_2 可根据坡角由表 10-1 查得。当 $\varphi>0$ 时，最危险滑动面的圆心位置可能在图 10-5b 中 EO 的延长线上。自 O 点向外取圆心 O_1、O_2、O_3、…，分别作圆弧后求出安全系数 K_1、K_2、K_3、…。找出安全系数最小值，此值即为最危险滑动面的稳定安全系数 K_{min}。当土坡非均匀或坡面形状及荷载情况比较复杂时，还需自 O' 作 $O'E$ 线的垂线，并在垂线上再取若干点作为圆心进行计算比较，才能找出最危险滑动面的圆心和土坡稳定安全系数。

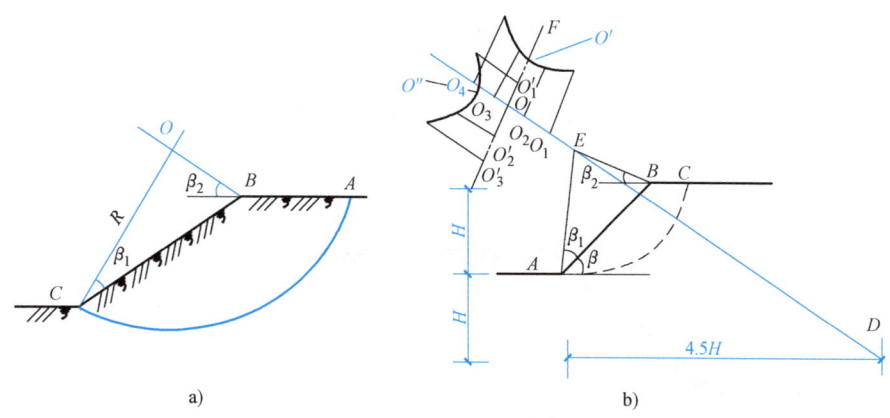

a)　　　　　　　　　　　　　　　　b)

图 10-5　最危险滑动面圆心位置的确定

a）$\varphi=0$ 时的滑动面确定　b）最危险滑动面的确定

表 10-1　不同土坡的 β_1 和 β_2 值

坡角	坡比	β_1	β_2
60°	1∶0.58	29°	40°
45°	1∶1	28°	37°
33.79°	1∶1.5	26°	35°
26.57°	1∶2	25°	35°
18.43°	1∶3	25°	35°
14.04°	1∶4	25°	37°
11.32°	1∶5	25°	37°

10.3.2　瑞典条分法

由于整体圆弧法存在一些不足，对于非均质土坡或复杂土坡（如土坡形状复杂，或土坡上有荷载，或土坡中有渗流）均不适用。条分法的基本思路就是将滑动土体竖直分成若干个土条，把土条看成刚体，对每个土条进行受力分析，分别求出作用于各个土条上的滑动力（矩）和抗滑力（矩），然后按式（10-8）求土坡的稳定安全系数。对于 $\varphi>0°$ 的黏性土

坡，通常采用条分法。

瑞典条分法是条分法中最简单、最古老的一种。该法以圆弧滑动面为基本假设，并假定土条两侧的作用力大小相等、方向相反，且作用于同一直线上，从而忽略条间作用力对土坡整体稳定性的影响。这种方法不但可以用来验算简单土坡，也可用于分析不均匀土坡、分层土坡、有渗流及坡顶有荷载作用等复杂情况的土坡。

如图10-6所示土坡，设可能的滑动面为圆弧AD，其圆心为O，半径为R。将滑动土体$ABCD$分成若干竖向土条。取任一条（第i条）分析，不考虑土条两侧受力，则土条受力包括以下几方面：

1）单位长度土条自重$W_i = \gamma b_i h_i$，作用于土条的中垂线上，γ为土的重度，b_i为土条宽度，h_i为土条平均高度。土条自重可分解为$T_i = W_i \sin\alpha_i$和$N_i = W_i \cos\alpha_i$。

2）作用于土条底面的法向反力N_i'，与N_i大小相等方向相反。

3）抗滑力T_i'，为土条圆弧面上抗剪强度总和，即

$$T_i' = \tau_i l_i = (c_i + \sigma_i \tan\varphi_i) l_i = c_i l_i + N_i \tan\varphi_i = c_i l_i + W_i \cos\alpha_i \tan\varphi_i \tag{10-9a}$$

因此，土坡沿圆弧滑动的滑动力矩M_S为

$$M_S = R \sum W_i \sin\alpha_i \tag{10-9b}$$

土坡沿圆弧滑动的抗滑动力矩M_R为

$$M_R = R \sum T_i' = R \sum (c_i l_i + W_i \cos\alpha_i \tan\varphi_i) \tag{10-9c}$$

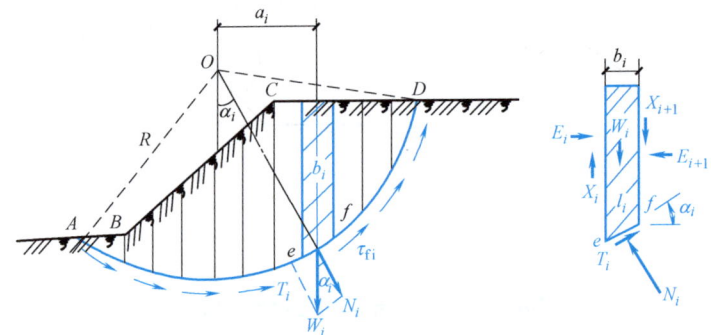

图10-6 土坡稳定性分析的条分法计算

整个土坡相应于滑动面AD的稳定安全系数为

$$K = \frac{M_R}{M_S} = \frac{\sum (c_i l_i + W_i \cos\alpha_i \tan\varphi_i)}{\sum W_i \sin\alpha_i} = \frac{\sum (c_i l_i + \gamma b_i h_i \cos\alpha_i \tan\varphi_i)}{\sum \gamma b_i h_i \sin\alpha_i} \tag{10-10}$$

对于均质土，$c_i = c$、$\varphi_i = \varphi$，若土条宽度相等，则上式化简为

$$K = \frac{M_R}{M_S} = \frac{c\widehat{L} + \gamma b \tan\varphi \sum h_i \cos\alpha_i}{\gamma b \sum h_i \sin\alpha_i} \tag{10-11}$$

当土条底面中心在滑动圆弧圆心O垂线右侧时，剪力T_i与滑动方向相同，因此取正号。而当土条底面中心在圆心垂线左侧时，T_i方向与滑动方向相反，因此取负号。

通过假定不同的滑动圆弧，可求出不同的K值，其中最小的K值即为土坡的稳定安全系数。

10.3.3 毕肖普条分法

为改进条分法的计算精度，应该考虑土条间的作用力。目前已有许多解决办法，其中以

毕肖普（A. N. Bishop，1955）提出的简化方法比较实用。

毕肖普条分法仍然假定滑动面为圆弧，并假定各土条底部滑动面上的抗滑安全系数均相同，即都等于整个滑动面上的平均安全系数。其含义为整个滑动面的抗剪强度与实际剪应力 τ 的比值等于安全系数即 $K=\tau_f/\tau$。另外，毕肖普条分法能考虑各土条侧面间存在的作用力。

如图 10-7 所示，假定滑动面是以 O 为圆心以 R 为半径的滑弧，从中任取一土条 i 为分离体，则作用在条块 i 上的力除了重力 W_i 外还有切向力 T_i 和法向力 N_i。作用在侧面上的力有法向力 P_i、P_{i+1} 和切向力 H_i、H_{i+1}。若土条处于静力平衡状态，根据竖向力的平衡条件应有

$$W_i+\Delta H_i-N_i\cos\alpha_i-T_i\sin\theta_i=0 \tag{10-12a}$$

即

$$N_i\cos\alpha_i=W_i+\Delta H_i-T_i\sin\alpha_i \tag{10-12b}$$

由于 i 滑动面上的抗剪强度 τ_f 与切向力 T_i 平衡，则根据极限平衡条件有

$$T_i=\frac{c_il_i+N_i\tan\varphi_i}{K} \tag{10-12c}$$

$$N_i=\frac{W_i+\Delta H_i-\dfrac{c_il_i}{K}\sin\alpha_i}{\cos\alpha_i+\dfrac{\sin\alpha_i\tan\varphi_i}{K}}=\frac{1}{m_{si}}\left(W_i+\Delta H_i-\frac{c_il_i}{K}\sin\alpha_i\right) \tag{10-12d}$$

$$m_{\alpha i}=\cos\alpha_i+\frac{\sin\alpha_i\tan\varphi_i}{K} \tag{10-12e}$$

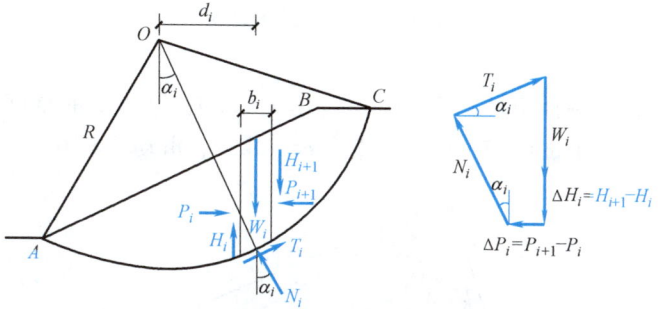

图 10-7 毕肖普条分法

考虑整个滑动土体的力矩平衡条件，各土条作用力对圆心的力矩之和应该为零。显然，条块之间的力 P_i 和 H_i 成对出现，而且大小相等、方向相反、相互抵消，对圆心不产生力矩作用。滑动面上的正压力 N_i 通过圆心，也不产生力矩。因此，只有重力 W_i 和滑动面上的切向力 T_i 对圆心产生力矩。因此，$\sum W_ia_i=R\sum T_i$，将式（10-12c）代入得

$$\sum W_iR\sin\alpha_i=\sum\frac{1}{K}(c_il_i+N_i\tan\varphi_i)R \tag{10-12f}$$

再将式（10-12d）代入上式，整理得

$$K=\frac{\sum\dfrac{1}{m_{\alpha i}}[c_ib_i+(W_i+\Delta H_i)\tan\varphi_i]}{\sum W_i\sin\alpha_i} \tag{10-13}$$

式（10-13）即为毕肖普条分法计算土坡稳定系数 K 的普遍公式，但式中 $\Delta H_i = H_{i+1} - H_i$ 仍未知。为求 K，需估算 ΔH_i 值，并可通过逐次逼近求解。毕肖普证明，若令各土条的 $\Delta H_i = 0$，即假定条块间只有水平作用力 P_i 而不存在切向作用力 H_i，所产生的误差仅为 1%。由此可得简化计算方法，即

$$K = \frac{\sum \dfrac{1}{m_{\alpha i}}[c_i b_i + W_i \tan\varphi_i]}{\sum W_i \sin\alpha_i} \tag{10-14}$$

由于式（10-14）中参数 $m_{\alpha i}$ 包含稳定安全系数 K，因此 K 不能直接求出而只能用迭代法求解。先假定一个初始 K 值，按式（10-12e）求得 $m_{\alpha i}$ 的初始值，将其代入式（10-14）求 K 值。假若求得的 K 值与假定不相符，则用求得的 K 值重新计算 $m_{\alpha i}$ 以求得新的 K 值，如此反复迭代，直至求得的 K 值与假定的 K 值相近为止。为了便于迭代，将式（10-12e）值编制成了 $m_{\alpha i}$-α 关系曲线，如图 10-8 所示。

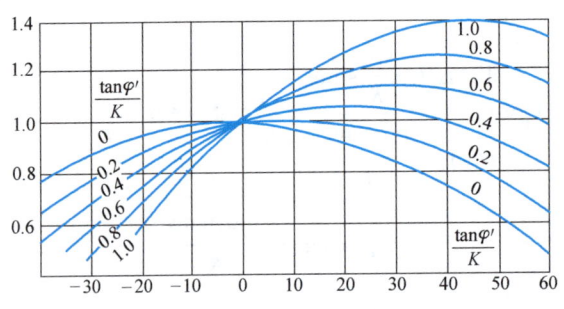

图 10-8　$m_{\alpha i}$-α 关系曲线

【例 10-1】　一简单黏性土坡，高 25m，坡比 1∶2.0，碾压土的重度 $\gamma = 20\text{kN/m}^3$，内摩擦角 $\varphi = 26.6°$（相当于 $\varphi = 0.5\text{rad}$），黏聚力 $c = 10\text{kPa}$，滑动圆心 O 点如图 10-9 所示。试

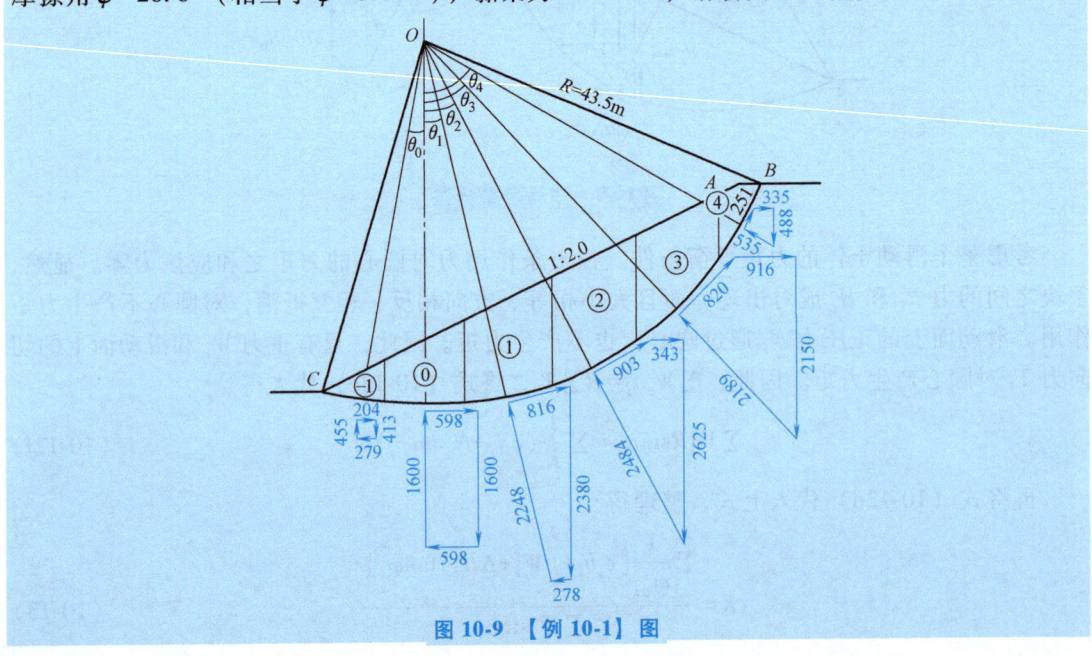

图 10-9　【例 10-1】图

分别用瑞典条分法和简化毕肖普法求该滑动圆弧的稳定安全系数，并对结果进行比较。

【解】 将滑动土体分成6个土条，分别计算各条块的重力 W_i，滑动面长度 l_i，滑动面中心与过圆心铅垂线的圆心角 α_i。

（1）瑞典条分法

瑞典条分法分项计算结果见表10-2，因此

$$\sum W_i \sin\alpha_i = 3584 \text{kN}$$

$$\sum W_i \cos\alpha_i \tan\varphi_i = 4228 \text{kN}$$

$$\sum c_i l_i = 650 \text{kN}$$

边坡稳定安全系数为

$$K = \frac{\sum(c_i l_i + W_i \cos\alpha_i \tan\varphi_i)}{\sum W_i \sin\alpha_i} = 1.36$$

表10-2 瑞典条分法分项计算

条块编号	$\alpha_i/(°)$	W_i/kN	$\sin\alpha_i$	$\cos\alpha_i$	$W_i\sin\alpha_i/\text{kN}$	$W_i\cos\alpha_i/\text{kN}$	$W_i\cos\alpha_i\tan\varphi_i/\text{kN}$	l_i/m	$c_i l_i$
-1	-9.93	412.5	-0.172	0.985	-71.0	406.3	203	8.0	80
0	0	1600	0	1.0	0	1600	800	10.0	100
1	13.29	2375	0.230	0.973	546	2311	1156	10.5	105
2	27.37	2625	0.460	0.888	1207	2311	1166	11.5	115
3	43.60	2150	0.690	0.724	1484	1557	779	14.0	140
4	59.55	487.5	0.862	0.507	420	247	124	11.0	110

（2）简化毕肖普法

根据瑞典条分法得到 $K=1.36$。由于毕肖普法的稳定安全系数稍高于瑞典条分法，因此设 $K_1 = 1.55$，按简化的毕肖普法列表计算，结果见表10-3。

表10-3 简化的毕肖普法计算

条块编号	$\cos\alpha_i$	$\sin\alpha_i$	$\sin\alpha_i\tan\varphi_i$	$\dfrac{\sin\alpha_i\tan\varphi_i}{K}$	$m\alpha_i/\text{kN}$	$W_i\sin\alpha_i/\text{kN}$	$c_i b_i$	$W\tan\alpha_i/\text{kN}$	$\dfrac{c_i b_i + W_i \tan\alpha_i}{m_{\alpha_i}}$
-1	0.985	-0.172	-0.086	-0.055	0.93	-71	80	206.3	307.8
0	1.0	0	0	0	1.00	0	100	800	900
1	0.973	0.230	0.115	0.074	1.047	546	100	1188	1230
2	0.888	0.460	0.230	0.148	1.036	1207	100	1313	1364
3	0.690	0.690	0.345	0.223	0.947	1484	100	1075	1241
4	0.862	0.862	0.431	0.278	0.785	420	100	243.8	374.3
合计						3586			5417.1

第一次迭代

$$K_2 = \frac{\sum \dfrac{1}{m_{\alpha_i}}(c_i b_i + W_i \tan\varphi_i)}{\sum W_i \sin\theta_i} = \frac{5417.1}{3586} = 1.51$$

毕肖普稳定安全系数公式中的滑动力与瑞典条分法相同。$K_1-K_2=0.04$，误差较大。按$K_2=1.51$，进行第二次迭代计算，结果列于表10-4中。

表10-4　简化的毕肖普法第二次迭代计算

条块编号	$\cos\alpha_i$	$\sin\alpha_i$	$\sin\alpha_i\tan\alpha_i$	$\dfrac{\sin\alpha_i\tan\alpha_i}{K}$	$m\alpha_i/\text{kN}$	$W_i\sin\alpha_i/\text{kN}$	c_ib_i	$W\tan\alpha_i/\text{kN}$	$\dfrac{c_ib_i+W_i\tan\alpha_i}{m_{\alpha_i}}$
-1	0.985	-0.172	-0.086	-0.057	0.928	-71	80	206.3	308.5
0	1.0	0	0	0	1.00	0	100	800	900
1	0.973	0.230	0.115	0.076	1.045	546	100	1188	1232.5
2	0.888	0.460	0.230	0.152	1.040	1207	100	1313	1358.6
3	0.690	0.690	0.345	0.228	0.952	1484	100	1075	1234.2
4	0.862	0.862	0.431	0.285	0.792	420	50	243.8	371
合计						3586			5404.8

第二次迭代

$$K_2=\frac{\sum \dfrac{1}{m_{\alpha_i}}(c_ib_i+W_i\tan\varphi_i)}{\sum W_i\sin\theta_i}=\frac{5404.8}{3586}=1.507$$

$K_1-K_2=0.003$，非常接近，因此，可以认为$K=1.51$。简化毕肖普条分法的稳定安全系数比瑞典条分法高约0.15，与一般结论相同。

由于考虑了条间水平力作用，得到的稳定安全系数较瑞典条分法略高。另外，毕肖普法与严格的极限平衡分析法结果接近。由于计算过程不很复杂，精度较高，所以该方法是工程中的常用方法。

10.3.4　有限元法

条分法分析土坡稳定时假设土条为刚体，根据静力平衡条件和极限平衡条件进行求解。实际上，土体是变形体而并非刚体，因而计算出的应力状态可能不是真实的。有限元法把土坡当成变形体，按土的变形特性计算土坡内的应力分布，然后再引入圆弧滑动面验算滑动土体的整体抗滑稳定性。用有限元法可以计算出每个单元的应力、应变及结点力和结点位移，以及土坡的安全系数。

1）将土坡划分成多个单元体，如图10-10所示。

2）应力和应变分析。图10-11所示为有限元法分析得到的坝体剪应变分布图，可以清楚地看出坝坡在重力作用下剪切变形的轨迹。

3）弧段划分和应力计算。图10-11所示中表示一个可能的圆弧滑动面，把滑动面分成若干小弧段ΔL_i，小弧段ΔL_i上的应力用弧段中点应力代表，其值按有限元法应力分析结果根据弧段中点所在单元应力确定。设小弧段ΔL_i与水平线的夹角为θ_i，则作用在弧段上的法向应力σ_{ni}和剪应力τ_i分别为

$$\sigma_{ni}=\frac{1}{2}(\sigma_{xi}+\sigma_{zi})-\frac{1}{2}(\sigma_{xi}-\sigma_{zi})\cos2\theta_i+\tau_{xzi}\sin\theta_i \qquad (10\text{-}15a)$$

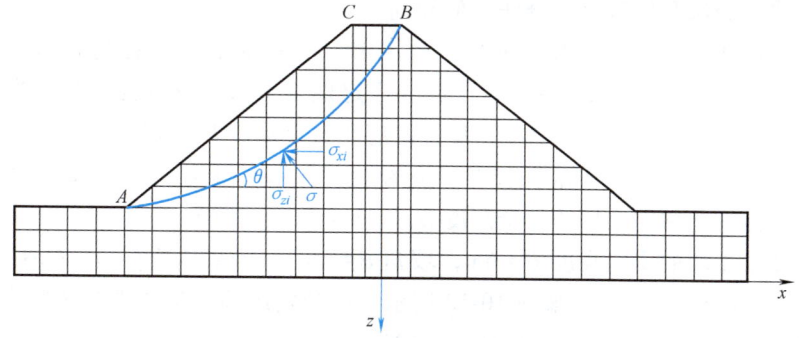

图 10-10　土坡的有限元建模

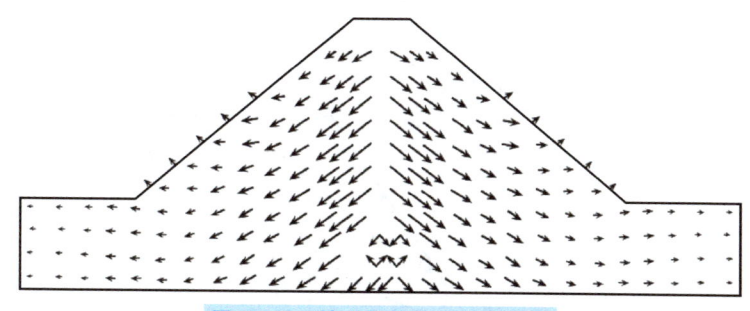

图 10-11　某土坝的剪应变分布图

$$\tau_i = -\tau_{xzi}\cos 2\theta_i - \frac{1}{2}(\sigma_{xi}-\sigma_{zi})\sin 2\theta_i \qquad (10\text{-}15\text{b})$$

根据莫尔-库仑强度理论，该点土的抗剪强度为

$$\tau_{fi} = c_i + \sigma_{ni}\tan\varphi_i \qquad (10\text{-}15\text{c})$$

4）边坡稳定安全系数计算。将滑动面上所有小弧段的剪应力和抗剪强度累加，得到沿滑动面总的剪切力和抗剪力。因此，土坡稳定安全系数为

$$K = \frac{\sum\limits_{i=1}^{n}(c_i+\sigma_{ni}\tan\varphi_i)\Delta l_i}{\sum\limits_{i=1}^{n}\tau_i\Delta l_i} \qquad (10\text{-}15\text{d})$$

在有限元法中，滑动土体自然满足静力平衡条件而不必像条分法那样需要引入人为假设。另外，把边坡稳定分析与土坡应力和变形分析结合起来统一研究，是有限元法的明显优势。但是当边坡接近失稳时，滑裂面通过的大部分土单元处于临近破坏状态，这时，用有限元法分析边坡应力和变形所需要的变形和强度特性将变得难以量化。因此，能揭示土体大变形或后屈服特性的有限元模型是非常必要的。在边坡稳定分析中，如果说极限平衡分析法是当前主要的应用方法，那么，有限元法则是一种具有发展前景的方法。

习　题

10-1　影响边坡稳定性的因素有哪些？

10-2　无黏性土坡的稳定性有何特点？

10-3　条分法的基本原理是什么？

10-4　瑞典条分法和毕肖普条分法有何异同？

10-5　有一砂质土坡，其浸水饱和重度 $\gamma_{sat}=18.8\ kN/m^3$，内摩擦角 $\varphi=28°$，坡角 $\beta=25°$，试计算在干坡或完全浸水条件下，土坡的稳定性安全系数分别为多少。当有顺坡方向渗流时，土坡是否能保持稳定。（参考答案：稳定性安全系数为1.14）

10-6　已知一均质土坡，坡角 $\beta=30°$，土的重度 $\gamma=16.0kN/m^3$，内摩擦角 $\varphi=20°$，黏聚力 $c=50kPa$。计算此黏性土坡的安全高度 H。（参考答案：略）

10-7　已知某土坡的安全高度 $H=6m$，坡角 $\beta=55°$，土的重度 $\gamma=18.6kN/m^3$，内摩擦角 $\varphi=12°$，黏聚力 $c=16.7kPa$，如图 10-12 所示。试分别用瑞典条分法与毕肖普条分法验算土坡的稳定安全条数。（参考答案：1.18、1.19）

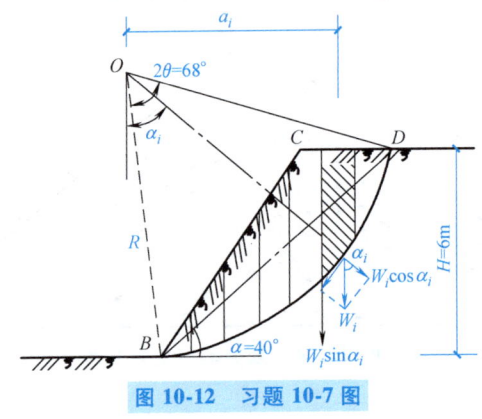

图 10-12　习题 10-7 图

附 录

土工室内试验

附录A　黏性土的定名

1. 试验目的

通过测定黏土的天然含水量、液限、塑限，计算塑性指数、液性指数，为定名提供依据。

2. 试验方法

1）通过肉眼观察，判定土样状态。

2）通过烘干法测定含水量。

3）采用液塑限联合测定仪法测出液限和塑限。

3. 仪器设备

烘箱；天平：称量200g，最小分度值0.01g；其他：调土刀、调土碗、刮土刀、钢锯、烘箱、称量盒等。

4. 操作步骤

1）对试验土样进行描述，包括颜色、软硬、杂质等，初步判别土的名称。

2）测定含水量：

① 取2个称量盒，进行编号并称重。

② 取代表性土样15~30g，用调土刀拨入称量盒中，盖好盒盖，称量湿土与盒的总质量，准确至0.01g。

③ 打开盒盖，放入烘箱，在105~110℃下烘干至恒重。

④ 取出称量盒，冷却至室温后称盒加干土质量，准确至0.01g。

⑤ 计算含水量。必须对两个试样进行平行测定，并取其算术平均值。当含水量小于40%时，允许平行差值为1%；当含水量等于、大于40%时，允许平行差值为2%。取两个测值的平均值，以百分数表示。

3）测定液限和塑限：

① 将制备好的土膏用调土刀调拌均匀，密实地填入试样杯中，应使空气逸出，高出试样杯的余土用刮土刀刮平。

② 取液塑限联合测定仪，在锥尖上涂以薄层凡士林，接通电源，使电磁铁吸稳圆锥，将试样杯放在仪器底座上。

③ 调节屏幕准线（部分仪器无需此步骤），使初读数为零。调节升降座，使锥尖接触试样表面，指示灯亮时，圆锥在自重作用下沉入试样内，5s 后测读圆锥下沉深度（显示在屏幕上）。入土深度符合 3~4mm、7~9mm、15~17mm 时，满足要求。

④ 挖去锥尖入土处带有凡士林的土，取锥体附近土样 10g 以上，放入称量盒，测含水量。

⑤ 将全部试样再加水或吹干并调匀，重复①~④步骤，测其余 2 个试样的圆锥下沉深度和含水量。

5. 成果整理

1）描述土样状态，记录数据，见表 A-1。

2）确定液限和塑限。绘制圆锥下沉深度 h 与含水量 w 的关系曲线。

表 A-1　数据记录表

入土深度/mm	盒号	盒加湿土/g (1)	盒加干土/g (2)	盒质量/g (3)	水质量/g (4)	干土质量/g (5)	含水量(%) (6)	平均含水量(%) (7)
					(1)-(2)	(2)-(3)	(4)/(5)×100	
—								
3~4								
7~9								
15~17								

① 三点连一条直线，如图 A-1 中 A 线所示。

② 当三点不在一条直线上时，通过高含水量的一点分别与其余两点连成两条直线，在圆锥下沉深度为 2mm 处查得相应的含水量。当两个含水量差值小于 2% 时，应以该两点含水量的平均值与高含水量的点连成一线，如图 A-1 中 B 线所示。

③ 当两含水量差值大于或等于 2% 时，应补做试验。

在圆锥下沉深度 h 与含水量 w 图上，下沉深度为 10mm 对应的含水量为液限；下沉深度为 2mm 对应的含水量为塑限，以百分数表示，并取整数。

3）确定土的塑性指数和液性指数。根据第 2 章所学知识计算塑性指数和液性指数。

4）根据塑性指数划分黏性土类型，根据液性指数判断土的状态。当塑性指数 $I_P \leq 10$ 时判定为粉土，当塑性指数 $10 < I_P \leq 17$ 时判定为粉质黏土，当塑性指数 $17 < I_P$ 时判定为黏土。然后根据表 A-2 由 I_L 判定土的状态。

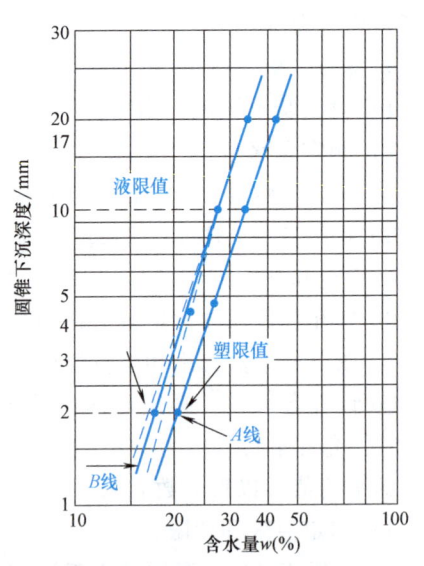

图 A-1　双对数坐标曲线

注：本图仅供参考，请按照试验结果绘制下沉深度 h 与含水量 w 关系曲线。

表 A-2 按液性指数划分的黏性土的状态

黏性土的状态	坚硬	硬塑	可塑	软塑	流塑
液性指数	$I_L \leq 0$	$0 < I_L \leq 0.25$	$0.25 < I_L \leq 0.75$	$0.75 < I_L \leq 1.0$	$I_L > 1.0$

注：本表参考《岩土工程勘察规范》（GB 50021）、《公路桥涵地基与基础设计规范》（JTG D63）。

附录 B 固结试验

1. 试验目的

测定饱和试样在侧限与轴向排水条件下变形与压力或孔隙比与压力的关系，以及变形与时间的关系。计算压缩系数、压缩模量、压缩指数、固结系数等参数。

2. 试验方法

1) 快速固结法：规定试样在各级压力下的固结时间为 1h。仅在最后一级压力下除测记 1h 量表读数外，还测读达到压缩稳定时的量表读数，一般为 24h。

2) 标准固结法：加压后宜按下列时间顺序测记量表读数，6s、15s、1min、2min15s、4min、6min15s、9min、12min15s、16min、20min15s、25min、30min15s、36min、42min15s、49min、64min、100min、200min、400min、23h 和 24h。

3. 仪器设备

三联固结仪；固结容器：水槽、透水板、导环、环刀（高 2cm，面积 30cm²）、护环、加压上盖，位移计导杆，位移计架；百分表：量程 10mm，最小分度值 0.01mm；其他：天平、烘箱、称量盒、秒表、玻璃板、钢锯、切土刀、凡士林、滤纸等。

4. 试验步骤

1) 称量环刀质量，将环刀内侧涂上一层凡士林，刀刃向下放在土样上。

2) 用刮土刀将环刀垂直均匀下压（严禁倾斜）入土样，边压便用切土刀沿环刀外侧切削土样，直至土样高出环刀 2~3mm，然后用钢锯和刮土刀削去两端余土、整平，盖上玻璃片。

3) 擦净环刀外壁，将环刀沿玻璃板竖直放入，称取环刀加土质量，准确至 0.1g，计算密度，取切下的内侧余土测定含水量和土粒比重。

4) 在固结容器内放置护环、透水板和薄型滤纸（其湿度应接近试样），将带有试样的环刀刀口向下装入护环内，放上导环，试样上依次放上薄型滤纸、透水板和加压上盖。

5) 将固结容器放在固结仪加压横梁正中，使加压上盖与加压横梁中心对准，安装百分表（使百分表向下预压 5~6mm）。

6) 施加 1kPa 预压力使试样与仪器各部件接触，将百分表调整到零位。

7) 施加压力，压力大小选用 12.5kPa、25kPa、50kPa、100kPa、200kPa、400kPa、800kPa、1600kPa、3200kPa。最后一级压力应等于上覆土层计算压力加 100~200kPa。按快速固结法或标准固结法时间顺序测计量表读数。

8) 固结稳定后，施加下一级荷载直至加荷结束。

9) 试验结束后，拆除试验，清理仪器，处理数据。

5. 成果整理

1) 量表读数 h_i 记录表（样例），见表 B-1。

表 B-1　标准固结法试验读数表

读数时间	压力 p/kPa				
	50	100	200	400	
6s					
15s					
1min					
2min15s					
4min					
6min15s					
9min					
⋮					
24h					

2）计算 e_i、a_i、E_s，见表 B-2。

表 B-2　固结试验计算表

压力 p/kPa	孔隙比 e_i	压缩系数 a_i/MPa^{-1}	压缩模量 E_s/MPa
0			
50			
100			
200			
400			

3）绘制 e-p 曲线。根据计算结果绘制 e-p 曲线，如图 B-1 所示。

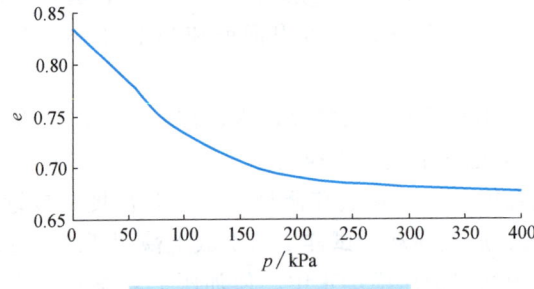

图 B-1　固结试验 e-p 曲线

4）根据 5.2.3 判断土的压缩性。

附录 C　直 剪 试 验

1. 试验目的
测定土的抗剪强度，得到内摩擦角和黏聚力。

2. 试验方法
根据固结度、排水条件的不同，直接剪切试验分为以下三种：

1)固结慢剪(S):先使土样在某一级垂直压力作用下固结排水,待变形稳定后,再以每分钟小于 0.02mm 的速率缓慢施加水平剪力,土样内不产生超静孔隙水压力,可测得有效应力强度指标。

2)固结快剪(CQ):先使土样在某一级垂直压力作用下固结排水,待变形稳定后再以较快速度施加剪切力,直到剪坏。固结快剪的剪切速度为 0.8mm/min,一般在 3~5min 内完成,由于时间短,剪力所产生的超静水压力不会转化为粒间有效应力,可测得总应力强度指标。

3)快剪法(Q):采用原状土样,施加垂直压力后立即快速施加剪切力,直至剪坏。一般在 3~5min 的较短时间内完成试验。此方法在剪切过程中可认为没有固结排水,粒间有效应力维持原状。

3. 仪器设备

直剪仪:包括剪切盒、垂直加压设备、剪切传动装置、测力计、位移量测系统;百分表:量程为 10mm,最小分度值为 0.01mm;其他:环刀(面积 30cm^2、高 20mm)、切土刀、钢丝锯、硬塑料薄膜、凡士林、玻璃板、秒表等。

4. 操作步骤

1)将环刀内侧涂上一层凡士林,刀刃向下放在土样上。用刮土刀将环刀均匀压入土样,高出环刀上沿 1~2mm 为宜,然后用钢锯和刮土刀将土样两端刮平。依照上述方法制取 4 个试样。

2)对准上下剪切盒,插入固定销,在下盒内放洁净透水板和塑料薄膜,将带有试样的环刀刀口向上,对准剪切盒口放好,在试样上依次放上塑料薄膜和透水板,通过透水板将试样缓慢地推入剪切盒,移去环刀,盖上上盖(一定要注意,先插四角固定销,保证上下剪切盒不移位,再放入土样)。

3)将剪切盒放到直剪仪的滑槽上,转动传动装置,使上盒前端钢珠刚好与测力计接触,放上加压框架,安装垂直位移和水平位移量测装置,并调整至零位。

4)根据工程的实际压力或试验目的施加垂直压力,如 100kPa、200kPa、300kPa。对松软试样,垂直压力应分级施加,以防土样挤出。

5)施加垂直荷载后,立即拔去销钉,将百分表调零,开动秒表,以 0.8~1.2mm/min 的速率剪切土样。手摇要均匀,手轮每分钟匀速转 6 圈,速率为 6 转/min = 1.2mm/min,以试样剪坏为止,常规试样不超过 33 圈。手轮每转一圈,测记一次百分表读数。(这里注意,转动手轮剪切土样直至百分表读数出现往回转动现象,表示土样已破坏,再继续转动手轮 2~3 圈并计数)

6)剪切结束后,退去剪切盒垂直压力,移去加压横梁,取出土样,重新安装第二个试样,重复以上步骤直至完成全部试样。

7)试验结束后,将仪器及取土工具清洗干净,放回原位。

5. 成果整理

1)剪应力计算

$$\tau = CR$$

式中 τ——剪应力(kPa);
C——钢环率定系数(kPa/0.01mm);

R——钢环百分表读数（0.01mm）。

2）剪切位移计算

$$\Delta l = \frac{20n-R}{100}$$

式中　Δl——剪切位移（mm）；

　　　n——手轮转数；

　　　R——钢环百分表读数（0.01mm）。

3）数据计算表，见表 C-1。

表 C-1　直剪试验记录表

手轮转数	50kPa			100kPa			200kPa			400kPa		
	R	Δl	τ	R	Δl	τ	R	Δl	τ	R	Δl	τ
1												
2												
3												
4												
5												
6												
7												
⋮												
（试样剪坏）												

4）绘制 τ-Δl 曲线，确定峰值强度 τ_{max}。出现峰值的剪切位移在 4mm 以内时，取峰值强度作为 τ_{max}；出现峰值的剪切位移在 4mm 以外时，取剪切位移 4mm 所对应的剪应力作为峰值强度 τ_{max}；无峰值时，取剪切位移 4mm 所对应的剪应力作为峰值强度 τ_{max}。

5）绘制 τ_{max}-σ 曲线，确定土的抗剪强度指标。τ_{max}-σ 直线的倾角为内摩擦角，在纵坐标上的截距为黏聚力。

附录 D　三轴剪切试验

1. 试验目的

三轴剪切试验是在三向应力状态下，测定土的抗剪强度参数的一种试验方法。通常用 3~4 个圆柱试样，分别在不同恒定围压下施加轴向压力，进行剪切直至破坏。然后根据极限应力圆包络线，求得抗剪强度参数。

2. 试验方法

根据排水条件的不同，三轴剪切试验分为不固结不排水实验（UU）、固结不排水剪切（CU）和固结排水实验（CD）。

3. 试验设备

1）三轴剪切仪，由周围压力系统、反压力系统、孔隙水压力量测系统和主机组成。

2）附属设备：包括击实器、饱和器、切土器、分样器、切土盘、承膜筒和对开圆模。

3）天平：秤量200g，最小分度值0.01g；称量1000g，最小分度值0.1g。

4）橡胶膜：厚度小于橡胶膜直径的1/100。

4. 试验步骤

1）试样制备

① 需要3~4个试样，分别在不同周围压力下进行试验。

② 试样尺寸：最小直径为$\phi 35mm$，最大直径为$\phi 101mm$，试样高度宜为试样直径的2~2.5倍。对于有裂缝、软弱面和构造面的试样，试样直径宜大于60mm。

③ 原状试样制备，应将土切成圆柱形试样，试样两端应平整并垂直于试样轴，当试样侧面或端部有小石子或凹坑时，允许用削下的余土修整，试样切削时应避免扰动，并取余土测定试样的含水量。

④ 扰动试样制备，应根据预定的干密度和含水量，在击实器内分层击实，粉质土宜3~5层，黏质土宜为5~8层，各层土料数量应相等，各层接触面应刨毛。

⑤ 对制备好的试样，应量测其直径和高度。试样的平均直径应按下式计算

$$D_0 = \frac{D_1 + 2D_2 + D_3}{4}$$

式中　D_1、D_2、D_3——试样上、中、下部位的直径（mm）。

2）试样的安装

① 在压力室底座上依次放上不透水板、试样及试样帽，将橡胶膜套在试样外，并将橡胶膜两端与底座及试样帽分别扎紧。

② 装上压力室罩，向压力室内注满纯水，关排气阀，压力室内不应有残留气泡，并将活塞对准千分表和试样顶部。

③ 关排水阀，开周围压力阀，施加周围压力，周围压力值应与工程实际荷重相适应，最大一级周围压力与最大实际荷载大致相等。

④ 转动手轮使试样帽与活塞及千分表接触，装上变形指示计，将千分表和变形指示计读数调至零位。

3）剪切试样

① 开动电动机，接上离合器，剪切应变速率宜为每分0.5%~1.0%。

② 剪切开始阶段，试样每产生0.3%~0.4%的轴向应变，测记一次千分表读数和轴向应变值。当轴向应变大于3%后，每隔0.7%~0.8%应变值测记一次读数。

③ 当千分表读数出现峰值时，剪切应继续进行至超过5%轴向应变为止。若千分表读数无峰值，剪切应进行到轴向应变为15%~20%。

④ 试验结束，关电动机，关周围压力阀，开排气阀，排除压力室内水，拆除压力室外罩，取出试样，描述破坏特征，称试样质量和含水量。

⑤ 对其余几个试样，在不同围压下重复上述步骤。

5. 注意事项

1）试验前，透水石要煮沸腾把气泡排出，橡胶膜要检查是否有漏洞。

2）试验时，压力室内充满纯水，没有气泡。

6. 计算与绘图

1）试样面积剪切时校正值

$$A_a = \frac{A_0}{1-0.01\varepsilon_1}$$

式中 ε_1 ——轴向应变（%）。

2）固结后实测固结下沉量

$$h_c = h_0 - \Delta h_c$$

3）主应力差的计算

$$\sigma_1 - \sigma_3 = \frac{C \cdot R}{A_a} \times 10$$

式中 σ_1 ——大主应力（kPa）；

σ_3 ——小主应力（kPa）；

C ——测力计率定系数（N/0.01mm 或 N/mV）；

R ——测力计读数（0.01mm 或 mV）；

A_a ——试样剪切时的校正面积（cm²）；

10——单位换算系数。

4）绘制应力圆及强度包线。以围压 σ 为横坐标，剪应力 τ 为纵坐标。在横坐标上以 $(\sigma_{1f}+\sigma_{3f})/2$ 为圆心，$(\sigma_{1f}-\sigma_{3f})/2$ 为半径，绘制破坏总应力圆，该包线的倾角为内摩擦角，在纵轴上的截距为黏聚力。在横坐标轴上以 $(\sigma'_{1f}+\sigma'_{3f})/2$ 为圆心，以 $(\sigma_{1f}-\sigma_{3f})/2$ 为半径绘制有效应力圆，包线的倾角为有效内摩擦角 φ'，包线在纵轴上的截距为有效黏聚力 c'，如图 D-1 所示。

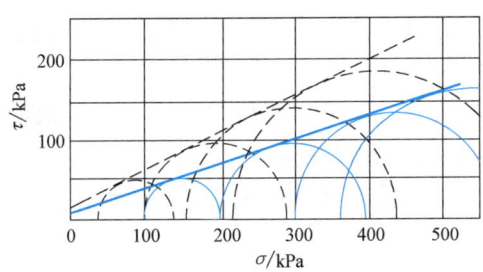

图 D-1 应力圆及强度包络线示意图

附录 E 渗透试验

测试渗透系数的实验室试验有常水头试验和变水头试验，现场试验有水井抽水试验和水井灌水试验。这里只介绍常水头试验，其他试验可参考相关资料。

1. 试验目的

测定无黏性土的渗透系数，了解其渗透性能。

2. 仪器设备

1）渗透仪。

2）其他：木击锤、秒表、天平、温度计、量杯等。

3. 操作步骤

1）调节：将调节管与供水管连通，由仪器底部充水至水位略高于金属孔板，关止水夹。

2）取土：取风干试样 3~4kg，称量准确至 1.0g，并测定其风干含水量。

3）装土：将试样分层装入仪器，每层厚 2~3cm，用锤轻轻击实到一定厚度，以控制其孔隙比。

4）饱和：每层砂样装好后，连接调节管与供水管，微开止水夹，使砂样从下至上逐渐饱和，待饱和后，关上止水夹。

5）进水：提高调节管使其高于溢水孔，然后将调节管与供水管分开，并将供水管置于试样筒内，开止水夹，使水由上部注入筒内。

6）降低调节管：降低调节管口使位于试样上部三分之一处，造成水位差。在渗透过程中，溢水孔始终有余水溢出，以保持常水位。

7）测记：开动秒表，用量筒自调节管接取一定时间内的渗透水量，并重复一次。测记进水与出水处的水温，取其平均值。

8）重复试验：降低调节管口至试样中部及下部三分之一处，以改变水力梯度，按以上步骤重复进行测定。

4. 注意事项

1）装砂前要检查仪器的测压管及调节管是否堵塞。
2）干砂饱和时，必须将调节管接通水源让砂饱和。
3）试验时水源要直接流到试样筒里，水位与溢水孔齐平。

5. 计算

根据第 4 章所学，计算粗颗粒土的渗透系数。

附录 F 相对密实度试验

1. 试验目的

测定无黏性土的最大和最小孔隙比，计算相对密实度，判断砂土的密实度。

2. 试验设备

1）漏斗及抚平器：包括锥形塞、长颈漏斗、砂面抚平器等。
2）振动叉和击锤：包括击球、击锤、锤座等。
3）其他：量筒、击实筒。

3. 试验步骤

1）最大孔隙比（最小干密度）测定。

① 锥形塞杆自长颈漏斗下口穿入，并向上提起，使锥底堵住漏斗管口，一并放入 1000ml 量筒内，使其下端与量筒底接触。

② 称取烘干的代表性试样 700g，均匀缓慢地倒入漏斗中，将漏斗和锥形塞杆同时提高，移动塞杆，使锥体略离开管口，管口应经常保持高出砂面 1~2cm，使试样缓慢且均匀分布地落入量筒中。试样全部落入量筒后，取出漏斗和锥形塞，用砂面抚平器将砂面抚平，测试样体积。

③ 用手掌或橡胶板堵住量筒口，将量筒倒转并缓慢地转回到原来位置，重复数次，测记试样在量筒内所占体积的最大值。取上述两种方法测得的较大体积值，计算最小干密度。

2）最小孔隙比（最大干密度）测定。

① 取代表性试样 2000g，拌匀后分三次倒入金属圆筒进行振击，每层试样为圆筒容积的 1/3，试样倒入圆筒后用振动叉以每分钟往返 150~200 次的速度敲打圆筒两侧，并在同一时间内用击锤锤击试样，每分钟 30~60 次，直至试样体积不变为止。如此重复第二、第三层。

② 取下护筒，刮平试样，称圆筒和试样总质量，算出试样质量，计算最大干密度。

4. 注意事项

砂土的最大孔隙比和最小孔隙比必须进行两次平行测定，两次测定的密度差值不得大于 0.3g/cm³，并取两次测定的平均值。

5. 计算

根据第 2 章所学知识计算最小干密度、最大孔隙比、最大干密度、最小孔隙比和相对密实度。

6. 试验记录

表 F-1 数据记录表

工程名称：　　　　　　土样说明：　　　　　　试验者：
土样编号：　　　　　　试验日期：　　　　　　校核者：

试验项目		最大孔隙比	最小孔隙比
试验方法		漏斗法	振打法
试样质重/g		(1)	
试样体积/cm³		(2)	
干密度/(g/cm³)		(3)	(1)÷(2)
平均干密度/(g/cm³)		(4)	
相对密度	d_s	(5)	
孔隙比	e	(6)	
天然孔隙比	e_0	(7)	
相对密实度	D_r	(8)	

附录 G 无侧限抗压强度试验

1. 试验目的

用于测定饱和软黏土的无侧限抗压强度或灵敏度。

2. 试验设备

1) 无侧限压缩仪，应变控制式无侧限压缩仪如图 G-1 所示。

2) 其他：量表、切土盘、重塑筒等。

3. 试验步骤

1) 试样制备：制备原状试样。试样直径可采用 3.5~4.0cm，试样高度与直径之比按土样的软硬情况采用 2.0~2.5。

2) 安装试样：将试样两端抹一层凡士林，在气候干燥时，试样周围也需抹一层薄凡士林，防止水分蒸发。

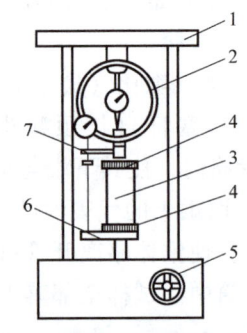

图 G-1 应变控制式无侧限压缩仪
1—轴向加压架 2—轴向测力计 3—试样
4—上、下传压板 5—手轮或电动转轮
6—升降板 7—轴向位移计

将试样放在底座上,转动手轮,使底座缓慢上升,试样与传压板刚好接触,将测力计调零。

3) 测记读数:每分钟轴向应变为1%~3%的速度转动手轮,使升降设备上升而进行试验。每隔一定应变,测记测力计读数,试验宜在8~10min内完成。当测力计读数出现峰值,停止试验,当读数无峰值时,试验进行到应变达20%为止。

4) 重塑试验:当需要测定灵敏度时,应立即将破坏后的试样除去涂有凡士林的表面,加少许余土,包于塑料薄膜内用手搓捏,破坏其结构,放入重塑筒内,用金属垫板,将试样塑成与原状土样相同,然后按上述步骤进行试验。

4. 注意事项

1) 测定无侧限抗压强度时,要求在试验过程中含水量保持不变。
2) 在试验中如果不具有峰值及稳定值,选取破坏值时按应变15%所对应的轴向应力为抗压强度。
3) 需要测定灵敏度,重塑试样的试验应立即进行。

5. 计算及制图

1) 按下式计算轴向应变

$$\varepsilon_1 = \frac{\Delta h}{h_0}$$

式中 ε_1——轴向应变(%);
　　h_0——试样起始高度(cm);
　　Δh——轴向变形(cm)。

2) 按下式计算试样平均数面积

$$A_a = \frac{A_0}{1-0.01\varepsilon_1}$$

式中 A_a——校正后试样面积(cm³);
　　A_0——试样初始面积(cm³)。

3) 按下式计算试样所受的轴向应力

$$\sigma = \frac{CR}{A_a} \times 10$$

式中 σ——轴向应力(kPa);
　　C——测力计率定系数(N/0.01mm);
　　R——测力计读数(0.01mm)。

4) 根据式(2-15)计算灵敏度。
5) 绘制σ-ε关系曲线。以轴向应变ε为横坐标,以轴向应力σ为纵坐标,取曲线上最大轴向应力作为无侧限抗压强度,如图G-2所示。

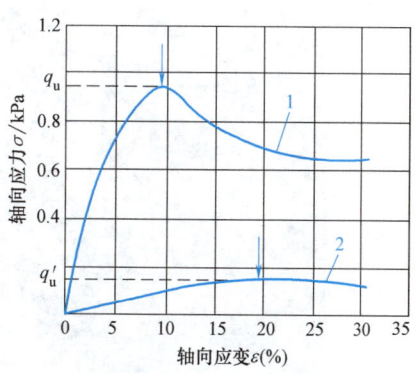

图 G-2　σ-ε关系曲线
1—原状试样　2—重塑试样

附录 H　大型仪器介绍

随着科技的发展,各种具有特殊功能的室内外仪器不断出现,为土力学发展提供了新的强有力手段。

1. 动静真三轴仪

以 SPAX-2000 动静真三轴仪为例进行说明，如图 H-1 所示。本仪器主要技术指标：

1）σ_1 和 σ_2 方向为刚性加载，采用伺服控制液压加载器加压；四块钢板之间相互滑动；σ_3 方向为围压加载，围压介质为水，采用电液伺服压力/体积控制器加压。

2）静态轴压：25kN；动态轴压：20kN；动态加载频率：不小于 20Hz。

3）具有动态加载功能，最高动态频率为 2Hz。

4）压力：2MPa，体积容量：500mL，体变分辨率 0.02mL。本仪器可以对试样进行静态、动态真三轴应力、应变路径测试，包括平面应变、K_0、动态剪切强度及变形、液化势、剪切模量和阻尼比以及其他用户自定义的程序，并能进行双向振动加载。仪器由数字伺服控制器和采集系统、压力源、压力控制面板、围压压力、体积控制器、压力室及传感器等组成。

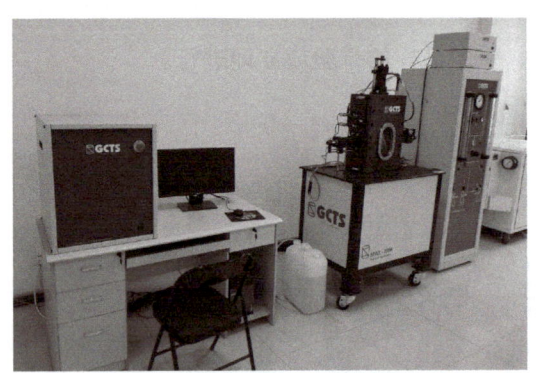

图 H-1　SPAX-2000 动静真三轴仪

2. 土体梯度温控力学综合测试系统

以 GDSLAB V2.5.4.4 为例进行说明，如图 H-2 所示。仪器主要技术指标：

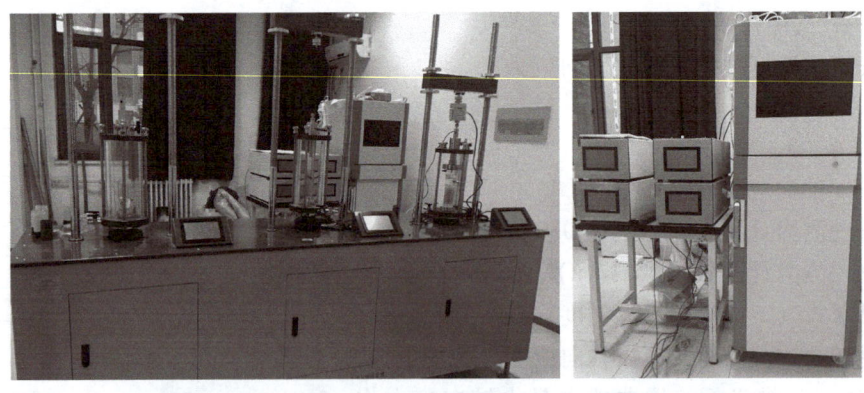

图 H-2　GDSLAB V2.5.4.4 土体梯度温控力学综合测试系统

1）双立柱螺纹杆竖向加载装置，竖向加载量程 55kN，竖向加载速度 0.0001~5.0000mm/min，加载速度设定范围 0.0001~5.0000mm/min。

2）横梁高度可调节，最大加载行程 60mm。

3）竖向加载采用高级的自动机电控制系统。

4）加载应力范围 1Pa~40MPa 可调，控制精度 0.3%满量程。

5）围压范围 1Pa~2MPa 连续可调。

6）流变试验加载压力采用内置荷重传感器测量，测试量程 0~5kN，精度 0.3%；梯度温控试验荷重传感器测试范围 0~50kN，精度 0.3%。

7）加载监控软件，具有对系统工作状态的动态监测、跟踪分析、实时反馈、及时调整、过程显示与数据存储、及时更新的全数控自动化功能；并具备试验数据实时处理功能。土体梯度温控力学综合测试仪支持加载应力及应变两种控制方式，可用于进行标准 UU/CU/CD 抗剪强度试验、恒温恒压条件下土体材料流变试验、梯度温控条件下 UU/CU/CD 抗剪强度试验、梯度温控条件下土体材料流变试验、各向同性固结试验、各向异性固结试验、围压和反压梯度施加的反压饱和试验、K0 试验、膨胀试验等。

3. 大型离心机

DCIEM-40-300 大型离心机如图 H-3 所示。本仪器主要技术指标：

（1）离心机

1）最大半径：5.5m。

2）有效离心加速度：100g（5.0m）。

3）有效负载：3000kg。

4）动态数采仪：160 通道。

5）动平衡系统：70kN。

6）高速摄像：3840×2400（1000 帧/s）。

7）有效吊篮净空：1.8m×1.6m×1.0m。

a)

图 H-3 DCIEM-40-300 大型离心机

a）振动台系统外观 b）离心机系统

土力学 第2版

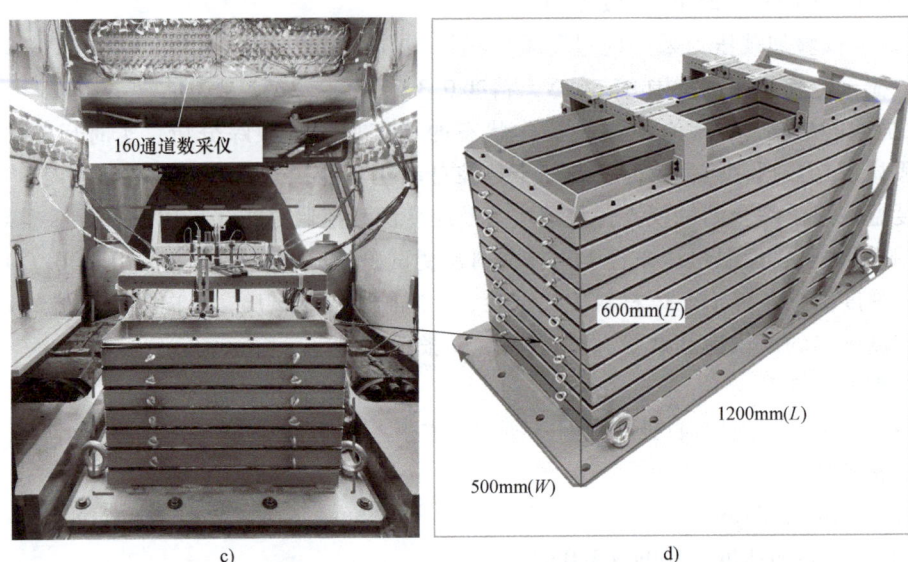

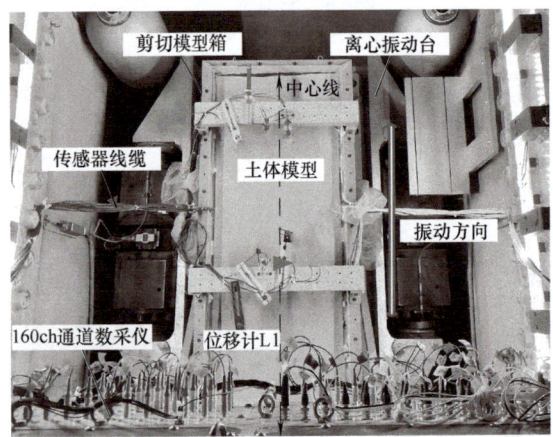

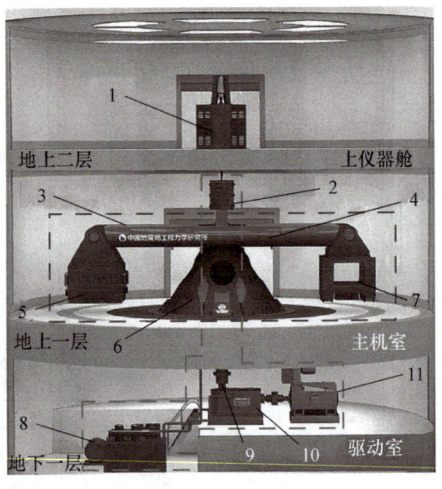

图 H-3　DCIEM-40-300 大型离心机（续）

c）离心振动台系统　d）层状剪切模型箱　e）模型实物图　f）空间示意图
1—上仪器舱　2—下仪器舱　3—转臂系统　4—动平衡系统　5—工作吊篮
6—传动支撑　7—配重吊篮　8—稀油润滑系统　9—联轴器　10—减速器　11—直流电机

（2）水平单向台

1）最大振动加速度：30g。

2）最大振动速度：1m/s。

3）最大振动位移：±15mm。

4）有效振动频宽：10～300Hz。

5）最大振动负载：1500kg。

6）平台有效尺寸：1.6m×0.8m×0.8m。

以上数据由中国地震局工程力学研究所地震工程实验中心提供。

参 考 文 献

[1] 李广信，张丙印，于玉贞. 土力学［M］. 2版. 北京：清华大学出版社，2013.
[2] 钱家欢. 土力学［M］. 南京：河海大学出版社，1995.
[3] 陈希哲，叶菁. 土力学地基基础［M］. 5版. 北京：清华大学出版社，2013.
[4] 陈仲颐，周景星. 土力学［M］. 北京：清华大学出版社，1994.
[5] 刘松玉. 土力学［M］. 5版. 北京：中国建筑工业出版社，2020.
[6] 卢廷浩. 土力学［M］. 北京：高等教育出版社，2010.
[7] 廖红建，柳厚祥. 土力学［M］. 北京：高等教育出版社，2013.
[8] 黄文熙. 土的工程性质［M］. 北京：水利电力出版社，1983.
[9] 李镜培，梁发云，赵春风. 土力学［M］. 2版. 北京：高等教育出版社，2008.
[10] 郭莹. 土力学［M］. 北京：中国建筑工业出版社，2014.
[11] 肖仁成，周晖. 土力学［M］. 2版. 北京：北京大学出版社，2014.
[12] 赵欢，毕升. 土力学与地基基础［M］. 北京：北京理工大学出版社有限责任公司，2018.
[13] 刘俊芳. 土力学［M］. 成都：西南交通大学出版社，2017.
[14] 杜东菊，杨爱武，刘举，等. 天津滨海吹填土［M］. 北京：科学出版社，2010.
[15] 李顺群，刘中宪，李珊珊，等. 土力学教学中几组关系的辨析［J］. 高等建筑教育，2012，21（6）：107-111.
[16] 侯新平，王梅，高博文. 在"土力学"课程教学过程中进行德育教育的思考与实践［J］. 中国建设教育，2018（3）：51-53.
[17] 李广信. 实用主义与土力学［J］. 岩土工程学报，2018，40（10）：1897-1904.
[18] 程建军. "土力学"课程思政教学实践外延与内涵探索［J］. 兵团教育学院学报，2020，30（4）：25-28.
[19] 殷勇，于小娟. 工科土建类专业课程思政建设方法探讨——以土力学与基础工程课程为例［J］. 教育观察，2020，9（25）：54-57.
[20] 张丽芳，程晔. 土木工程专业认证中毕业要求达成度评价的实践与思考［J］. 高等建筑教育，2019，28（5）：61-66.
[21] 达斯，索班. 土力学：英文版·原书第8版［M］. 北京：机械工业出版社，2016.
[22] NOVA R. Soil Mechanics［M］. London：Wiley，2010.
[23] WOOD D M. Soil Mechanics［M］. London：Cambridge University Press，2009.
[24] GUNARATNE M. The Foundation Engineering Handbook［M］. London：Taylor & Francis，2014.
[25] POWRIE W. Soil Mechanics［M］. London：Spon Press，2004.
[26] BROWN R W. Practical Foundation Engineering Handbook［M］. New York：McGraw-Hill，2001.
[27] GUNARATNE M. The Foundation Engineering Handbook［M］. London：CRC PRESS，2014.
[28] DAY R W. Foundation Engineering Handbook Design and Construction with the 2009 International Building Code［M］. New York：McGraw-Hill，2010.
[29] 殷宗泽，等. 土工原理［M］. 北京：中国水利水电出版社，2007.
[30] 谢定义，林本海，邵生俊. 岩土工程学［M］. 北京：高等教育出版社，2008.
[31] 谢定义. 应用土动力学［M］. 北京：高等教育出版社，2013.
[32] 谢定义. 非饱和土土力学［M］. 北京：高等教育出版社，2015.
[33] 李广信. 高等土力学［M］. 2版. 北京：清华大学出版社，2016.
[34] 赵成刚，刘艳，李舰，等. 高等土力学原理［M］. 北京：清华大学出版社，北京交通大学出版社，2023.